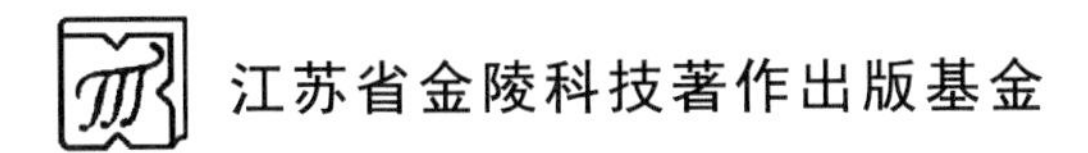

全二维气相色谱原理和应用

吴泽颖　刘祥萍　著

Comprehensive Two-dimensional Gas Chromatography: Theory and Applications

南京大学出版社

图书在版编目(CIP)数据

全二维气相色谱原理和应用 / 吴泽颖，刘祥萍著
. —南京：南京大学出版社，2021.11
ISBN 978 - 7 - 305 - 24977 - 8

Ⅰ. ①全… Ⅱ. ①吴… ②刘… Ⅲ. ①气相色谱—研究 Ⅳ. ①O657.7

中国版本图书馆 CIP 数据核字(2021)第 179254 号

出版发行 南京大学出版社
社　　址 南京市汉口路 22 号　　邮　　编 210093

书　　名 全二维气相色谱原理和应用
QUANERWEI QIXIANG SEPU YUANLI HE YINGYONG
主　　编 吴泽颖　刘祥萍
责任编辑 甄海龙　　编辑热线 025 - 83595840

照　　排 南京开卷文化传媒有限公司
印　　刷 江苏凤凰盐城印刷有限公司
开　　本 787 mm×960 mm　1/16　印张 16.25　字数 520 千
版　　次 2021 年 11 月第 1 版　2021 年 11 月第 1 次印刷
ISBN 978 - 7 - 305 - 24977 - 8

定　　价 98.00 元
网　　址：http://www.njupco.com
官方微博：http://weibo.com/njupco
微信服务号：njuyuexue
销售咨询热线：(025)83594756

致读者

社会主义的根本任务是发展生产力，而社会生产力的发展必须依靠科学技术。当今世界已进入新科技革命的时代，科学技术的进步已成为经济发展、社会进步和国家富强的决定因素，也是实现我国社会主义现代化的关键。

科技出版工作肩负着促进科技进步、推动科学技术转化为生产力的历史使命。为了更好地贯彻党中央提出的“把经济建设转到依靠科技进步和提高劳动者素质的轨道上来”的战略决策，进一步落实中共江苏省委、江苏省人民政府作出的“科教兴省”的决定，江苏凤凰科学技术出版社有限公司（原江苏科学技术出版社）于 1988 年倡议筹建江苏省科技著作出版基金。在江苏省人民政府、江苏省委宣传部、江苏省科学技术厅（原江苏省科学技术委员会）、江苏省新闻出版局负责同志和有关单位的大力支持下，经江苏省人民政府批准，由江苏省科学技术厅（原江苏省科学技术委员会）、凤凰出版传媒集团（原江苏省出版总社）和江苏凤凰科学技术出版社有限公司（原江苏科学技术出版社）共同筹集，于 1990 年正式建立了“江苏省金陵科技著作出版基金”，用于资助自然科学范围内符合条件的优秀科技著作的出版。

我们希望江苏省金陵科技著作出版基金的持续运作，能为优秀科技著作在江苏省及时出版创造条件，并通过出版工作这一平台，落实“科教兴省”战略，充分发挥科学技术作为第一生产力的作用，为建设更高水平的全面小康社会、为江苏的“两个率先”宏伟目标早日实现，促进科技出版事业的发展，促进经济社会的进步与繁荣做出贡献。建立出版基金是社会主义出版工作在改革发展中新的发展机制和新的模式，期待得到各方面的热情扶持，更希望通过多种途径不断扩大。我们也将在实践中不断总结经验，使基金工作逐步完善，让更多优秀科技著作的出版能得到基金的支持和帮助。

这批获得江苏省金陵科技著作出版基金资助的科技著作，还得到了参加项目评审工作的专家、学者的大力支持。对他们的辛勤工作，在此一并表示衷心感谢！

江苏省金陵科技著作出版基金管理委员会

前言

全二维气相色谱(Comprehensive Two-dimensional Gas Chromatography，简称 GC×GC)是20世纪90年代在传统一维气相色谱基础上发展起来的一种新型色谱分析技术。其主要原理是通过调制器将分离机理不同而又互相独立的两根气相色谱柱相连接，经第一根气相色谱柱(第一维)分离后的所有馏出物在调制器内进行浓缩和捕集以后，以周期性的脉冲形式释放到第二根气相色谱柱(第二维)上继续进行分离，直到最后进入检测器。在 GC×GC 中，第一维没有完全分开的组分(共馏出物)在第二维上得到了进一步分离，实现正交分离的效果。GC×GC 解决了传统一维气相色谱在分离复杂样品时峰容量不足的问题，被誉为继毛细气相色谱柱的发明之后，气相色谱领域最具革命性的创新，在学术界和工业界都引起了广泛关注。

GC×GC 不仅实现了色谱技术的创新，还推动了调制器、检测器等硬件装置，以及数据处理和化学计量学方法的进步。目前，GC×GC 是石油化工、环境、食品、代谢组学等研究领域里强大的前沿分析技术。

然而，国内尚未有正式出版的 GC×GC 著作，这一技术通常在色谱或气相色谱相关书籍中以章节的形式出现，对 GC×GC 的介绍大多仅围绕基本原理展开。因此，在南京大学出版社的倡导和大力支持下，在 GC×GC 技术发明人之一——Philip Marriott 教授的指导下，为顺应化学计量学、代谢组学等新兴交叉研究领域对 GC×GC 知识的需求，我们专门编著了兼具科研和教学用途的《全二维气相色谱原理和应用》一书，在介绍 GC×GC 基本原理、装置和方法优化等知识的基础上，吸纳近年来国内外 GC×GC 领域发展的新成果，将本书倾力打造为以理论坚实与应用务实的有机结合为特色，融经典传承与创新发展于一体的学术著作。

《全二维气相色谱原理和应用》适用于分析化学、生物医药、石油化工、环境化学、食品安全等领域对 GC×GC 理论及应用有一定需求的专家学者以及各类科技工作者，还适用于与复杂样品分析及数据挖掘相关的从业人员，例如检验检测机构人员等。

本书由吴泽颖和刘祥萍共同负责全书的编著和统稿。本书编著时注重博采众长，汲取国内外相关参考文献的精华，同时还得到南京大学出版社和 Philip Marriott 教授的大力支持，南京大学出版社编辑在本书的策划出版和编辑中付出了辛勤的努力，在此一并表示衷心的感谢。

本书虽经认真编著，但由于编者水平和编写时间有限，疏漏不当之处在所难免，恳请各位专家、师生和读者批评指正，以便今后进一步修正完善。所提宝贵意见和相关事宜请与 wuzy@czu.cn 联系。

吴泽颖、刘祥萍

目 录

1

绪 论

1.1 气相色谱

俄国植物学家 Tswett 通过研究植物色素分离，于 1903 年首次正式提出"色谱(chromatography)"一词。色谱又称层析法，是一种物理化学分析方法，它利用不同溶质与固定相和流动相之间的作用力(如分配、吸附、离子交换等)的差别，当两相做相对移动时，各溶质在两相间进行多次平衡，使各溶质达到相互分离。经过一个多世纪的发展，色谱已经是准确测定样品中单个组分结构和官能团所必不可少的手段，被广泛用于混合物的分离及其组分的定性和定量分析。

英国人 Martin 和 Synge 于 1952 年首次提出气相色谱(gas chromatography, GC)这一分离方法，也发明了第一个 GC 检测器。从 1955 年第一台商品化 GC 仪器推出，到 1958 年 Gloay 首次提出分离效率极高的毛细管柱 GC 法，GC 的应用已经得到了快速发展，已经从实验室内的研究技术发展成为一种常规的分析手段。

实际工作中，样品往往是复杂基质中的多组分混合物。因此，对于含有未知组分的样品，必须将其分离后，才能对有关组分进行进一步的分析。GC 这一分离技术主要利用物质的沸点、极性或吸附性质的差异来实现混合物的分离。大量应用分析案例已经证明，GC 可用于复杂样品中单一组分的准确定性和定量分析。

GC 分析过程主要包括进样、分离和检测等。其中，样品的汽化通常在加热后的进样口或进样器中实现。因此，只有受热后挥发而不分解的化合物适合采用 GC 进行分析，包括大部分溶剂、农药、香料、精油、碳氢燃料等。而对于一些挥发性较差的化合物，如酸、氨基酸、胺、酰胺、非挥发性药物、糖类和类固醇等，必须将其转化为挥发性衍生物才可进行 GC 分析。载气（流动相）通常采用惰性气体，如氢气或氦气等，用于将样品从进样口或进样器，通过色谱柱，传送至检测器或联用设备中。目前使用的色谱柱大多为内壁涂布固定相的开管毛细管柱。由于样品中各组分的沸点、极性或吸附性能不同，组分的馏出时间由其在流动相（载气）和固定相之间的相互作用决定。如果组分在固定相中保留时间短，则更快馏出。当组分馏出色谱柱后，随载气流入检测器。常用的检测器包括热导检测器（thermal conductivity detector，TCD）、火焰离子化检测器（flame ionization detector，FID）、氮磷检测器（nitrogen phosphorus detector，NPD）、火焰光度检测器（flame photometric detector，FPD）和电子捕获检测器（electron capture detector，ECD）等。这些检测器能够将样品中被测组分的存在与否转变为电信号，而电信号的大小与被测组分的质量或浓度成正比。色谱图就是这些电信号的记录，包含了所有原始信息。

目前，GC 因其高分离效能、高选择性、高灵敏度和分析速度快等优点在现代社会的各个方面均得到了广泛应用。无论是军事国防中航天飞机、航空母舰中气体质量的分析，还是日常生活中食品、纺织品和化妆品，各种化工、制药和冶金工业的工艺控制和产品质量检验，甚至是地质勘探中的油气田寻找、医学中的疾病诊断、环境中污染物的鉴别及治理，GC 都已成为不可或缺的分离分析手段。

1.2 多维气相色谱

目前，一维 GC（one-dimensional GC，1DGC）已经具备了较高的准确性、选择性和分离效能。但是，随着检测器的不断发展，检测能力不断提升，很多样品，如香精香料、食品、石油化工和环境样品等比设想的更加复杂，而我们对这些样品组成的了解程度取决于分离能力的大小。因此需要在 1DGC 的基础上，增加额外的分离或鉴别能力。例如，1DGC 仅依据单个分离机理，如挥发性，如果某些分析物挥发性差异不大，就会共馏出，从而对分析结果产生干扰。对于这些共馏出分析物的分离，通常需要采用额外的分离机理来区分，如极性。如果共馏出现象仍然存在，则可以再使用第三种分离机理直到完全分离。对这些分离方法所提供的分析结果进行有效组合后，就可以获得样品组成更准确而全面的信息。

如果将用于混合物分离的每一个机理定义为一个分离“维度（dimensionality，D）”，则使用不同分离机理组合的分离方法可以称为多维（multidimensional，MD）方法。Giddings 在 1990 年指出，一个 MD 分离必须满足以下两个条件：

① 混合物的组分必须经过两个或更多的分离步骤，在这些步骤中组分的保留由不同的影响因素决定；

② 在前面步骤中已分离的分析物必须保持分离状态直到分离过程完成。

根据 Giddings 理论的第一条，分离中必须使用两个或更多的独立分离机理，这使得对分析物进行定性时，可使用相应数目的参数进行区分。即，与1DGC 相比，在二维 GC(two-dimensional GC，2DGC)中，每个分析物可通过两个互相独立的保留时间进行表征，而不是 1DGC 中单一的保留时间。同时，可通过分析物在一个 2D 平面中的某一位置来进行表征，两个坐标轴分别对应两个独立分离机理的保留时间。这一表征方法对分析物的鉴别具有更高的可靠性。

根据 Giddings 理论的第二条，从第一根色谱柱馏出的组分谱带相对较窄，在第二根色谱柱上进行分离时，必须保证其在第一根色谱柱上达到的分离度不发生损失。同时，最好能在两根色谱柱之间使用低温装置作为接口来捕集和浓缩连续到达的片段，并传送到第二根色谱柱上。

1DGC 分析的标准操作通常采用一根 30 m 到 60 m 长的毛细管柱，使用程序升温进行分离时可达到 100～150 的峰容量。如果需要更高的分辨率，则需要使用 2DGC。在 MD 系统中，通常使用一根 30 m 到 60 m 长的 GC 柱作为第一维，通过低温接口装置串联到第二根涂布不同选择性固定相的色谱柱上。第二根 GC 柱通常比第一根短，如 10～20 m 长，以缩短分离时间，同时达到所需的分离度。

图 1－1 为 MDGC 系统简图。图中，接口将样品组分从第一维(first dimension，^{1}D)色谱柱传送到第二维(second dimension，^{2}D)色谱柱上。在 MDGC 中，只有^{1}D 色谱柱上馏出的部分片段进入^{2}D 色谱柱进行进一步的分离。因此，MDGC 分离中，仅仅将^{1}D 色谱柱上馏出的包含目标化合物的一个片段或几个片段分别进行独立的^{2}D 分离。

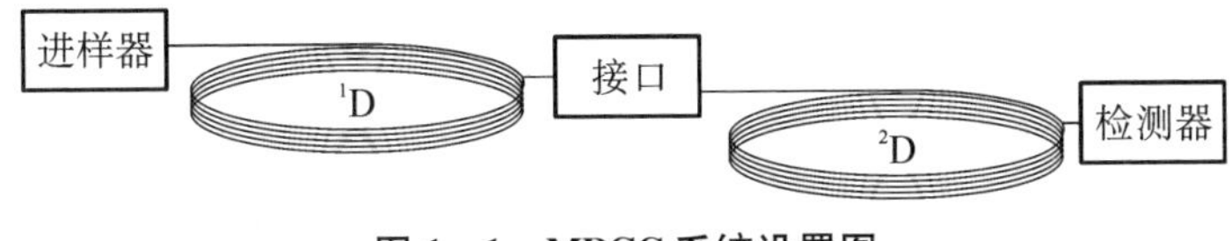

图 1－1　MDGC 系统设置图

MDGC 的主要优势在于^{2}D 的色谱柱可根据不同的目标分离对象进行选择，而没有分离时间的限制。因为在运行过程中，^{2}D 分离相对独立，不需要和^{1}D 分离相结合。目前，这一方法已得到了广泛的应用。例如，多氯联苯

(polychlorinated biphenyls，PCBs)在传统的非极性色谱柱上会发生共馏出现象，在第二根极性较强的色谱柱上则可完全分离，同时也可以与样品中存在的干扰组分完全分开。MDGC 还可通过分析食品和香水中的对映异构体来辨别真伪。由于对映异构体性质非常相似，进行手性分离时通常需要较长的色谱柱。在这种情况下，与 GC×GC 相比，2DGC 没有分离时间的限制，具有显著的优势。

当然，MDGC 的运用也存在一些限制。其主要问题在于将 1 个以上片段转移至^{2}D 进行分析会增加总的分析时间，每个^{2}D 分离都可能增加 30～45 min 的运行时间。即使^{1}D 馏出片段的宽度为 30～60 s(实际上与 Giddings 理论第二条不符)，混合物的分析可能包括 30～60 次的^{2}D 分析，整个分析过程将长达 25～30 h。同时，整个过程中必须保持运行时间高度准确，才能精准重建色谱图，这些都是实际操作过程中必须注意的问题。

无论采用何种方式进行 MDGC 分离，其目的不外乎下面所列四种：

(1) 提高峰容量：采用两根色谱柱，只要其固定相不同，总的峰容量就远远大于单独使用两根色谱柱时的峰容量之和，峰容量的最大值可以达到两根色谱柱单独使用时的峰容量的乘积。因此，2DGC 对复杂混合物的分离十分有效。

(2) 提高选择性：对于混合物中的目标化合物，可以采用对这几个目标化合物具有特殊选择性的^{2}D 色谱柱，而^{1}D 作为预分离方法将目标化合物与其他组分分离。

(3) 提高分析效率：在很多情况下，待测目标化合物仅仅是混合物中的某几个组分，因此，只要将从^{1}D 色谱柱中馏出的这些组分传送到^{2}D 进行分离即可缩短分析时间，提高分析效率。

(4) 提高定量准确度：随着分离效率的提高，定量准确度也得到了提升。

总之，MDGC 的优点和缺点都很明显：这一技术适合于复杂样品中有限数量的目标化合物的分析，因而常被称为“中心切割”技术。但是，它并不适合于整个样品的总体筛查或者寻找样品中的未知物。对于这一问题，应该设计一种真正全面的方法，能够提供覆盖整个^{1}D 色谱的全二维信息。

目前，MDGC 主要分为两种模式，即部分多维分离和全多维分离。前者是指^{1}D 上只有部分组分进入^{2}D 进行再次分离，即所谓的“中心切割”技术。后者则是将^{1}D 分离后的所有组分都送入^{2}D 进行二次分离，即所谓全二维气相色谱(comprehensive two-dimensional gas chromatography，GC×GC)。这两种模式有很大不同。

1.3 GC×GC

MDGC 难以提供复杂样品的全部信息,因而需要采用 GC×GC 作为补充,将^{1}D 色谱柱中所有的馏出物均在^{2}D 色谱柱上进行再分析。这一过程需要在连续和实时的方式下进行,以完全保留^{1}D 的分离度,从而满足 Giddings 理论的第二条,同时还需要对这一分析过程进行合理设计以避免使用过多的分析时间。

为了达到上述目标,根据理论计算和实际经验,^{1}D 的每个色谱峰必须中心切割3次以上,每个切割产生的碎片必须在下一个碎片到达^{2}D 色谱柱之前完成第二次分析。

图 1-2 为 GC×GC 的典型装置,其中整个样品都经过了两根色谱柱的分离,并且只使用一个检测器。图中虚线包围的部分最好使用一个独立的柱温箱,放置于主柱温箱内,以使得^{2}D 色谱柱的温度控制不受主柱温箱温度的影响。

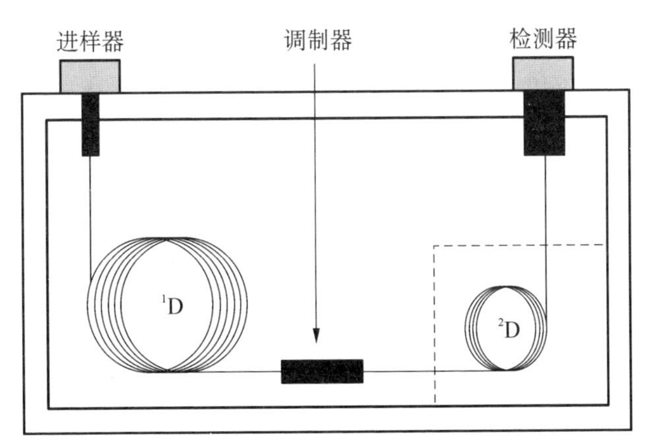

图 1-2 GC×GC 基本装置图

虽然 GC×GC 的装置与 MDGC 看上去类似,但其本质上有很大的区别。首先,由于整个样品都进行了两次分析,没有漏掉任何一个碎片,因此在两根色谱柱之间并没有化合物损失。其次,GC×GC 要将^{1}D 馏出的组分全部转移到^{2}D 进行分离,因而每个碎片的^{2}D 分离都必须在下一个碎片开始第二次分析前完成,故要求^{2}D 要有足够快的分析速度。因此,^{2}D 色谱柱必须非常短,通常为长度在0.5～2 m的小孔径毛细管柱。在这种条件下，^{1}D色谱峰峰底宽一般为5～30 s，经过中心切割(GC×GC中通常称为调制)3～4次后，形成的每个碎片在^{2}D色谱柱上的分析时间只有2～8 s。经验表明，为了使^{1}D中的每个色谱峰都能得到3～4次调制，GC×GC的升温速率一般控制在1～3 ℃/min，比1DGC要低一些。在GC×GC中，调制这一过程十分重要，必须实现以下三个目标：(1) 必须在^{1}D分离进行的同时，在一定的时间内将^{1}D馏出的组分进行捕集和浓缩；(2) 调制器也是^{2}D的进样装置，必须保证将样品以很窄的谱带转移到^{2}D色谱柱的柱头；(3) 调制器的捕集、浓缩和重新进样必须具有非常高的重现性，且对不同组分没有“歧视”效应。实际上，在GC×GC发展前期，大部分研究都集中于设计自动且用户友好的调制器。目前，基于热调制的技术已成为市场主流。调制这一过程可以高效地对分析物进行捕集、浓缩和快速释放。现有研究表明，通过调制器浓缩，即峰压缩过程，GC×GC的检测限仅为1DGC的$\frac{1}{3}$～$\frac{1}{5}$。

由于GC×GC中^{2}D色谱柱上的分离极快，因此^{2}D的峰底宽基本在50～600 ms，因此必须使用死时间短、死体积小的检测器。在GC×GC发展早期，由于FID死体积极小，数据采集频率在50～300 Hz，因此大部分研究均采用这种检测器，且特别适合于石油化学研究。另外两种经常使用的选择性检测器为微电子捕获检测器(μECD)(适用于有机氯和有机溴化合物)和硫化学发光检测器(SCD)(适用于含硫化合物)。这些检测器的应用将在之后的章节中详述。

GC×GC发展初期没有任何商业化的质谱可以满足其数据采集高频率的要求，20世纪90年代早期出现的飞行时间质谱仪(ToF MS)，每秒可采集100～500个质谱数据，可以满足二维峰重建的要求，还可以实现重叠峰的去卷积。因此对于需要准确定性的样品组分，可将GC×GC与ToF MS结合。从已发表的研究成果可以看出，目前这一技术的应用范围和数量呈现快速上升的趋势，已经大大拓展了GC×GC的应用范围，在后续章节中也将进行详细讨论。近年来，快速扫描四极杆质谱仪器(Fast Q-MS)已经商品化。这些仪器没有ToF MS那么昂贵，同时也可以满足GC×GC数据采集的要求，但质量范围有限(通常为50～200 amu)。因此，虽然它们可替代ToF MS，但并不能用于必须使用宽范围扫描的研究，或者必须对重叠峰进行去卷积的研究。

在GC×GC中，^{1}D色谱柱通常长为15～30 m，内径为0.25～0.32 mm，膜厚为0.1～1 mm，^{2}D色谱柱通常长为0.5～2 m，内径为0.1 mm，膜厚为0.1 mm。两根色谱柱通常装在同一个柱温箱中。但是，如果分析物在^{2}D色谱柱上保留较强，可能会与之后调制的 GC 信息重叠，这一现象称作“峰迂回(wraparound)”。此时，可以设置一个独立的柱温箱，并进行单独温度控制，来加快分离以避免或降低峰迂回现象。

在大部分 GC×GC 应用中，最常见的色谱柱组合为非极性色谱柱(^{1}D)和中等极性、极性或形状选择性色谱柱(^{2}D)。其主要优势在于非极性色谱柱作为^{1}D，可直接使用在传统 1DGC 中建立的方法。此外，^{1}D 色谱柱依据分析物挥发性不同进行分离，^{2}D 中快速并且恒温的分离不再依赖沸点的作用，而只依据特殊的相互作用，这样两个色谱分离过程是相对独立的，或者说分离是正交的。在此条件下，2D 分离的峰容量可达到最大值。更重要的是，色谱图通常会呈现出有序的结构，有关联的或者不同种类的化合物以团簇或带状形式出现。在实际应用中，这一现象的出现有助于未知物的初步鉴别或分析物种类的识别，如多氯联苯混合物和有机卤化芳香族污染物的 GC×GC 色谱图都会出现类似的图形。相反类型的色谱柱组合，中等极性/极性色谱柱作为^{1}D，非极性色谱柱作为^{2}D，也可以提供有价值的信息，特别是分析强极性或可离子化的化合物，将在后续章节对这种情况进行详细的讨论。

最后，还必须考虑到数据处理等一些步骤。GC×GC 色谱图的 2D 表现形式通常通过 2D 轮廓图的方式进行可视化，即信号强度以颜色表示，或者转换为三维图。目前已有很多商业化的软件可将原始数据转化为 2D 或三维图，并与可处理的数据或化学信息相结合。这些软件还可以自动进行一些基本数据处理操作，例如基线校正、峰识别和积分等。虽然数据处理软件在近年有了飞速的发展，但是数据处理，特别是解析仍然是 GC×GC 整个分析过程中最耗时又需要大量人力、物力的步骤，仍有待研究人员进一步开发全自动用户分析软件和方法，其对 GC×GC 技术的普及具有重要意义。

1.4 小结

过去的三十年里，GC×GC 的应用已越来越广泛。从仪器设备角度来看，GC×GC 已经是一项相当成熟而完整的技术，其巨大的应用潜力已经在食品、环境以及代谢组学等众多领域得到了证明。一般来说，GC×GC 在复杂样品中检测到的峰或物质数量可比 MDGC 或 1DGC 高 5～10 倍。此外，在合理优化后的正交分离条件下，不同种类的化合物在色谱图中会呈现有规律的结构性分布，因此，GC×GC 在结构关系的识别、痕量组分和未知物的初步鉴别等方面具有极大的优势。结合 GC×GC 优异的色谱分离能力，ToF MS 结构定性识别功能，GC×GC-ToF MS 解决了一些复杂组分定性定量分析难题，在多个现代分析领域中已经有了广泛的应用实例。

总而言之，GC×GC 和以 GC×GC-ToF MS 作为主要代表的色谱质谱联用技术已经得到了充分的发展，并具有极其广阔的应用前景。本书将就此技术的原理、仪器和应用等方面进行详细而全面的介绍。

2

基本理论

2.1 背景

目前,1DGC 的理论和技术已发展完善。毛细管柱技术的发展主要依赖于 Golay 在开管柱中谱带移动的理论。填充柱分离效率较低,而毛细管柱分离效率高,即使用常见的固定相也可以获得非常好的分离度,因此随着毛细管柱的广泛使用,对于 GC 固定相研究相对滞后。

虽然毛细管柱在分离能力上具有非常大的优势,但保留值信息有限,用于定性时数据利用率不高。当 GC 与 MS 联用为 GC-MS 时,是一个 2D 技术。对于在 GC 色谱峰中共馏出的化合物,不仅可以获得定性数据,还可以获得定量数据。因此,通过调整 GC 柱选择性和采用 MDGC,以解决共馏出问题,就不再显得十分必要了。

GC×GC 的发展不仅包含基础理论的研究,还包括技术和硬件上的创新与改进,只有将这两方面结合才可以发挥其最大作用。GC×GC 对于分离能力的提升比 1DGC 中由填充柱到毛细管柱带来的变化更大。与 GC-MS 相比,GC×GC 通过与 MS 的结合形成一个三维的分析技术——GC×GC-MS。

在 GC 中分析物谱带在色谱柱中不断移动,并在色谱柱末端产生信号,即色谱峰。在 1DGC 中决定谱带移动和扩散的基本参数在 GC×GC 色谱信号的产生。但是 GC×GC 可提供更多的色谱信息,因此需要进行更多的研究工作。

检测器对从色谱柱末端馏出的分析物谱带产生响应形成色谱峰。在 1DGC 中用于定义一个色谱峰的三个主要参数分别为:峰高、峰宽和保留值。GC×GC 与 1DGC 的区别在于使用了两根固定相不同的色谱柱,因此 GC×

GC 中色谱峰高、峰宽和保留值与 1DGC 中含义相似。1DGC 的色谱峰通常以 2D 的形式来展示，其中，保留值为一个维度，定量数据在第二个维度以峰高和峰宽来呈现。GC×GC 的调制过程将第一根色谱柱中的馏出物切割为时间碎片，聚焦后再次进样至第二根色谱柱。因此 GC×GC 色谱峰的展现形式完全不同，色谱图中两个维度来表示化合物在两根色谱柱上的保留，第三维表示化合物的定量信息。

对于 1DGC 中与色谱相关的重要参数，如保留时间、峰宽、分离度等，在 GC×GC 色谱峰的表征中也同样重要。有一些参数在 GC×GC 中则有不同的含义。例如，在 GC×GC 中，分离度和峰容量的计算和定义方式均与 1DGC 不同。此外，GC×GC 还有一些特有的表征参数，如正交度等。

本章将阐述 GC×GC 的基本色谱参数，包括与理论和应用相关的参数。

2.2 命名及术语

目前，GC 已发展为一项十分成熟的技术，已有国际普遍认可的命名方法、符号及缩写。1993 年，国际纯粹与应用化学联合会（international union of pure and applied chemistry，IUPAC）发表了“色谱命名法（Nomenclature for Chromatography）”，推荐了色谱领域，包括 GC 特有的专业术语、符号和缩写。GC×GC 从 GC 和其他领域借鉴了一些术语，并给予了某些术语特别的含义。综合考虑分析化学中关于维度的研究、物理、化学、测量和统计维度后，多维分离技术被定义为两个或多个独立的分离步骤的结合。Marriott 和 Schoenmakers 等针对 GC×GC 中最重要的设备及其操作模式（调制器和调制类型）、过程（聚焦效果、区域压缩和灵敏度增强）以及二维响应的特定属性（正交度、分离空间和色谱结构），提出了 GC×GC 中使用的大部分术语和符号，目前已被广泛接受并使用，本书中也将使用这些术语和符号。

表 2-1 中列出了 GC×GC 中常用的术语及其定义。其中，部分术语虽然来自 GC×GC，但并不仅用于 GC×GC。例如，“调制器”同样可以用于表示其他全多维色谱方法中的连接装置。

表 2-1 GC×GC 常用术语及其定义

术语	英文	定义
调制器	Modulator	在全二维分离系统中两根色谱柱之间的连接装置，用于采集第一根色谱柱中馏出的窄谱带并进样至第二根色谱柱
调制时间或调制周期(P_M)	Modulation time or Modulation period (P_M)	全二维分析系统中一整个调制循环需要的时间或周期(两个连续的调制进样间隔的时间与二维色谱图数据转换时间一致)
调制频率(f_M)	Modulation frequency (f_M)	每一单位时间内的调制次数
调制温度(T_M)	Modulator temperature (T_M)	热调制中调制区域的温度
调制数(n_M)	Modulation number (n_M)	单个第一维峰调制后所产生的峰的个数
调制比(M_R)	Modulation ratio (M_R)	第一维峰基线处的峰宽(^1w_b)与调制周期(P_M)的比值
单级调制	Single-stage modulation	在调制器的一个地方对第一维色谱柱馏出物进行浓缩和聚焦
双级调制	Dual-stage modulation	在调制器的两个地方连续对第一维色柱馏出物进行浓缩和聚焦
聚焦效应	Focusing effect	谱带宽度在时间、距离和/或体积上的降低(=未调制的谱带宽度/调制后的谱带宽度)
灵敏度提升	Sensitivity enhancement	有/未调制的峰宽比①
分离空间	Separation space	在 GC×GC2D 图中化合物分布的区域
峰迂回	Wrap-around	由于第二维保留时间超过全二维系统的调制周期，因此第二维峰在之后的调制序列中出现
等挥发度曲线	Iso-volatility curves	GC×GC 中第二根色谱柱上溶质保留降低的现象。由于柱温箱温度升高，在 2D 图中可看到第二维保留时间的降低
色谱柱组合	Column set	全二维色谱分析中采用的色谱柱的组合

续 表

术语	英文	定义
色谱柱组合相对直径比例	Column set relative diameter ratio	色谱柱组合中从第一维到第二维色谱柱横截面积的相对变化（$={}^{1}d_{c}\times{}^{2}d_{c}$）
色谱图结构	Chromatogram structure	全二维分离平面中所观察到的相关化合物排列顺序
颜色图	Colour plot	二维图，代表一个全二维分离，其中颜色代表分离系统中组分的信号强度②
轮廓图	Contour plot	二维图，代表一个全二维分离，其中组分相似的信号强度通过线的方法连接②
顶点图	Apex plot	二维图，代表一个全二维分离，其中第二维峰的顶点由第二维空间中的符号表示，可简化为单个化合物的峰顶②

注：① 有可能可以降低检出限（注：灵敏度提升指的是信号增强，而不是噪声降低）。
② x 坐标轴表示第一维保留时间，y 坐标轴表示第二维保留时间。

2.3 符号

虽然 GC 中部分符号在 GC×GC 中具有相同的含义，但必须区分它们与第一维或第二维色谱柱的关系。因此使用上标形式（第一维为 1，第二维为 2）来表示。例如，${}^{1}t_{R}$ 和 ${}^{2}t_{R}$ 分别表示第一和第二维色谱柱（^{1}D 和 ^{2}D 色谱柱）的保留时间。一维和二维过程可以缩写为 1D 和 2D 或 1－D 和 2－D。当使用“两个”将一个过程与其他具有不同维度的分离分析过程区分开时，通常使用连字符“-”（如 GC×GC-MS）。表 2－2 中列出了 GC×GC 中使用的一些符号及其定义。

表 2－2　GC×GC 常使用的符号及其定义

符号	定义
1D，2D	一维或二维系统
^{1}D，^{2}D	GC×GC 的第一维和第二维
${}^{1}d_{c}$，${}^{2}d_{c}$	分别表示 ^{1}D 和 ^{2}D 色谱柱的内径

续 表

符号	定义
${}^1t_R$，${}^2t_R$	峰在^{1}D和^{2}D的保留时间(注:对某一组分,每个调制峰${}^2t_R$可能不同)
${}^1t_M$，${}^2t_M$	^{1}D和^{2}D色谱柱的死时间
${}^1k$，${}^2k$	从^{1}D和^{2}D色谱柱中馏出的峰的容量因子
${}^1I$，${}^2I$	从^{1}D和^{2}D色谱柱中馏出的峰的保留指数
${}^1N$，${}^2N$	^{1}D和^{2}D色谱柱的理论塔板数
${}^1N_{eff}$，${}^2N_{eff}$	^{1}D和^{2}D色谱柱的有效塔板数
${}^1\sigma$，${}^2\sigma$	^{1}D和^{2}D色谱柱的标准差
${}^1w_b$，${}^2w_b$	^{1}D和^{2}D色谱柱馏出的峰底宽
${}^1R_s$，${}^2R_s$	^{1}D和^{2}D色谱柱馏出的一对色谱峰的分离度
${}^1n_c$，${}^2n_c$	^{1}D和^{2}D色谱柱的峰容量(使用n_c以避免与理论塔板数混淆)
${}^1d_f$，${}^2d_f$	^{1}D和^{2}D色谱柱的膜厚
${}^1\bar{u}$，${}^2\bar{u}$	^{1}D和^{2}D色谱柱的平均线速度
${}^1T_e$，${}^2T_e$	^{1}D和^{2}D色谱柱馏出的色谱峰的馏出温度(注:由于GC×GC中组分馏出非常快速,${}^1T_e$和${}^2T_e$可能相同,定义为恒温程序)
T_M	调制温度
P_M	调制周期
M_R	调制比
${}^1t_{R,app}$	^{1}D上组分的表观第一维保留时间
t_h	峰在调制器中的死时间
As_{2D}	二维峰不对称度

2.4 全

一个技术能否被称为“全(comprehensive)”,Giddings于1984年提出了明确的规定,对于区分中心切割的2D分离和全二维分离具有非常重要的意义。

有些学者将分析一个样品的全部组分称为全GC分析。但是,即使样品的部分组分在 GC 分析前，通过选择性的样品前处理方法或者在分析中用分流技术等去除了，这一分析过程仍然有可能是全分离。比如某一植物提取物的全二维分离，这一说法既承认了提取的选择性，即并不是所有组分都能被同等提取，也将样品重新定义为原始分析样品的某一部分，所以提取物才是 GC×GC 的分析对象。同样，样品也可以是全血的血清部分、原油的精馏产物或色谱分离过程收集的馏出物等，而一个 2D 分离可以被称为全二维分离需要符合以下指导性原则：

1. 样品的每个部分都经过两个完全不同、互相独立的分离过程。

2. 样品所有组分均经过两根色谱柱且最终达到检测器，即整个分离系统对任一分析物都不存在歧视。

3. 在^{1}D 获得的分离度在^{2}D 分离中没有降低。

多维 GC，例如中心切割式的 2DGC，在^{1}D 分离后，只有一部分样品组分被聚焦并送至^{2}D 进行分离，并不能满足上述第 2 和第 3 个条件，因为并不是所有分析物都经历两个分离过程，且聚焦步骤会导致^{1}D 的分离度降低。

很显然，Giddings 认为第 3 个原则是区分中心切割过程和他所认为的全分离过程的关键，但是他并没有提出应该如何设计实验以保证^{1}D 分离的分离度完全得到保留。Blumberg 和 Klee 提出了新的定义方法，即一个 n 维的分析必须产生 n 维的位移信息。

第 3 个原则实际上永远也无法完全实现。一种更切合实际的说法应该是^{1}D 分离度不应降低至某一设定值，如 10%，但这一说法在文献中研究较少。保持^{1}D 分离度最重要的方法在于使整个^{1}D 色谱峰的峰宽内可记录的^{2}D 色谱图的数量达到 3 个以上。为了保持^{1}D 的分离度，有时无法在最佳分析条件下运行。Horie 等和 Vivó Truyols 等分别各自得出结论，每个^{1}D 峰切割两次可以获得最有效的分离。

在早期的文献中，第 2 个原则也引起了广泛的讨论。大部分学者认为在一些情况下，即使不是所有分析物均被传送到第二根色谱柱上并被检测器记录，如果所有组分的“分割因子(split factor，x(%))均一致，也可以使用“全”这一词。如果除了 x 这一单一强度因子，获得的每个色谱图都与 100%传送的色谱图完全一致，也可以使用“全”这个词。简而言之，在真正的 GC×GC 中，必须能够获得完全具有代表性的样品数据。然而在实际操作中，如果不是 100%传送的话，是很难达到的。当选择传送到^{2}D 色谱柱的时间片段时，单个峰的片段会有所不同，比如可能会存在歧视效应，可以使用近全二维分离这一词。

2.5 乘号(×)

对于全二维气相色谱最具有特征性的符号为乘号——“×”,用于缩写全二维,将全二维气相色谱缩写为 GC×GC。这与传统的线性或中心切割 2D 色谱有明显的差别,这两种方法通常使用“-”符号,缩写为 GC-GC。“×”也可以用于其他全二维技术的缩写。

“-”通常用于表示色谱系统和检测器的结合,例如气相色谱-氢火焰离子化检测器(GC-FID),或者用于表示在线连接的系统,例如液相色谱与气相色谱的联用(LC-GC)。这也说明“-”已有不同的用途,而这一符号的含义尚未完全统一。但是,在这些用法中,“-”都表示这些系统是在线连接的。

由于质谱是一种离子分离技术,有学者认为 GC×MS 和 LC×MS 也是全二维分离方法。这一说法也有一定的道理,因为使用软电离方法时,母离子的碎片化程度极小。每个分析物组分实际上在两个维度进行了分离。如果 MS 采集得足够快,能够满足全的要求,并且在 MS 进口处没有歧视现象发生,则也可以使用“×”符号。对于传统 GC-MS 来说,大部分采用电子轰击离子源(EI),因此使用“-”符号则更为合适,通常缩写为 GC-MS。

对于采用平行的两根 GC 柱作为^{2}D 的 GC×GC 系统,可以缩写为 GC×2GC。根据上述系统可被称为“全”的指导性原则,只要样品在两根^{2}D 色谱柱之间的分配不存在歧视性,即可称为“全”。

2.6 与保留时间相关的参数

组分的保留时间(t_R)为组分从进样到出现色谱峰最大值所经过的时间。保留时间与色谱柱的结构和分析条件有关。对于给定的色谱柱和分析条件,保留时间只与分析物与固定相之间的相互作用相关,即只与分析物的结构相关。保留时间的数值是 GC 所能提供化合物定性的唯一信息。在 GC 中,进行化合物鉴别的必要条件是在相同色谱柱和分析条件下,被分析物和标准物质的保留时间相同。而两个组分物的分离(分离度)由两者的保留时间的差别和峰宽共同决定。

在 GC×GC 系统中,组分的保留通过其在两根色谱柱上的保留时间^1t_R和^2t_R 来表示。^1t_R 定义为组分从进样到达调制器的时间,^2t_R 为分析物从调制器到达检测器的时间。在 GC×GC 中，只有分析物的^1t_R 和^2t_R 都与标准物质一致，才可以进行定性鉴别。

以下将重点阐述 GC×GC 中从保留时间引出的一些保留参数及其用途和测定方法，如何通过分析物结构特征预测这些参数，以及实验条件，如温度和流速对数值的影响。

2.6.1 保留指数

在不同的实验室采用 GC 保留时间比较来进行定性存在一定难度，因为色谱条件，如温度、流速和色谱柱的物理性质如柱长、内径、膜厚等，均会对色谱保留时间产生显著影响。

在与保留时间相关的参数中，分配系数(distribution constant，K)为化合物在固定相和流动相中浓度的比值，取决于分析物、固定相和温度条件，可以从分析结果计算得到：

$$K=\beta \cdot k \tag{1}$$

其中，β 是色谱柱的相比率(phase ratio)，即气相体积除以固定相体积，其取决于色谱柱的结构及固定相的量。k 是容量因子，是化合物在固定相和流动相中质量的比值。k 的数值可以通过实验测得，即分析物在固定相和流动相中停留时间(t_R'和 t_M)的比值。

$$k=(t_R-t_M)/t_M=t_R'/t_M \tag{2}$$

式中，t_R 和 t_R'分别为分析物的保留时间和调整保留时间，t_M 为死时间，即不被固定相保留的化合物的保留时间。

但是，K 和 k 受分析温度影响很大，而且不可以采用程序升温条件下获得的数据进行比较。使用参比化合物可以提升测定的重现性。因为保留时间、流速和色谱柱结构以相同的方式影响所有化合物，因此可采用相对于参比物的保留时间，而不是保留时间的绝对值来提升重现性。

使用相对保留值需要一个参比化合物，但是在 GC 中，不可能找到一个与所有分析物馏出顺序都靠近的通用的参比物。匈牙利色谱学家 Kovats 在 1958 年首次提出使用保留指数(retention index)，通过采用在分析物前和后馏出的两个正构烷烃的同系物作为参比标准，来代替单一化合物。保留指数(Kovats 指数)，缩写为 I 或 RI(其中 RI 使用的较多)，可通过以下公式用内插法进行计算：

$$\mathrm{RI}=100\times\left(\frac{\log t'_{\mathrm{Ri}}-\log t'_{\mathrm{Rz}}}{\log t'_{\mathrm{R}(z+1)}-\log t'_{\mathrm{Rz}}}+z\right) \tag{3}$$

式中，t'_{Ri}为分析物的调整保留时间，而 t'_{Rz}和 $t'_{\mathrm{R}(z+1)}$ 为含有 z 和$z+1$ 个碳原子的正构烷烃的调整保留时间。这两个正构烷烃分别在分析物的前（碳原子数为 z）和后（碳原子数为 $z+1$）馏出。

RI 的值与色谱柱结构和流动相速度无关，且必须在恒温模式下获得。与其他保留参数（k，K）相比，RI 对温度的依赖性更低。由于恒温条件下，同系物的调整保留时间的对数与其碳原子数有线性关系，相差两个碳原子的正构烷烃（z，$z+2$）可用作上述公式中的标准物质，对准确性影响很小。当这些正构烷烃不适用时，如固定相极性较强的色谱柱，也可以使用其他同系物代替正构烷烃。

1963 年，van den Dool 和 Kratz 提出，对于线性升温程序，由于同系物在保留时间和碳原子数目 z 之间存在大致的线性关系，因此也可以使用上述公式中的线性关系，用 t_{R} 代替 $\log t'_{\mathrm{R}}$：

$$\mathrm{LRI}=100\times\left(\frac{t_{\mathrm{Ri}}t_{\mathrm{Rz}}}{t_{\mathrm{R}(z+1)}t_{\mathrm{Rz}}}+z\right) \tag{4}$$

式中，LRI 为线性保留指数（linear retention indices），取决于升温程序及流速，但是这些数值的变化对 LRI 的影响不大，特别是当温度变化对 RI 影响很小时。此时，化合物的 LRI 和 RI 值非常相似。

对于 RI 和 LRI，一个分析物的保留指数可定义为与分析物有相同保留时间的一个“虚拟正构烷烃”的碳原子数乘以 100。公式（3）和（4）可分别看作使用正构烷烃保留时间作为参考点，直接（LRI）或经过对数变换后（RI），1D 图中保留时间刻度的变化。

在 GC×GC 中，RI 可作为^{1}D 和^{2}D 保留时间计算获得的保留参数，分别写作^{1}RI 和^{2}RI。由于使用了两个数值来进行保留表征，GC×GC 定性的可靠性比 GC 更高。

测定第一根色谱柱的保留指数时只需要使用合适的正构烷烃混合物作为参照物即可。由于第一根色谱柱通常采用程序升温模式，因此通常使用公式（4）（LRI）。而第二根色谱柱在恒温模式下使用，其保留指数的测定则存在一定困难，将在下面进行阐述。

测定保留指数时，为了使不同实验室测得的^{2}D 保留数据可以进行比较，包括与其他 GC×GC 结果或者与参考的 1DGC 数据进行比较，最常见计算保留指数的方法是使用参比化合物对^{2}D 色谱柱的保留范围进行调整，与前文所述的用于一维 RI 或 LRI 的参比化合物类似。由于第二根色谱柱的分离非常快,可以视为恒温,因此使用 RI 数值更加合适。

使用公式(3)测定 RI 时,需要测定在分析物前和后馏出的两个正构烷烃的保留时间。但是,在 GC×GC 常见的非极性-极性色谱柱组合中,极性化合物需要在第二根色谱柱上有一对具有比在非极性柱中在化合物前后馏出的两个正构烷烃碳数更高的正构烷烃。

Beens 等在用于 GC×GC 研究的色谱柱组合时,提出了解决上述问题的方法,即使用等挥发度曲线。如果^{1}D 进样系统加热不足,化合物挥发慢,会导致^{1}D 峰严重拖尾。当拖尾部分在^{1}D 色谱柱尾端馏出时,调制器会不断进样此化合物到第二根色谱柱。等挥发度曲线中的点在 2D 图中,代表在^{1}D 馏出温度下,^{1}D 的保留(^1t_R,x 坐标轴)对^{2}D 的保留(^2t_R,y 坐标轴)。图 2-1 展示了在 2D 空间中,这一过程对系列正构烷烃产生的虚拟结果。

不拖尾的正构烷烃的窄信号出现在^{1}D 保留时间轴,如图 2-1 中 x 坐标轴的标示。正构烷烃拖尾部分的 2D 信号为图 2-1 中连续的等挥发度曲线。这是由于使用了升温程序,使得在^{1}D 中保留较强,对应于^{2}D 中馏出温度更高,从而降低了^{2}D 保留值。由于非线性关系的存在,图中的曲线呈现下降的趋势。

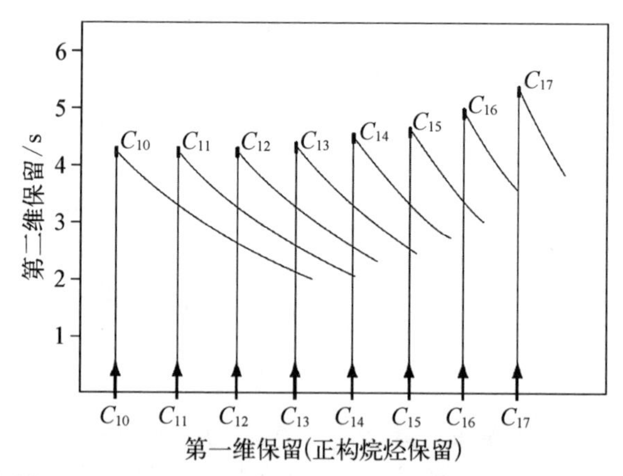

图 2-1 正构烷烃(C10~C17)的虚拟 2D 保留行为以及由慢进样产生的等挥发度曲线

在此过程中,以一定样品量连续进样到^{2}D 上相对比较困难。正构烷烃的等挥发度曲线也可以通过在色谱运行过程中依次注入正构烷烃混合物来生成。在这种情况下,峰为离散的信号而不是曲线,但是对于相同正构烷烃所获得的峰之间进行插值,仍可以使用公式(3)估算其保留时间,以计算保留指数,与连续进样相同。在这一方法的基础上,已发展了一系列方法,其中,Bieri 和 Marriott 在一定的时间间隔内,使用固相微萃取(SPME)进样器将正构烷烃混合物直接进样到^{2}D。图 2-2 为此过程的模拟图。

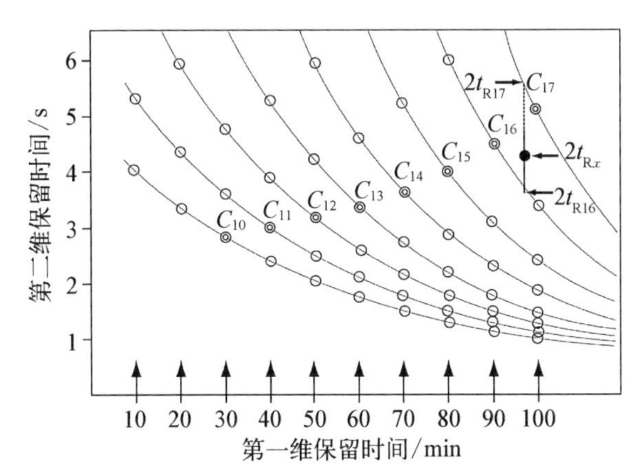

图 2-2 正构烷烃(C10~C17)混合物的 2D 保留行为模拟图(进样间隔:10 min)

在图 2-2 中,正构烷烃(C10~C17),以 10 min 的间隔进样。图中的圆圈代表 C10~C17 的正构烷烃,线条(等挥发度曲线)通过插值法获得,如相同正烷烃不同点的指数拟合。化合物 x 的^{2}RI 值通过其$^2t_{Rx}$和前后馏出的正构烷烃通过插值获得的保留时间预测值($^2t_{R16}$和$^2t_{R17}$)计算而得。

在这两种情况下,使用正构烷烃的 2D 空间映射,可以进行化合物的^{2}RI 值的计算。图 2-2 显示的是化合物 x(黑点)在 2D 空间中的位置,其保留时间为$^1t_{Rx}$和$^2t_{Rx}$,在 C16 和 C17 曲线之间馏出。如果可以通过数学拟合获得等挥发度曲线,则可以从拟合方程来估算在$^1t_{Rx}$处的 $2t_{R16}$和$^2t_{R17}$。而除了这些值以外从公式(3)计算 RI 值仅需要死时间以计算调整保留时间。

等挥发度曲线的范围可以采用外推法进行,也可以在不同升温速率下进样或采用极性更强的同系物,如 2-甲酮和脂肪酸甲基酯或醇类等来代替正构烷烃。

2.6.2 参数估算

分析物的保留时间取决于分析物的结构和分析所采用的色谱条件。经验丰富的分析人员可以估算出简单化合物在 GC 柱中的相对保留,以及流动相速率和温度变化对保留的影响。但误差太大,这种主观方法无法用于定性。

GC×GC 中的保留行为更为复杂，直观性也差得多。Ong 等研究了 GC×GC 色谱条件，包括升温程序、流速、固定相和^{2}D 色谱柱长度，对^{1}D 和^{2}D 保留的影响。在大部分情况下，很难预测这些影响。比如，提高流速会导致^{1}D 色谱柱保留时间降低，馏出温度(T_e)，即^{2}D 色谱柱的运行温度降低。在^{2}D 色谱柱上使用较高流速和较低馏出温度可能会导致^{2}D 保留增加或减少，且无法直观地在这两者之间做出判断。Ong 等也考虑了色谱条件对保留的选择性作用，主要为升温速率，其甚至可以引起一些化合物在馏出顺序上的变化。研究还介绍了不同参数与保留时间之间的关系，对于 GC×GC 分析条件优化非常重要。此研究得出结论“优化 GC×GC 分析是一项十分繁杂的工作”，需要通过反复测试色谱柱系统和操作条件进行选择和优化。

这一问题可以通过模型对保留参数进行估算来解决。在 GC×GC 中建立色谱保留和分子结构之间的定量关系，并研究色谱条件变化对与保留时间相关的参数的影响，可以实现以下目标：

(1) 更好地了解保留过程及其相关的理化参数。

(2) 定性分析。将化合物的保留时间$^{1}t_R$ 和$^{2}t_R$ 或 RI 值与估算值进行比对。

(3) 辅助开发和优化 GC×GC 色谱方法，包括色谱柱选择等。例如，在不同流量、温度和色谱柱物理性能条件下，如果可以准确计算峰宽和保留时间，就可以选择最佳 GC×GC 色谱分离条件，而无需反复进行实验。

2.6.2.1　通过化合物的结构性质进行估算

当化合物进行质谱分析时，其响应给出了关于结构的信息。如果 GC 的保留时间取决于固定相和分析物之间的相互作用，则它应与分析物的化学结构相关。在简单情况下，色谱工作者都知道与结构相关的保留模式，即在恒温和程序升温模式下，正构烷烃的保留时间存在规律性，是保留指数概念的基础。

这些保留模式鼓励研究人员寻找保留值与化合物特征之间的关系。为了尽可能准确地描述分子结构，可以使用“描述符”以数字形式表示，分析物的物理性质(沸点、蒸气压)也可以作为实验指标。

在使用化合物的物理参数作为描述符的一维 RI 值计算中，已有相对较好的结果，但是该方法的实用性很低，因为这些参数通常很难通过实验得到。在许多情况下，从实验 RI 值估算理化参数值比相反的过程更容易。Marriott 等举例说明了 GC×GC 如何辅助研究化学分解/转换以及其他分子变化过程。

基于化合物分子结构本身的描述词最容易获得，如分子量、氢原子数等。描述分子大小和形状的拓扑参数也经常使用，而且可以使用软件，如CODESSA等，从其分子结构自动生成大量（>300）描述符值，包含有关分析物的原子、键、大小、形状和电荷分布等信息。

下一步骤为建立数学模型，通常为线性模型。该模型将一组给定的实验保留时间或保留指数与描述符值相关联。模型参数的计算通常涉及多个线性回归或人工神经网络。当描述符自动生成时，需要进行预选择以只使用那些与保留属性相关的描述符。验证后，可以使用该模型估算其他化合物的保留值。但是此估算仅限于原始色谱条件。

Pompe等提出了更有实际应用价值的方法，对两个GC热力学参数焓和熵的标准状态变化ΔH^0和ΔS^0进行估算。因为这些参数可以用于描述随温度变化的保留参数的变化。保留参数的估算可以拓展到其他温度条件，包括程序升温。

在GC×GC中，第一根色谱柱操作参数的任何改变将导致第二根色谱柱馏出条件（流速、温度）的变化，从而影响^{1}D和^{2}D的保留。因此，实际使用时需要对不同色谱条件下GC×GC保留行为进行估算。

2.6.2.2 与色谱条件相关的保留参数

用于保留行为数学建模的另一种方法是用从相同系统中、不同色谱条件下获得的实验值来估算化合物的保留时间。使用化合物的色谱数据而不是结构描述符或理化参数，保留值的估算应该更容易且准确。

公式(2)可以改写为

$$t_R = (k+1) \cdot t_M \tag{5}$$

其中，尽管载气粘度随温度的变化也会影响流动条件，但对于给定的色谱柱，化合物的保留时间t_R取决于流速（通过死时间t_M）和温度（通过保留因子k）。

GC中描述保留行为的公式不可直接用于GC×GC，因为两根色谱柱之间存在差异。Beens列出了描述GC×GC保留行为所需的公式和计算机程序，可以针对不同条件和色谱柱进行包括色谱柱柱效在内的计算等。Harynuk和Gorecki也开发了一个类似的模型，以便在使用环形调制器时选择最合适的分析条件。

1DGC保留值估算最常用的是热力学公式：

$$\ln k = -\left(\frac{\Delta H^0}{RT}\right) + \left(\frac{\Delta S^0}{R}\right) + \ln \beta \tag{6}$$

其中，ΔH^0和ΔS^0分别为从流动相对于固定相溶质所转移的标准焓和标准熵，R为气体常数，T为温度（°K），β为相比率（色谱柱的特征参数）。大多数不同温度下保留估计值都使用在几个温度下的保留数据来获得公式（6）中的系数，可将其用于保留值的估计。

在GC×GC中，^{2}D在等温模式下运行，虽然难以获得t_M的准确值，但可以在不同温度下估算保留。然而^{1}D色谱柱通常在程序升温模式下运行，温度和载气粘度的连续变化带来了其他问题。为了估算GC×GC保留，目前已有几种方法报道。本书前文所述用于测定GC×GC第二根色谱柱保留指数的方法基于RI值在2D保留图中点的分配，也可以用于将正构烷烃的实验保留数据进行做图的参考，或以1DGC数据估算2D分离空间中已知保留指数化合物的峰坐标。

Beens等首次使用此方法预测GC×GC保留。从正构烷烃和分析物保留指数计算得到在^{1}D色谱柱的保留时间。对于^{2}D中分析物的保留时间，首先通过在馏出温度下对系列正构烷烃进行插值获得k，然后使用相应的t_M计算得到这些化合物的t'_{Rz}，然后使用公式（3）从馏出温度下的RI计算出分析物的t'_{Ri}。尽管预测的馏出曲线与实验相似，但是对于^{2}D保留时间，计算值和实验值之间存在差异。另一种类似的方法使用在几个温度下测得的k值来获得更好的插值，保留时间预测的准确性也得到了提高，相对误差小于20%。虽然升温速率是唯一的变量，但Zhu等使用正构甲酯混合物的等挥发度曲线来计算RI值，使用从公式（6）导出的表达式进行了高精度的估算。

Lu等使用基于公式（6）的模型来预测混合物中13种化合物的保留时间。混合物包含非极性正构烷烃和极性吡啶衍生物。对于不同的升温速率，估算得到的保留时间值与实验保留时间值之间的一致性很好。

Seeley等的方法只需从程序升温运行获得1DGC保留时间作为初始数据。在计算^{1}D和^{2}D色谱柱的保留指数之后，将这些值转换并构建曲线图，再现2D实验保留。虽然^{2}D保留预测出现了一些错误，特别是温度对RI值影响较大的化合物，但将该方法用于139种挥发性有机化合物时，再现性较好。

通过对用于优化1DGC分离的计算机程序进行修改可以引入GC×GC所需的其他变量。同样使用公式（6）进行估算，但使用分配系数K而不是保留因子k，从而可以将其扩展到不同几何参数的色谱柱和混合固定相。采用

Grob 测试混合物中的化合物进行验证时，只需要使用在两个不同升温程序下获得的保留时间。除了几个在^{2}D 色谱柱保留较强的化合物外，预测结果与实验结果一致性较好。

上述所有方法均可以用于保留值的估算。这些方法估算的精度不同，估算目的、起始数据类型和测试化合物不同，因此无法进行相互比较。方法开发进行验证时应考虑以下因素：

- **估算保留数据的类型。**当进行估算以协助开发 GC×GC 方法时，需要保留时间数据，并且必须针对不同条件估算分离度或保留模式。可能会存在预测参数，而不是具体保留数据，这些参数可用于对不同的色谱柱和分析条件进行计算。在写入时，仅需要基于溶剂化参数模型的简化方法。
- **化合物的极性和挥发性。**非极性化合物的问题较少，但是极性化合物不能在极性不同的两根色谱柱中使用相同的参考化合物。挥发性或极性范围较宽时需要更仔细的验证，以免出现极值误差。
- **操作模式。**控制流量或控制压力模式下计算结果不同，因此必须考虑色谱柱出口压力，可在室温（FID 检测器）或真空（MS 检测器）条件下运行。
- **调制过程的效果。**虽然数据估算通常不考虑调制，但是调制的类型和特性对^{2}D 保留的影响已有相关研究。
- **估算中使用的数据类型。**至少应通过实验测量或从文献中得到分析物在与估算的 GC×GC 色谱柱系统相同固定相 GC 柱中的保留时间（假设化合物保留均随温度有相似的变化）。为了获得更高的预测精度，应至少在等温模式下，在三个不同温度下测量保留时间。如果使用 RI 值，则正构烷烃参考物应在相同条件下运行。如果进行方法优化，则需要对特定的 GC×GC 装置进行几次运行优化，以校正与色谱柱几何形状或使用不同批次固定相相关的误差。
- **估算数据所需的精度。**目前，尚未将估算的保留数据用于化合物定性。如果目标只是快速筛选色谱柱系统以检查它们的正交度、检测可能的峰迂回或估计分析时间，则在大多数情况下，保留时间的粗略近似已经足够。用于复杂混合物分离度的优化时，对所有组分的保留时间预测均必须具有足够的精确度，而且必须估算峰宽。

2.6.3 死时间

死时间（t_M），为无保留的分析物馏出所需的时间，在 1DGC 中通过注入保留值非常低的化合物（通常为甲烷）进行测量，也有一些数学方法可用于估算 GC×GC 中^{1}D 色谱柱的 t_M。为了计算^{2}D 色谱柱的 t_M，该化合物需要被连续进样至系统中，同样还应考虑调制。此外，在控制压力模式下进行色谱分析时，程序升温会导致流动相粘度、流量和死时间连续变化。

Beens 等描述了三种可用于估算^{2}D 色谱柱 t_M 的实验方法：(1) 使用温度对正构烷烃的保留因子 k 作曲线并外推到 $k=0$；(2) 等挥发度曲线外推；(3) 在载气中连续掺杂甲烷时，由调制器操作引起的基线变化。三种方法获得的结果相似。

当需要 t_M 值来计算公式(4)中的保留指数 LRI 时，与上述方法类似的其他方法也已用于 t_M 值的估算。例如，利用与 log k 与碳原子数的线性关系进行拟合，通过在两个温度下从正构烷烃混合物的实验保留值中推断出^2t_M。假定^2t_M 与温度 T 呈线性关系，可以估算其他温度下的^2t_M。Arey 等发现乙烷和丙烷在馏出的^{2}D 色谱柱上与^{1}D 色谱柱流失有相同保留，因此在进行^2t_M 计算时，可以将最后一个作为 GC×GC 馏出过程的标记物。

2.6.4 峰宽

GC 馏出物的谱带展宽在色谱峰中以标准差 s 显示。假设峰形呈高斯分布，可以根据峰宽测量值通过实验估算 s，然后计算峰底宽(w_b)或半峰宽(w_h)。其中，w_h是最常用的参数，可以减少基线噪声的影响。在 GC×GC 色谱图中，峰形状是近似椭圆形的，它们在^{1}D 和^{2}D 轴上的值分别对应于^{1}D 和^{2}D 色谱柱上的峰宽^1w_h和^2w_h，可以从记录的数据中测量得到。

峰宽取决于色谱柱末端的谱带分散程度和此时谱带的速度。在开管色谱柱中，大多数谱带展宽发生在流动相中，所有化合物在色谱柱末端的谱带分散程度大致相同，而峰宽仅取决于色谱柱末端的谱带速度。在等温程序中，该值与保留时间成反比，并且峰宽随保留时间延长而变宽。但是在程序升温模式下，当色谱柱经过线性升温时，峰宽大致恒定。在程序升温时，在柱温 T_e 下馏出的化合物的峰宽可以认为与等温条件温度 T_e 下同一色谱柱化合物的峰宽相似。

对于等温运行的 1DGC，峰宽取决于保留时间且大致呈线性关系。流动相速度对峰宽有显著影响，van Deemter 方程对此进行了描述。用于描述谱带展宽的 Golay-Giddings 方程，包括描述色谱柱几何形状的参数，可用于一般条件下的估算。此外，还有更为复杂的热力学基础模型。

色谱柱的柱效和柱外效应，如死体积，也会导致色谱峰展宽，因此难以对 w_h进行准确预测，除非采用从同一根色谱柱和化合物获得的数据作为基础。

但是，即使只是粗略估计第一根和第二根色谱柱的值对 GC×GC 操作也有很大作用。^{1}D 的峰宽是确定调制时间的重要参数，因为每个^{1}D 峰需要进行至少 3 次调制，而^{2}D 的峰容量取决于^2w_h。

GC×GC 分离度的预测除了需要计算两根色谱柱上的保留时间外，也需要对峰宽进行测定（公式(7)）。Beens 等使用^{2}D 带宽和柱效来估算^2w_h，Lu 等使用相同的色谱柱测量^1w_h和^2w_h值作为估算峰宽的基础，也可以使用 van Deemter 方程进行估算。

估算 GC×GC 中峰宽的另一个问题是调制的影响。有学者指出，用现有的调制器产生的宽进样脉冲无法获得^{2}D 色谱柱的理论柱效，而且调制周期比最佳调制周期更长，也显著降低了^{1}D 色谱柱的效率。也有少数研究对调制过程对^1w_h和^2w_h值估算的影响进行了探索。

2.7 分离度

在 1DGC 中，有些概念虽然无法准确定义色谱，但具有实用价值，也得到了广泛使用。例如，分离度(R_S)可以对色谱流出曲线的两个化合物（峰）之间的“分离”这一概念进行定量描述。

$$R_S = \frac{t_{R2} - t_{R1}}{(w_{b1} + w_{b2})/2} \tag{7}$$

当假设两种化合物的峰宽相同，可用等价表达式表示：

$$R_S = \frac{\alpha - 1}{\alpha} \frac{k}{k+1} \frac{\sqrt{N}}{4} \tag{8}$$

可以看出，分离度这一重要的参数不仅取决于分离效率（理论塔板数，N），还取决于每种化合物与固定相之间相互作用的差异（分离因子，α）和色谱馏出条件（保留因子，k）。

在 GC×GC 中，分离度的定义包括对二维图中出现的峰进行分离程度的测量。假设 GC×GC 峰为椭圆形，则二维分离度定义为两根色谱柱（A 和 B）的分离度平方和的平方根：

$$2DR_S = \sqrt{R_{S_A}^2 + R_{S_B}^2} \tag{9}$$

例如，色谱柱 A 和 B 的分离度分别为 0.8 和 0.6，则 GC×GC 的分离度为

1.0。但是公式(9)所示的 GC×GC 的主要优点是 $2DR_s$ 的值始终等于或高于 R_{SA} 和 R_{SB} 的最大值。由于在 GC×GC 中选用不同固定相作为 ^{1}D 和 ^{2}D 色谱柱，应选择合适的 ^{1}D 或 ^{2}D 色谱柱以使得公式(8)中的 α 足够大。

分离度通常是优化分离方法时考虑的最重要标准。根据操作条件进行的预测，减少了缓慢的试验，在方法开发中非常有用。在 GC×GC 中，分离度的预测需要估算所涉及化合物的 ^1t_R，^2t_R，^1w_b 和 ^2w_b（公式(7)和(9)），如前文所述。

公式(8)中的理论塔板数 N 是色谱柱柱效的度量，可以单独应用于 GC×GC 系统中的两根色谱柱。但是在 GC×GC 中，使用具有不同特性固定相的两根色谱柱会重新定义峰容量(1DGC 效率的概念)。同时，还引入了两个与分离行为有关的新概念，即正交度和色谱结构，这是 GC×GC 所特有的概念。

2.8 峰容量

GC×GC 快速发展的一部分原因在于这项技术可以达到的高分辨率这一优势。GC×GC 相对于传统的 1DGC，优点之一在于其理论上可以提供更大的峰容量。

峰容量为色谱系统中理论上可分离的最大组分数。在 1DGC 中，其值 n_c 可近似从公式(10)中计算得到。

$$n_c = (\sqrt{N}/4)\ln\left(\frac{t_R}{t_M}\right) \tag{10}$$

式中，N 是理论塔板数，t_M 是死时间。由于 n_c 在公式(10)中取决于保留时间 t_R，因此必须对最终值使用合理的限制。

1DGC 的峰容量值很难达到 1 000。一根 450 m 长的色谱柱的理论塔板大约为 5 000 000 块，分析非常复杂的混合物需要 640 min，n_c约为 1 000，而常规的 1DGC 峰容量远远低于此值。

图 2－3 显示了 1DGC 中的峰容量。其中，高斯峰排列在图的第一行，每行的每个单元有一个分离的峰。扩展到 GC×GC 中，行中的一个单元(^{1}D)在 ^{2}D 中产生一列单元，这些单元也可以被峰占据。单元的总数是峰容量理论值 ^tn。对于 GC×GC，^tn 为 ^{1}D 和 ^{2}D 色谱柱峰容量，分别为 ^1n 和 ^2n 的乘积：

$$^{t}n = {}^{1}n \times {}^{2}n \tag{11}$$

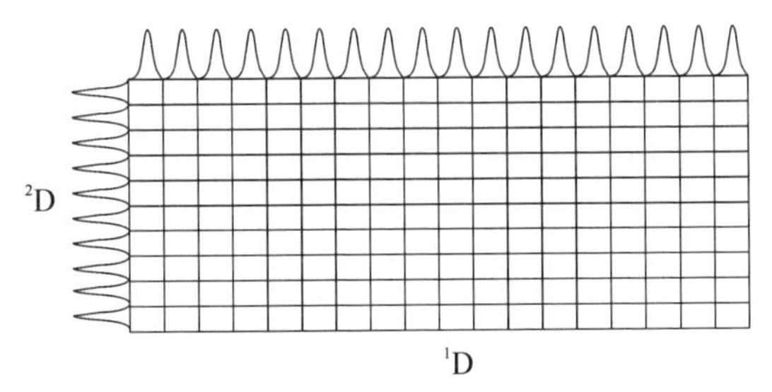

图 2-3 1DGC 和 GC×GC 的理论峰容量

在 GC×GC 中，^{1}D 和 ^{2}D 色谱柱的峰容量一般为 100 和 12，总峰容量为 1 200，这在 1DGC 中是无法达到的，从 1DGC 到 GC×GC，峰容量有了显著的提升。

公式(7)定义了理论最大峰容量值，而实际峰容量与混合物中组分的实际分离相关，会因为以下一些因素而降低。

首先，图 2-3 中的空间并不能全部用于分离。由于样品和色谱柱的特性，可用的分离空间和实际峰容量小于理论值，如 2.9 节中的图 2-6 和 2.10 节中的图 2-7 所示。

其次是调制过程会使得分离度下降，从而降低实际峰容量。如前节所述，较宽的进样脉冲和较长的调制周期均会导致 GC×GC 所能获得的柱效降低。

此外，实际样品中可以分离的组分的实际数量并不仅仅取决于峰容量，还需要考虑峰重叠。对于具有随机保留时间的化合物，可以通过统计方法计算出其中几种在相同保留时间出现的概率。在具有随机峰分布的情况下，单组分峰的数量绝对不会高于峰容量的 18%，即对于任何峰容量为 1 000 的系统，只能将 180 个组分分离为单峰。例如前文所提到的 450 m 长的色谱柱并不能分离汽油样品中的所有化合物。因此，高峰容量对于分离非常复杂的样品的成分是十分必要的。如果我们希望大多数化合物以单峰形式出现，则对于简单的混合物也需要高峰容量。如果分布不是随机的，则某些区域中峰的高密度也会对高峰容量有一定要求。

2.9 正交度

在 GC×GC 中，一个样品经历了两个在线结合的不同分离过程，两个分离过程中所使用的分离机理差别越大，系统正交度越高，分离能力就越强。

假定一个样品中含有大量的分析物，其形状、颜色和大小各不相同(如图2-4)。根据 Giddings 理论，这一样品可以从3个维度进行表征。在这些条件下，传统1D系统无法分离所有分析物。使用1D系统时，如果根据分析物的大小进行分离，那么颜色和形状相同的分析物得不到分离；或者根据颜色进行分离，那么大小和形状相同的分析物就会共馏出；或者根据形状进行分离，大小和颜色相同的分析物得不到分离。因此，为了提高这一样品中所有组分的分离度，可以使用一个正交的2D分离系统，其维度与样品维度相匹配。在这种情况下，才可以高效利用大部分可用的分离空间，以容纳分离后的分析物，并创造一个高度成形的馏出图。

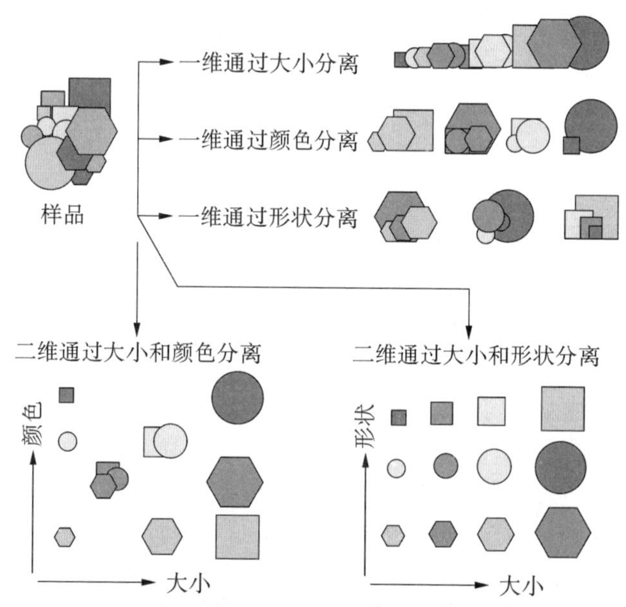

图2-4　GC×GC中样品维度和分离维度的匹配

在1DGC中，很难正确定义和定量测量某些参数，如固定相极性和选择性等。GC×GC中的正交度也存在相似的问题，正交度的定义和量化存在诸多争议。

“正交”(orthogonal)这个名词在2D色谱中使用时，最容易出现矛盾。数学和统计学对正交已有系统的定义。在数学中，正交表示两个向量或函数垂直或内积为0，或一组矢量或函数，任意两个内积为0。在统计学中，正交表示一组变量统计学独立，或实验设计中探索的变量均可视为统计独立。

在分离科学中，正交这个词用于表明不同的分离或机理，而不是“独立的”或“垂直的”，通常指两个采用不同分析机理的仪器维度。对于分离维度，则两个维度的馏出时间可视为统计学独立，即两个维度使用完全独立的保留机理。

正交分离机理或正交分离是否可以获得好的分离效果取决于样品本身，包括其组分以及分离所利用的物理化学性质。例如在 GC×GC 中，^{1}D 根据沸点分离，^{2}D 仅有立体选择性分离机理，则只有样品中的立体异构体会表现出正交 2D 分离。

Schoenmakers 等在不同领域对正交度进行了定义。对于分析化学，正交度在 2D 系统中意味着 2D 响应在统计学上是独立的。在 GC×GC 中，可以假设当两根色谱柱与样品组分以相似的方式(高相关性，低正交度)而不是互补系统(低相关性，高正交度)相互作用时，系统的实际分离能力会降低。

在 GC-MS 中，GC 和 MS 是完全不同的分离机理。但是，即使在 GC-MS 中，对于某些样品两种技术的结果也可以相互关联，如相似的异构体混合物的保留时间和质谱结果可能均相同。正交度取决于测定的样品，但是，对于其他色谱参数，一般定义为可以用作实际目的的近似值。

在 GC×GC 中，具有不同固定相的两根色谱柱的保留数据在统计学意义上并不是真正正交的，因为组分的挥发性对两根色谱柱的保留都有影响。在等温模式下运行的 GC×GC 中，大多数组分将分布在可变宽度的对角带中，而无法使用大部分的 2D 分离空间。但是，当两根色谱柱使用一个通用的升温程序，即它们在同一个柱温箱中时，第二根色谱柱中的保留时间似乎独立于第一根色谱柱中的保留时间，两者之间的相关性很低，系统几乎是正交的。当第一根色谱柱为非极性固定相时，第二根色谱柱固定相为极性，即最常见的 GC×GC 色谱柱系统，第二根色谱柱中的非极性选择性被抵消了。

Harris 和 Habgood 提出，对于 GC 程序升温模式，在从色谱柱馏出时，每种溶质在很大程度上都处于气相状态。因此，在馏出温度下，^{1}D 色谱柱中产生保留的相互作用强度非常低。如果第二根色谱柱固定相为混合的相互作用，则在此温度下与第一根色谱柱固定相共同的相互作用也就不那么重要了。Seeley 等在关于 GC×GC 保留时间预测的工作中，研究了在第二根色谱柱中的保留与^{1}D 和^{2}D 色谱柱中固定相-化合物相互作用之间的理论关系。在实验中，尽管^{1}D 保留时间与第一根色谱柱固定相中的线性保留指数^{1}LRI 有关，但^{2}D 保留时间可以近似地看作两个固定相保留指数差值(^{2}RI $-^{1}$RI)的函数。

使用正交色谱柱系统，2D 保留平面中的大部分分离区域(分离空间)可用于峰分布。但是，尽管正交度保证了保留平面的最佳通用性，但它不能保证特定样本能得到正确的分离度。如前所述，与其他分析技术一样，GC×GC 中的正交度取决于样品成分和分离条件。

在开发分析方法时，正交度的概念可作为选择最佳色谱柱系统和最佳色谱条件的第一步，同时应考虑色谱柱中固定相的“整体”属性，以寻找独立的固定相-化合物相互作用，可以假设通过两个因素来解释，一个是化合物的特定值，另一个是固定相和条件。极性是与这些因素相关的一个直观概念。尽管目前已有不同的极性标度，但也存在一定问题，如固定相与不同分析物之间特定的相互作用。虽然可以通过保留少量化合物，如 5 到 10 个，来描述这种选择性行为，但是很难选择仅有“单一”相互作用的化合物。因此，应首选溶剂化参数模型。Poole 等使用该模型表征了用 50 种不同固定相制备的毛细管柱，其数据库中包含五个温度下的色谱柱参数值，可用于固定相的分类，并作为 GC×GC 方法开发中色谱柱选择的参考。

但是，为了比较不同的 GC×GC 色谱柱系统和分离条件，无论是进行方法开发还是方法优化，都需要定量地测量正交度。

GC×GC 中，分布在 2D 平面的每个峰的 ^1t_R 和 ^2t_R 分别对应于两根色谱柱的分离，不同的实验条件会改变峰容量和 2D 空间中峰的分布。正交度是分离性能（分辨能力）的定量评估，是一个定义为理想最大峰容量（n_{max}）的有效使用程度有效性因子。通常将其定义为 0 到 1，分别对应于完全相关的分离（PCS）和正交分离（OS）。正交度最大化对应于分离空间的最佳利用和样品组分的最高总体解析，有助于选择最佳的色谱柱组合和其他条件来分离复杂混合物。

有关正交度报道最多的评估办法是基于方格建立的（图 2 - 5）。

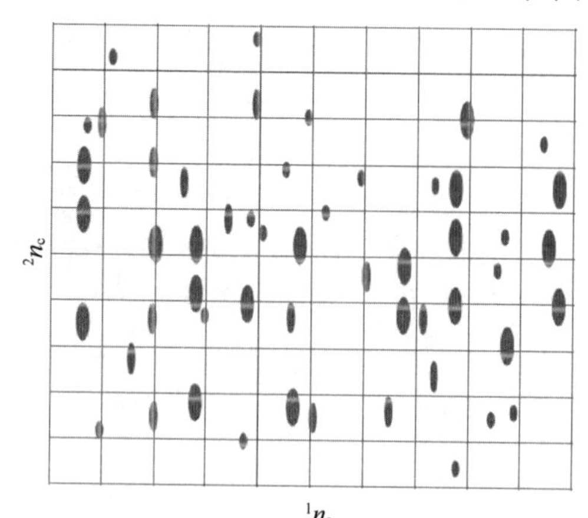

图 2 - 5　GC×GC 2D 分离空间图示

^1n_c 和 ^2n_c 分别为 ^{1}D 和 ^{2}D 的峰容量。长方形格子用于切割 2D 空间，并用于正交度的评估。

首先,将^1t_R和^2t_R进行归一化。在确定^1D和^2D的峰容量后,将GC×GC 2D分离空间沿两个分离维度划分为相等的间隔,即^1n_c和^2n_c。接下来,根据正交度定义评估2D虚拟网格空间(矩形框)中峰的占比和分布。Gilar等提出了一个公式(公式(2)),通过方格占据的百分比来计算正交度。

$$0=\left(\sum \text{bins}-\sqrt{n_{\text{cmax}}}\right)/(0.63\times n_{\text{c,max}}) \tag{2}$$

公式(2)中,分子和分母分别对应于GC×GC分离的实际和理论峰容量。由于正交度是n_c的函数,而公式(2)只是正无穷限值n_c的一个特殊情况,因此Watson等对公式(2)的定义进行了修改得出了公式(3)。

$$0=\left(\sum \text{bins}-n_c\right)/(0.63\times n_c^2-n_c) \tag{3}$$

Liu和Paterson通过类似的集合统计和几何方法来测量正交度。当^1D和^2D的两组保留数据被视为向量时,可以从它们的相关系数$C_{i,j}$定义数学正交度。该系数的值介于0(完全正交的分离)和1(正交度最小)。$C_{i,j}$为正交度的定量度量。从$C_{i,j}$值可以计算图2-6中角度β的值。在图2-3中,β可通过正交度测定估算而得。实际可用于分离的峰容量为用“A”表示的区域,总峰容量$^tn={}^1n\times{}^2n$,GC×GC峰不会出现在图2-4中标注“N”的区域,只有标注“A”的区域可以用于分离。从$C_{i,j}$值(作为正交度的测量表征)可以测定可用分离空间的相对值,作为“实际”峰值容量的度量。但是,这些方法都没有考虑2D平面中峰分布的相关性。

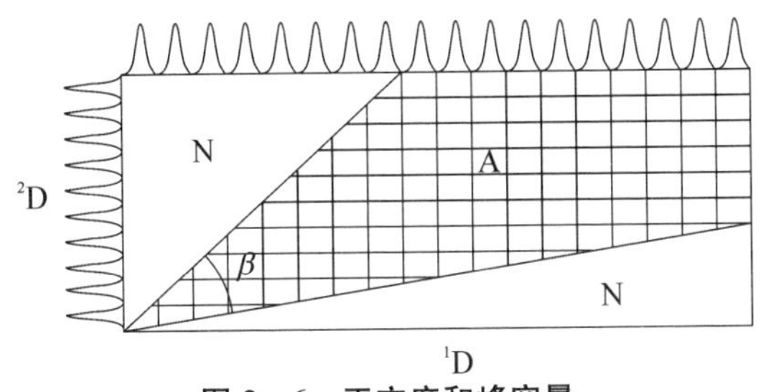

图2-6 正交度和峰容量

信息论原理的方法认为色谱分离和熵的基本概念之间具有数学一致性。几何方法使用因子分析研究GC×GC分离能力,以及在平行四边形或其他图形中的峰分布。基于方格占比原理的信息理论方法通过使用2D峰分布的条件熵对正交度进行了评估。但是,这些方法不能对GC×GC 2D分离空间中非对角线分布的分析物进行准确的正交度计算，且存在一定局限性，例如：

（1）每个正交度度量的值并不仅仅对应于GC×GC分离的某一种情况，即该指数不够灵敏，无法确定GC×GC分离中的细微差别；

（2）仅能使用导出的数据来定义正交度，无法使用包含保留信息的原始数据；

（3）仅考虑方块的占用比率，而不考虑方块在2D平面中的相关性；

（4）正交度的数值通过人工限制为0～1，而对于真正的分离，这是无法实现的，而且可能不适用于某些分离情况。

Slonecker等将信息理论用于正交度的测量。使用信息相似度（IS）表征在分离空间某些区域中分析物拥挤的程度。低IS值对应于低水平的溶质拥挤，而接近1的IS值表示高度的峰重叠，与正交度相反。此研究用信息熵描述了分离空间中的峰散射（样品中组分不确定度的降低）。所使用的参数（熵）是两个色谱柱系统中每个色谱柱贡献的信息熵的相对百分比。0和100%的百分比熵（PS）值分别对应于完全正交和非正交的系统。IS和PS值可以通过实验中GC×GC色谱柱保留时间计算得到，但如果在远离分离空间对角线的区域频繁出现峰或峰簇，并且未考虑程序升温操作，该方法会出现一些偏差。

作为正交度评价时，分离空间的覆盖范围取决于样品组分的特性。Ryan等使用具有较宽极性范围的测试混合物，五个极性依次增强的^{1}D色谱柱和两个^{2}D色谱柱（极性和非极性）。不同色谱柱系统的分离空间覆盖率既通过实验测定，也通过使用^{1}D色谱柱保留时间预测^{2}D保留时间进行测定。该方法研究了由色谱柱极性变化引起的组分的特定位移，也显示了组分在有效分离空间的总体分布，即介于死时间和在^{2}D上保留最强的化合物。这一方法的缺点在于，计算得到的可用空间取决于混合物中最后馏出的化合物所计算的可用空间上化合物的分布情况。

Cordero等使用了与上述方法相关的实验方法，通过GC×GC分析香精油和标准液的混合物。^{1}D为两根以OV-1和聚乙二醇为固定相的色谱柱，与涂有这两个固定相混合物和OV-17的^{2}D色谱柱进行组合，以这种方式建立了10组不同的色谱柱系统。GC×GC实验结果对应于不同水平的正交度。Cordero等采用不同参数，基于相关性分析、扩展角度β、信息论（IS和PS）以及分离空间的使用百分比，研究已经表明使用非极性色谱柱（^{1}D）和极性色谱柱（^{2}D）的系统可以获得最佳的分离效果，但是混合固定相具有良好的实用正交度，可能是由于升温程序降低了^{2}D混合相色谱柱中非极性相互作用。从两组混合物得到的不同参数值体现了正交度依赖于所分析的化合物，因此进行方法开发时，用于评估正交度值和/或可用分离空间的混合物必须包含对分析物预期特性覆盖 n 维范围的所有组分。

Gilar 等对这些方法进行了全面的比较，包括方法适用性和不足等，并提出未来仍然需要继续开发适用于正交度评估的新方法。

Zeng 等将正交度度量标准分为两部分(C_{pert}和 C_{peaks})，然后分别引入 2D 分离平面的自然峰覆盖百分比和化合物的分布相关性。通过“方格覆盖率”和简单线性回归模型对它们进行了进一步定量评估，克服了以上方法的缺点。

对于更为通用的正交度度量，也可以使用色谱柱的特定参数，而不是分析物的保留数据。溶剂化参数模型使用五个参数来表征色谱柱的保留。这些参数在一个五维空间中，每一列定义为一个向量。如果 θ 为两个列向量之间的夹角，则对于非常相似的一对固定相，$\cos\theta$ 接近 1，而对应于高正交度的色谱柱系统，$\cos\theta$ 的值接近 0。

2.10 结构化色谱图

色谱法利用化合物物理和化学性质的差异，如大小、形状、挥发性、极性等，来实现混合物中组分的分离。因此，化合物的洗脱顺序可以提供有关某一特定分析物性质的信息。然而，在色谱图中，某一特定化合物与混合物中其他组分的关系不一定十分清晰。这是因为没有足够的分离机制来把混合物中的组分分离至色谱图的某一区域内，将组分的化合物种类或结构表现出来。Giddings 提出了系统维度和样品维度这两个概念。系统维度就是用来分离混合物的分离机制的数量。多维分离通过多种分离机制(通过使用不同选择性的色谱柱)来多次分离分析物。因此，多维分离与线性系统相比，其优势在于基于多种参数分离样品，而线性系统仅有一个。样品维度为分离分析物所需的参数数量。如果系统维度大于或等于样品维度，分离可以看作是有序的。正构烷烃混合物的 1DGC 分离就是一个典型的例子。1DGC 的保留时间仅取决于化合物的蒸气压，如极性相同的正构烷烃。而且由于正构烷烃的蒸气压与它们的碳原子数有关，因此 GC 流出曲线会显示出沿保留时间规则分布的峰。图 2-7 为正构烷烃混合物的模拟馏出曲线。图底部的黑圈标记对应于 1D 轮廓。但是，其他样品组分，例如正构醇的存在会对正构烷烃的馏出结构图产生干扰。图 2-7 中底部的正方形标记即为后馏出的正构醇色谱峰，与正构烷烃共馏出。

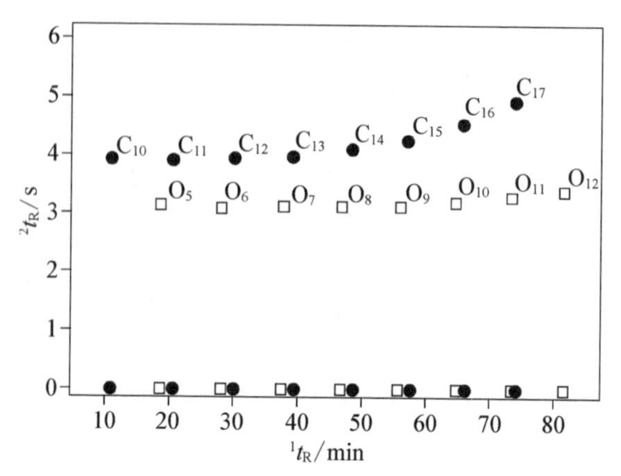

图 2-7 包含正构烷烃(●)和正构醇(□)的样品的 1DGC(下)和 2DGC(上)保留行为

尽管可以通过为每种化合物分配一个单独的变量,例如碳原子数,来描述正构烷烃的保留,但是更复杂的混合物需要增加其他变量来进行描述。在这些情况下,样品具有更高的维度。例如,维度 2 可用于图 2-7 中的正构烷烃和正构醇混合物,可以依据碳原子数和是否存在羟基基团进行分离。

当使用正交的 2D 色谱柱系统时,GC×GC 可以解析 2D 混合物,呈现出分离平面中的馏出模式,充分反映了样品组分的特性。例如,对于正构烷烃和正构醇混合物,如果第一根色谱柱的保留主要与化合物蒸气压相关,第二根色谱柱的保留与化合物极性相关,则样品组分在 2D 分离平面中的馏出位置将与这两个属性相关,如图 2-7 中上半部分中的标记。由于对于某一特性有相似值的化合物将在 2D 轮廓图中以分组或相关形式出现,因此所产生的色谱图可以称为"结构化"的色谱图。即使在包含非常不同的化合物(即具有高维度)的混合物中,具有共同属性的分析物也会出现在结构化的色谱图中。

GC×GC 图中主要产生两种模式类型。球状簇对应于具有非常相似性质的异构体化合物,在^{1}D 和^{2}D 色谱柱中具有相似的保留时间。在这些情况下,分离将需要在^{1}D 或^{2}D 中使用对异构体之间的细微结构差异更具选择性的固定相,或使用更高维度的分离技术。而更常见的是伸长的簇或线性趋势,当化合物具有共同的特性(例如极性),但其他特性(例如挥发性)不同时,就会出现。这些特性与^{1}D 和^{2}D 色谱柱的分离机理相关。

在图 2-8 中,采用非极性×极性色谱柱系统分析薰衣草精油的 GC×GC 色谱图中,主要组分的分离包含两种图案类型。在两根色谱柱中具有相同保留的几种异构单萜烃紧密聚集一起(峰 16 至 20),而氧化的萜烯则在烃上方的^{2}D 中根据极性分布(区域 A 为醇,区域 B 为醋酸盐)。

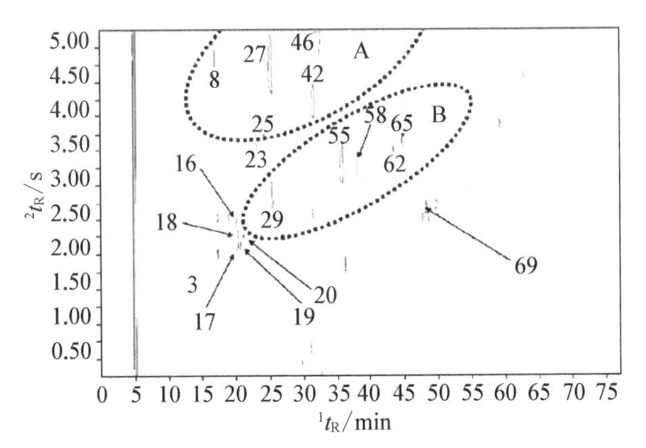

图 2-8 薰衣草精油主要组分的 GC×GC 色谱图

当使用反正交 GC×GC 系统时，即^{1}D 为极性色谱柱，^{2}D 为非极性色谱柱时，也会出现结构化的色谱图。例如，使用聚乙二醇×SPB-5 色谱柱系统分析柑橘精油时，醇、醛、酯和碳氢化合物都会出现结构化色谱图。

对于给定的 GC×GC 色谱柱系统和条件，"结构"的大小和形状取决于具有相同性质的化合物的数量和类型。例如，在非极性×极性体系中，具有大范围碳原子数的同系物通常显示为沿^{1}D 拉伸的曲线，且具有明显趋势，甚至可以将曲线拟合为非线性表达式，并将结果用于定性。

当系列化合物仅在较小的结构特征方面有所不同时，对${}^{1}t_R$ 和${}^{2}t_R$ 的影响较小。例如，几组碳原子数相同但取代方式不同的异构体分布在 2D 保留区域中，导致谱带变宽。这对于复杂类别化合物，十分常见。当该第二特性更显著地影响^{2}D 色谱柱保留时，会出现一组新的结构，主要沿^{2}D 拉伸。这样，化合物可以分布于两种不同的色谱结构。

GC×GC 色谱图中存在这些特征趋势是一个显著的优势，因为可以从视觉上观察整个样品中组分类型或识别非典型成分。色谱图呈现结构化还有助于减少 MS 定性所需峰的数量。在非常复杂的样品中，由于同一类型的化合物通常以长带形式分布，并且可以在^{2}D 与具有不同属性的其他类型化合物分开，因此细长结构的存在可以更好地利用分离空间，本书 2.8 和 2.9 小节讨论了测定可用峰容量和正交度对分析样品的重要性。是否能形成结构化色谱图还取决于特定的样品。复杂的样品，包括具有共同特征的代表性数量的化合物，将更有可能在 2D 平面中以结构化色谱图显示这些化合物类型。但是，始终需要通过实验或进行数据预测，以选择"最佳"固定相，包括常规的正正交（低极性×高极性）或反正交（高极性×低极性）色谱柱系统。

2.11 小结

与其他色谱技术一样,GC×GC 的主要目标是对复杂混合物进行定性和定量分析。本书也将对这一技术在某些领域的应用进行详细介绍。GC×GC 的定性分析必须基于物质在两个维度的保留时间(^1t_R 和^2t_R)或由此衍生的参数。虽然在 2D 测量这些参数存在某些困难,但是已有相关研究报道。

GC×GC 分析方法的优化是此技术最重要的研究领域之一。GC×GC 操作中需要优化的参数比 1DGC 多得多,主要在于^{2}D 中任何参数的改变都可能对^{1}D 条件产生影响,并且采用两个不同的色谱柱产生的影响大大增加。

因此,目前已有诸多针对预测模型的探索和研究,以预测可能对分离产生影响的参数。本书所述的用于预测峰保留和峰宽的部分方法已经有了良好的应用实例。

正交度和结构化色谱图的存在是 GC×GC 分离的特征,也体现了系统的高分离效率。这些特点在分析复杂样本时十分重要。预测模型可以对样品中可能存在的化合物的保留进行大致估算。对于几组色谱柱和/或操作条件,可以对正交度、分离空间的使用率以及色谱图结构等进行预测和估算,并且可以通过这种方式优化分离效率。

3

仪器与装置

3.1 前言

与 1DGC 一样，GC×GC 分析也是从进样器进样、载气混合样品开始的。但是，不同于 1DGC 中组分馏出色谱柱后立即进入检测器，在 GC×GC 中组分馏出色谱柱后便到达位于两个串联的分离维度（色谱柱）之间的接口处，即调制器。调制器以较高的取样频率将从第一维（^{1}D）馏出的样品传送到第二维（^{2}D）上，同时遵守 Giddings 的守恒定律。调制器作为一个在线进样器，对^{1}D 馏出的化合物进行快速取样，并在第二根色谱柱柱头产生非常窄的进样脉冲（峰宽低至 50 ms）。因此，整个^{1}D 色谱图随着几秒的调制周期（P_M）被切割成一个又一个的碎片，然后被再次进样至^{2}D 进行快速分离。

理想情况下，对于通过调制器脉冲再次进样到^{2}D 的分析物的分离必须在下一个脉冲进样到^{2}D 前完成，以避免不同调制循环产生的峰发生重叠，此效应称为"峰迂回（wraparound）"。因此，^{2}D 的 GC 色谱柱通常比^{1}D 短得多，而且有时需要使用第二个柱温箱来加热^{2}D 色谱柱。如果^{2}D 使用短和小孔径的色谱柱，^{2}D 的分离比^{1}D 快大概 100 倍。由于取样（调制）与^{1}D 分离同时发生，GC×GC 分离的 GC 运行时间与传统 1DGC 几乎一致。GC×GC 中的检测器，则完全和经典 1DGC 一致，用于对流动相中组分的痕量变化进行持续检测。实际上，一系列时长等于 P_M（为 3～10 s）的高速^{2}D 色谱被检测器一个接一个地记录下来，形成了一系列碎片。这些碎片组合起来后，可以在色谱分离平面中以 2D 轮廓图（contour plot）的方式来展现馏出形状。后续可采用专业软件来处理所收集的原始数据并提取多维信息。

为了连接^{1}D 和^{2}D，可采用各种连接装置，主要取决于所使用的调制器类型。对于大多数加热型的调制器，通常在液膜较厚的毛细管色谱柱后接一段不涂布任何固定液的毛细管，以保证相钝化并在产生转移到²D 色谱柱的谱带前降低分析物的保留。对于冷阱型调制器，调制可直接在²D 毛细管色谱柱上发生。对于基于阀的调制器，可以使用阀的样品环来连接¹D 和²D。在其他情况下，调制过程可发生在²D 色谱柱柱头。GC×GC 发展早期，为保证¹D 色谱柱、调制器和²D 色谱柱之间的正确连接，采用了相对复杂的装置。后期，玻璃压嵌连接器这一结构简单的接口的出现，极大地简化了装置，不论是采用手动还是自动方式，都只需要几分钟就可以完成连接装置的安装。

3.2 进样器

与 1DGC 一样，GC×GC 中的进样器和进样方式主要取决于样品性质，如热稳定性、沸点范围、样品可能会污染进样器的情况，以及所需建立的分析方法的要求，如 LOD 和操作便捷性等。常用的 GC×GC 进样器及其性能如表 3－1所示。其中，进样代表性指进行 GC 色谱柱的样品与原始样品具有同样的组成，即检测器不存在样品歧视问题。当分析的样品含有沸点较宽、易吸附或对热不稳定的分析物时，这一问题尤为重要。

表 3－1 常用的 GC×GC 进样器及其主要性质

	热进样—分流	热进样—不分流	程序升温进样—分流	程序升温进样—不分流	柱上冷却
分析类型	常量	痕量	常量、对热不稳定	痕量、对热不稳定	痕量、对热不稳定
进样代表性	低	低	中等—高	中等—高	高
惰性	中等	低	中等	中等	高
对脏污样品的鲁棒性	中等	中等	高	高	低
样品体积灵活性	中等	中等	高	中等(包括大体积进样)	中等—高(包括大体积进样)

3.3 柱温箱

GC×GC 有时会使用双柱温箱的设置，将第二根色谱柱放在独立的第二个柱温箱中，而第一根色谱柱在主柱温箱中，从而可以更加灵活地调节和优化2D保留，例如可以通过在主柱温箱和第二个柱温箱之间设置固定的温差来避免峰迂回现象的产生。双柱温箱的设置也可以用于调节选择性，或在第二个柱温箱中装入具有不同选择性的第三根色谱等。

3.4 色谱柱

3.4.1 正交度原则

为了符合正交度原则，串联的两根 GC 柱必须使用不同且独立的分离机理。大部分情况下，GC×GC 系统使用的第一根色谱柱为非极性固定相，如聚二甲基硅氧烷等，而第二根色谱柱的固定相极性较强，如聚乙二醇、聚苯基甲基硅氧烷或环糊精等。在这种设置下，^{1}D 上分析物通常依据沸点的高低被分离，而^{2}D 的分离常在恒温条件下进行，由分析物活度系数决定。当升温速率为 3～10 ℃/min 时，^{2}D 分析时间为几秒钟。因此，分析物通过两个独立的分离机理进行分离，形成正交。如果第一根色谱柱为非极性固定相，并与极性更强的第二根色谱柱相连，此设置通常称为正正交。而在反正交中，^{1}D 为中等极性或极性色谱柱，^{2}D 为非极性色谱柱。根据 Adahchour 等的统计，截至2005 年，所有 GC×GC 文献中，使用正正交，即^{1}D 为非极性色谱柱，^{2}D 为中等极性色谱柱的文献约占 80%。

GC×GC 系统正交度越高，两根色谱柱的保留机理之间越独立，理论上来说化合物的分离效率就越高。但是，对于 GC×GC 而言，另外一个重要的作用是获得结构化的色谱图，即在色谱图中化合物按照类别分布，所有同一类别的化合物分布在一起。实际上，结构化的色谱图是 GC×GC 非常重要的一个作用，特别是在石油化学中。但是，对于痕量水平的环境分析，其主要目的是将目标分析物从潜在的基质干扰中分离出来，而结构化居于次要地位。尽管如此，正交度和结构化色谱图本身并不是分析的目标，而分离才是。根据

Giddings 所述，只要分离的维度和样品的维度完全匹配，结构化的色谱图完全可在非正交条件下获得。

Schoenmakers 等认为在进行化合物的种类鉴别时，结构化这一现象是非常有效的手段。结构化的色谱图可产生样品的指纹图谱。正如前文所述，在鉴别石油样品和筛查环境样品中的持久性有机污染物（POPs）如多氯联苯（PCBs）时，由于这些类别的化合物包含大量的同系物，因此色谱图呈现结构化现象是非常有利的，如图 3－1 所示。图中，虚线所连接的为分子中含有相同氯取代基数目的 C8 同类物，同一组中每个 C8 同类物的位置由联苯骨架上的取代形式决定。

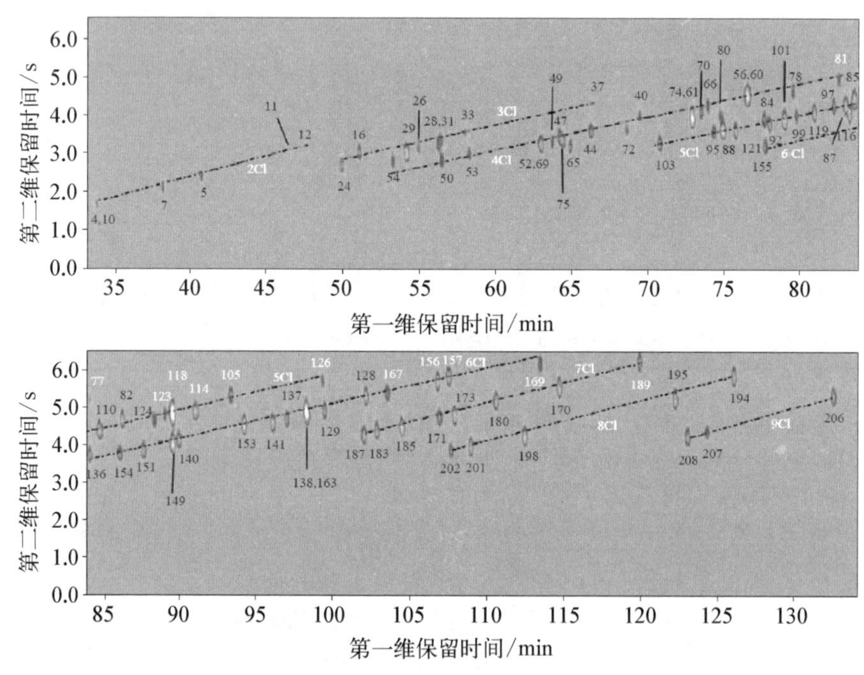

图 3－1　90 个 PCBs 混合物的 GC×GC-μECD 色谱图（HP-1×HT-8）

Focant 等使用了一个并不完全正交的 GC×GC 色谱柱系统，PCBs 的分离仍呈现高度结构化，可实现基于同系物邻氯代程度的污染物的识别。

如上文所述，正交度带来了许多优点，部分研究证明反正交方法，即^{1}D 为极性色谱柱，^{2}D 为非极性色谱柱，和正正交具有互补性。例如，图 3－2 为同一个橄榄油提取物样品的两个 GC×GC 色谱图。图 3－2A 中，正正交方法对于极性相对较低的分析物产生了较好的分离结果。在^{2}D 中，这些分析物与其他组分相比保留较弱，在色谱图^{2}D 中为 0.3～1.7 s 以带状形式呈现。在大部分情况下都可以从极性基质中获得有效的分离。但是，图 3-2A 中与极性化合物的共馏出出现了峰迂回现象。如[1]D 中 20～25 min 出现了细长的带状的点，这是一个显著的缺陷。反正交方法，从另一个方面来说，更适合分离极性较强的分析物。由于极性较强的化合物在[1]D 色谱柱上保留很强，大多数情况下都可以与非极性组分分离，如图 3-2B 的[1]D 中 15～33 min，[2]D 中 1.0～2.6 s 的区域。与正正交方法相比，对于极性较强的化合物不存在峰迂回问题，且峰形较好，而对于非极性分析物则存在峰迂回问题。

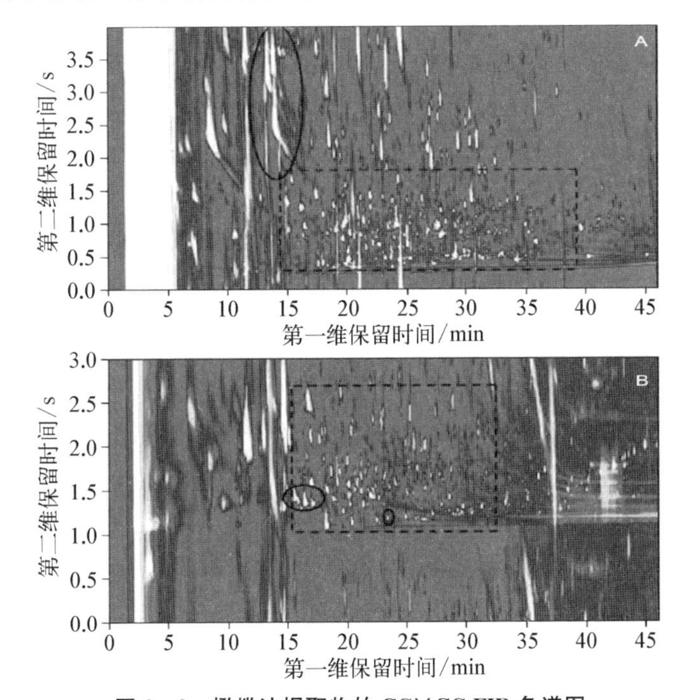

图 3-2　橄榄油提取物的 GC×GC-FID 色谱图

(A)使用正正交方法，(B)使用反正交方法。三处圆圈为 3-甲基丁酸和三个醇，1-己醇，顺式-3-己烯醇和反式-2-己烯醇。

(A)中虚线区域主要为非极性组分，(B)中虚线区域主要为极性组分。

3.4.2　规格

在 GC×GC 中，[1]D 的色谱柱通常为 15～60 m 长，内径在 0.25～0.53 mm，膜厚为 0.25～1 μm，所产生的色谱峰峰宽一般为 5～30 s，与传统 1DGC 常用的色谱柱并无区别。最主要是为了保证在共馏出的分析物进入[2]D 分离前，进入调制器的色谱峰有足够大的峰宽，能够符合调制器取样次数的要求。

理想状况下，为了避免产生峰迂回效应，脉冲出调制器的化合物的^{2}D保留时间($^{2}t_{R}$)应该小于或最多等于P_{M}，即一个完整的调制循环的时间。当化合物的$^{2}t_{R}$超过GC×GC系统的P_{M}，就会导致这个化合物在下一个或其后的调制中出现，从而产生峰迂回现象。为了使峰迂回效应最小化，^{2}D色谱柱通常较短，一般为0.5～1.5 m长，且内径比^{1}D色谱柱要小，膜厚也通常降低至0.1～0.25μm范围内，以提升分离效率。一般情况下，与内径较大的色谱柱相比，内径较小的色谱柱可提供较高的峰容量。但是在GC×GC中，如果使用一根细孔径的色谱柱作为^{2}D，在^{2}D色谱柱中的压力要比使用一根内径较大的色谱柱作为^{2}D要高得多，这就会导致^{1}D色谱柱的色谱过程减缓，但可以使用一根较长、内径较宽的色谱柱作为^{2}D来解决。此外，还可以将^{2}D色谱柱放在另外一个柱温箱里以进行温度的独立控制，来避免峰迂回的产生。虽然峰迂回常被看作优化不完全或者分离不理想的象征，但是，只要化合物的峰迂回不产生新的共馏出现象，没有必要刻意花费过多的时间和精力来避免峰迂回。即使出现了峰迂回，分析人员可以重新建立更为清晰的色谱图。峰迂回最主要的缺点是导致^{2}D色谱峰略微变宽，并可能最终导致峰容量降低。另一个缺点是当使用单维检测器时，可能导致峰重叠或共馏出现象。

目前，大部分GC×GC的应用都是基于传统1DGC方法发展而来，只是在GC×GC中需要进行一系列的优化，如色谱柱系统、载气流速和升温速率等参数。Beens等建立了一个基于Excel的计算器，对于特定的一组色谱柱，可进行最佳分离条件的预测。这一模型显示使用内径为0.1 mm的色谱柱作为^{2}D可能并不是分离的最优条件。在他们的研究中，使用内径为0.25～0.32 mm的色谱柱作为^{1}D，与内径为0.15～0.18 mm的^{2}D色谱柱共同使用，得到了很好的分离结果。由于扩散与色谱柱内压力相关，当^{2}D色谱柱内径较小时，其流速应比1DGC中使用的流速小得多。因此，一般情况下，^{1}D色谱柱最佳载气流速应该为1DGC流速的一半左右，而GC×GC的总分析时间应该为1DGC分析时间的两倍。

大部分GC×GC领域的研究都希望在保持较好灵敏度的基础上获得一定的分离选择性，然而，这在一定程度上会导致分析时间过长。Harynuk和Marriott提出另外一种优化方法，为了分析速度而牺牲部分选择性，因此在^{1}D中使用了一根快速的GC色谱柱。他们将一根BPX-5色谱柱(5 m×0.25 mm×0.25 μm)与一根BPX-50色谱柱(0.3 m×0.15 mm×0.15 μm)相连，化合物的馏出温度大幅下降，从而使得分子量相对较高的化合物能够在较短时间内完成分析。

Zhu 等在^{1}D 和^{2}D 分别使用了不同膜厚的色谱柱进行组合和测试。他们得出结论，当在^{2}D 中不要求分辨率高而要求速度快时，在^{1}D 中使用液膜较薄的色谱柱，在^{2}D 中使用内径较窄的色谱柱更为合适。相反，如果分辨率更为重要时，可以在^{1}D 使用膜厚为 0.25～0.5 μm 的色谱柱，在^{2}D 使用宽内径(150 μm)的色谱柱。

在 GC×GC 柱组合中，有一个特殊的组合是使用互相平行的两根色谱柱而不是单一的一根色谱柱作为^{2}D，通过将聚焦后的脉冲分开并传递到两根平行的^{2}D 色谱柱上来实现。这种组合由 Seeley 等首次报道提出，他们在调制阀后使用了一个馏出物分流器，用来将选定的片段发送到两根平行且不同的第二根色谱柱上。由此所产生的技术，称为双二维柱 GC×GC(GC×2GC)，在一次分析后可产生两个二维轮廓图或像素图。

3.4.3 固定相

任何已经在 1DGC 中使用的固定相都可以用于 GC×GC，也可以根据目标分析物和固定相之间的相互作用来选择合适的固定相。虽然商业化细孔径色谱柱的数量在过去的二十几年内有了显著的增长，但是对于 GC×GC 中^{2}D 所要求的极性更强、热稳定性更好的色谱柱的选择仍然非常有限。这一问题的存在显著降低了 GC×GC 的应用范围和潜力。尽管如此，一些专注于生产客制化色谱柱的实验室已经开发了适用于 GC×GC、特异性更强的固定相。Cordero 等研究了混合固定相色谱柱的正交度和分离空间占有率。固定相为25%：75%的聚乙二醇：二甲基聚硅氧烷混合物的色谱柱用于^{2}D 的研究表明，这类色谱柱提高了天然挥发性化合物的分离度。此外，在^{2}D 使用中等极性固定相可以实现极性化合物的高效分析，主要体现在色谱峰较窄且峰形拖尾少。而极性更强的色谱柱，如聚乙二醇为固定相的情况，可能导致保留值混乱，从而影响定量的精密度。Sidisky 等提出了一种极具应用前景的离子液体固定相，具有极佳的耐热性能(高达 240 ℃)。Seeley 等也在 GC×GC 分离中使用了一种高温磷离子液体色谱柱，实验结果证明这些固定相都是 GC×GC 中^{2}D 色谱柱很好的选择。

在^{1}D 采用传统色谱柱，使用近似 1DGC 的载气流速，使得所有的进样技术都可以直接运用于 GC×GC，例如，分流、不分流、大体积、程序升温(PTV)和固相微萃取(SPME)进样等。进一步的，任何基于传统 GC 分离的方法均可用于 GC×GC，而不需要对已有的进样技术进行改进或优化，因此本书不再就这些问题进行阐述。

3.5 调制器

正如前文所述,实现 GC×GC 分析的关键在于两根色谱柱之间的接口,即调制器。因此调制器也被称为 GC×GC 的核心。调制器的主要功能在于周期性地将^{1}D 色谱柱馏出物中的分析物捕集,再聚焦成一个狭窄的谱带,并进样到^{2}D 上。因此,这一装置既要保证以较高的速率从^{1}D 取样并将样品传递到^{2}D,同时又不能违背 Giddings 的守恒定律。为了保证在^{1}D 获得的分离不损失,从调制器馏出的片段宽度必须小于^{1}D 峰宽的四分之一。因此,调制器对^{1}D 每个峰的切割次数通常至少为 3 次,因此 P_M 一般为 2～8 s。快速的采样使得原始^{1}D 分离得到了保留,而^{2}D 分离必须在下一个^{1}D 馏出物片段进样前完成,以减少或避免峰迂回现象的发生。

调制器上的聚焦效应通常可使得 GC×GC 的灵敏度有所提高。Lee 等将 GC×GC-FID 与 GC-FID 的分析结果比较发现,GC×GC-FID 的灵敏度比 GC-FID 提高了 4～5 倍,而将 GC×GC-ToF-MS 与 GC-MS 的分析结果相比,GC×GC-ToF-MS 的灵敏度比 GC-MS 提高了 2～5 倍。使用 GC×GC-μECD 也可以得到类似的结果,灵敏度为 GC-ECD 的 3～5 倍。在实际应用中,调试器的聚焦步骤降低了分析物的色谱峰宽,从而提高了峰高,如图 3-4 所示。

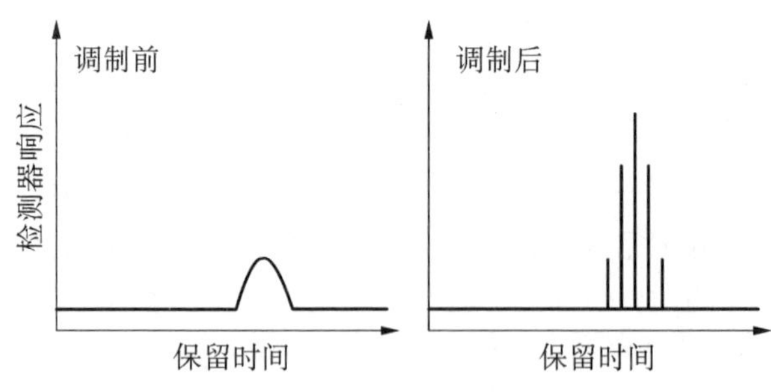

图 3-3 GC×GC 中调制步骤带来的灵敏度上升

目前,已经有几种不同的调制器进入了商品化的阶段,主要可以分为以下两大类:热调制器和阀调制器。其中,热调制器最常用,指的是通过控制温度来捕集^{1}D 馏出物并通过再次进样的方式传送到^{2}D 的调制器,并可以继续分为两大类:加热型调制器和冷阱型调制器。阀调制器指的是通过气流来控制并将^{1}D馏出物切割分开，然后通过再次导流将其传送到^{2}D的调制器。

不论哪种调制器，一般均使用以下四个参数来评价其性能：占空系数、调制周期(P_{M})、进样脉冲宽度和由^{2}D分离带来的最终峰容量。

占空系数定义为从^{1}D传送到^{2}D的分析物占比。例如，将所有^{1}D馏出物均传送到^{2}D色谱柱的调制器占空系数为1.0。所有热调制器的占空系数均为1.0，而阀调制器的占空系数为$\leqslant$1.0(即所有或仅有一部分^{1}D馏出物被传送到^{2}D和检测器)，具体数值取决于其系统设计。当占空系数$\leqslant$0.5时，可以称为低占空系数调制器。

P_{M}为两次调制之间的时间，是调制器性能评价的重要指标。P_{M}一般为1—10 s，已有文献报道的最低值为50 ms。对于调制周期的要求见6.2.1小节。

GC×GC分离的最佳操作在于获得最大的峰容量。在GC×GC中，峰容量的定义和计算方法见2.8小节。获得最大峰容量的关键就在于调制器。一般来说，如果需要GC×GC提供1DGC 10倍的峰容量，就需要调制器对1D峰进行2—4次的调制。

3.5.1 热调制器

热调制技术是GC×GC中使用较多的一种调制方式，在^{1}D色谱柱和^{2}D色谱柱之间以固定频率反复施以高温和低温，使^{1}D馏出物在该段位置产生周期性的冷凝聚焦和释放，从而实现对^{1}D峰的调制。热调制技术相对于阀调制，调制效果更好，分辨率更高，而且载气流量保持不变，适合连接质谱检测器，另外冷凝聚焦过程中可以对分析物进行浓缩，灵敏度也有所提高。热调制技术已经成为目前应用最广泛的一种GC×GC调制方法。

3.5.1.1 加热型调制器

1985年，Phillips课题组发表了第一篇关于热调制器的研究报道。当时，调制器的原理尚未运用到GC×GC领域，而只在所谓多重GC概念中，不需对低浓度分析物进行预富集的顶空取样。随后，在进样中研发了柱上热解吸调制(TDM)，为高速GC提供较窄的进样脉冲。TDM目前已发展成为一个必不可少的接口装置，用于GC×GC的两根色谱柱之间。TDM装置包括一小段色谱柱，以电流通过电导膜的方式快速且稳定地加热色谱柱。首先，在两根色谱柱之间使用一段膜厚较薄的毛细管柱，覆盖一层导电涂料作为调制接口。

通过电阻加热的方式将保留在此调制器中固定相上的分析物脉冲进入^{2}D色谱柱。导电涂料的低热质这一优点使得调制器的加热和冷却过程都能在极短的时间内完成。调制器产生的一系列电脉冲在^{2}D色谱柱上产生了一系列样品流的浓度脉冲。TDM装置的主要缺陷在于这些浓度脉冲没有经过聚焦这一过程，到达调制器的分析物以一个相对较大的进样塞的形式直接进入了^{2}D色谱柱。

为了解决再聚焦这个问题，随后诞生了一种双级捕集器。两个捕集装置依次变换操作。当一个捕集器温度较高时，另外一个捕集器温度较低，反之亦然。但是，这种调制器的稳定性不佳，主要是因为所覆涂料的再现性不足，同时操作也较为复杂。

Phillips等进行了更深入的探索，对热调制器进行改进并形成了"扫帚"式的调制器(Sweeper)，如图3-4所示。

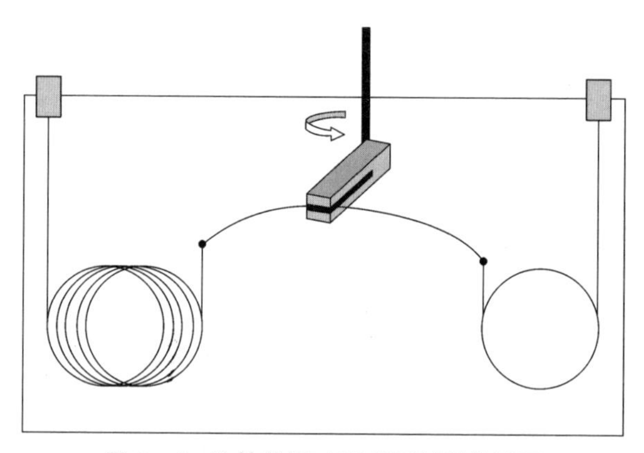

图3-4　旋转的"扫帚"式调制器装置图

在此技术中，通过施加和移走热源，而不是直接加热色谱柱的方式来加热和冷却调制器中的毛细管柱。"扫帚"式调制器使用一段用于捕集分析物的液膜较厚的毛细管柱作为调制管，通过机械地挥动高于柱温箱温度100 ℃的内置式加热器，来获得尖锐的化学脉冲。这一多级旋转式热调制器在分析物进入^{2}D之前同时实现了捕集和再聚焦，可对调制区域和^{2}D进行独立的温度控制，已经在很多样品的分析中得到了应用。这是GC×GC领域第一款商品化的调制器，但是在机械调制方面仍有一些缺点，无法作为常规方法使用。

这两种调制器都有明显的缺点。在实际操作中，无法通过加热捕集器捕集挥发性化合物。此外，为了防止用于捕集的毛细管柱中固定相热降解，最终柱温箱温度必须比固定相最高使用温度低100 ℃。因此，^{1}D色谱柱的最高温度只能达到 230 ℃，大大限制了可分析的化合物范围。同时，操作条件，包括挥动速度、停顿时间、固定相膜厚、柱温箱和加热器的温差等参数的优化非常复杂，需要耗费大量时间和精力。在 2003 年之前发表的与 GC×GC 相关的文章中，大约有 30%都使用了这种“扫帚”式的调制器，但是到 2010 年左右时已经不再使用，也没有继续推出商品化的产品。

此外，文献中还报道了一些其他的加热型调制器，但这些调制器仍然存在相同的缺陷，也没有大量的应用报道。

3.5.1.2 冷阱型调制器

基于 TDM 调制器的原理和改进，20 世纪 90 年代末期出现了新一代的调制器，使用降温而不是加热的方式来创造所需的脉冲效应，并致力于减少或完全消除移动部件的使用，冷阱型聚焦方式从此产生，并最终在所有研究和应用中取代了加热型调制器。

纵向调制冷阱系统（Longitudinal Modulated Cryogenic System，LMCS）（图 3－6）由 Kinghorn 和 Marriott 在 1999 至 2000 年间提出。LMCS 将一个移动的冷阱（Cryotrap）套在需要调制的色谱柱上，冷阱内可用液态二氧化碳对色谱柱局部进行制冷，冷阱套以外的色谱柱放置在色谱仪的柱温箱内部被加热。通过冷阱套的上下移动，对不同部位的色谱柱进行反复加热制冷从而完成调制。这一方式加热和制冷都十分快速有效，能产生非常理想的调制峰宽，大大增强了 GC×GC 的实用性。LMCS 的出现让众多色谱学者开始使用 GC×GC 技术，发表了大量以此技术为基础的分析应用，对 GC×GC 的发展产生了深远的影响。

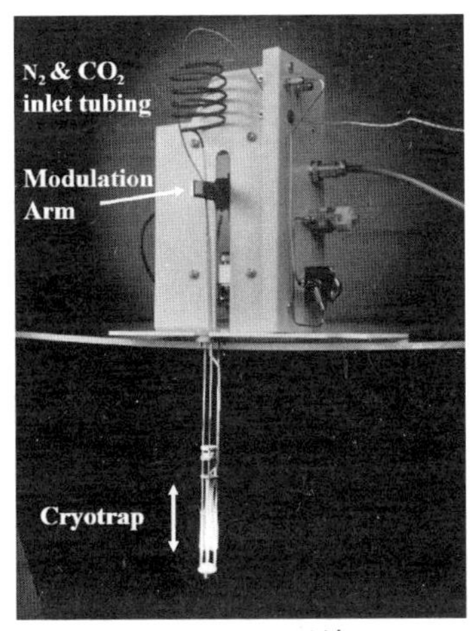

图 3－5 LMCS 系统

图 3-6 为 LMCS 工作原理图。LMCS 为典型的冷阱型调制器，可以沿着色谱柱进行纵向移动，在^{2}D 色谱柱最开始的几厘米对分析物进行聚焦。在实际应用中，通过液态二氧化碳喷射口对色谱柱的一部分进行降温，使得分析物可以在第一根色谱柱出口处的一小段区域内被捕集。随后，分析物捕集装置从冷却的区域内快速移开，色谱柱冷却的部分被柱温箱的高温快速加热，使得被捕集的分析物释放到^{2}D 色谱柱上。一旦分析物被传送到^{2}D 色谱柱上，调制器立即返回到初始位置，并进行第二个片段的捕集。

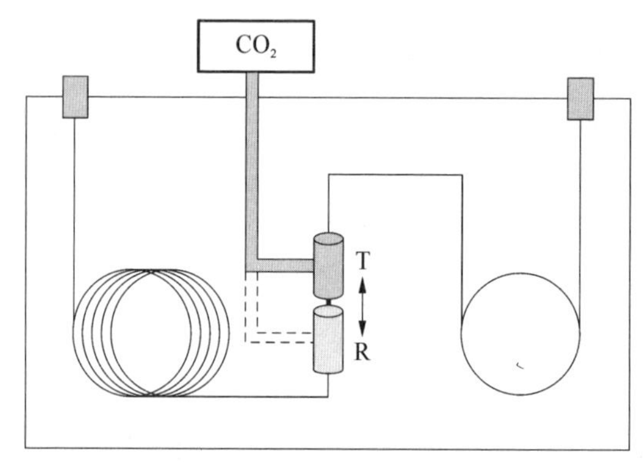

图 3-6 LMCS 工作原理图

R 为捕集位置，T 为释放位置。

为了防止冰积导致调制效率变差，通常在 LMCS 的低温捕集装置和毛细管色谱柱之间导入氮气。当使用液态二氧化碳进行冷却时，对于挥发性与正己烷相近的分析物，无法实现有效的捕集或调制。

LMCS 是第一个重现性好、可用于常规分析的冷阱型调制器。这一调制器的优点之一是分析物的解吸可以在柱温箱温度下完成，而不需要采用更高的温度。这一技术主要的缺点是使用液态二氧化碳作为冷凝介质，其温度大约为−70 ℃，不足以有效地捕集挥发性较强的化合物。

Beens 等发明了另一种冷阱型调制器，同样使用液态二氧化碳聚焦分析物，但是并不需要使用机械移动的部件，这种调制器被称为双级液态二氧化碳冷阱型调制器。在实际使用中，为了捕集和聚焦每个连续的片段，对毛细管的两端直接进行交替降温，然后通过周围柱温箱的空气使其聚焦的片段再次移动。这一调制过程发生在^{2}D 最开始的几厘米处，通过将二氧化碳直接喷射到毛细管色谱上来降低温度。

图 3-7 展示了这种调制器的工作原理。首先，从^{1}D 馏出的化合物被捕集并聚焦在^{2}D 色谱柱开头的低温区域内。在第二步中，通过停止降温，这一片

段再次移动并以窄脉冲的形式进样到^{2}D中。同时，从^{1}D色谱柱中不断馏出的化合物被暂时中止以避免与进样的窄区带发生干扰。最后，这一循环再次开始。两个二氧化碳喷射口交替循环，在整个分析过程中不断重复，P_M一般在2～8 s，调制时间是上述两个步骤的时间总和。

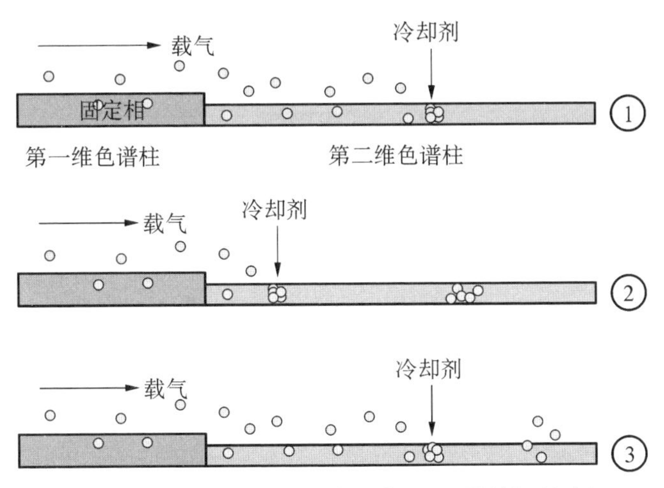

图3-7　双级液态二氧化碳冷阱型调制器的调制过程

Adahchour等在2003年简化了这种调制器，改由单一喷射口进行调制。这一改进的最大的优点在于使得仪器构造变得更加简单，而缺点主要是只有一个捕集区域，因此必须优化流速后才可以获得合适的聚焦效果。使用液态二氧化碳的冷阱型调制器最大的缺点是无法有效捕集挥发性化合物，如苯或丁二烯。这一缺陷可以通过使用液氮进行调制，以降低捕集温度来克服。

2000年，Ledford和Billesbach发表了另外一种改进后的二氧化碳喷射冷阱型调制器——四喷射双级调制器(the quad-jet dual-stage modulator)。这种调制器在工作时，冷喷射口持续喷射，同时使用电磁阀将热气流脉冲喷射到调制管上，从而获得双级热调制，而不需要任何移动的部件。^{2}D色谱柱置于第二个柱温箱内，可以进行独立于主柱温箱的温度控制。

三年后，Pursch等对这一调制器进行了改进，将冷凝聚焦使用的二氧化碳改成了液氮。他们的研究成果表明，对于挥发性强的化合物，如丙烷和丁烷等，调制效率大大提高。这一调制器的设计如图3-8所示。

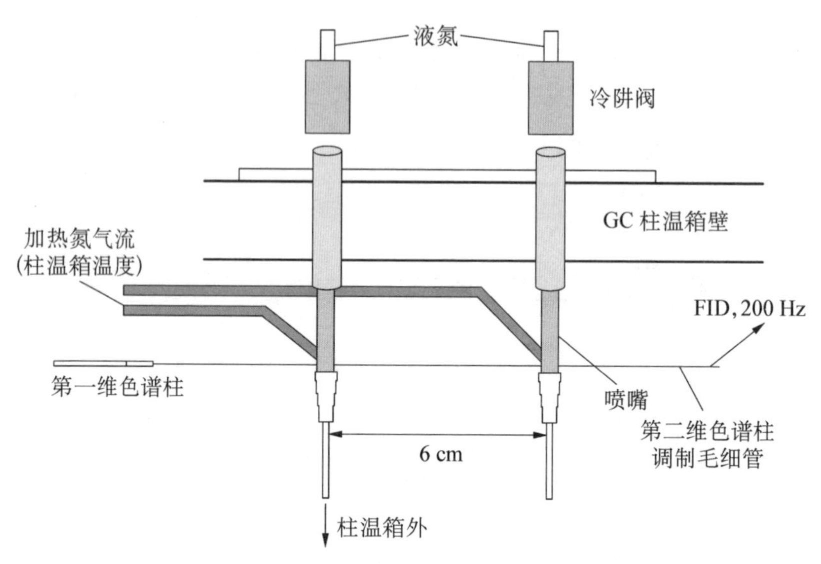

图 3-8　四喷射氮气调制器设计

随后，Zoex 公司对 Ledford 和 Billesbach 的调制器进行了改进和商品化，改进后的调制器可以使用液氮作为冷凝流体。LECO 公司设计了自己的四喷射双级液氮调制器和第二个柱温箱，在 Zoex 公司的许可下，用于 GC×GC-ToF MS 系统。

Ledford 等进一步改进了 Zoex 的系统，设计了一个环式调制器。环式调制器是一个双级热调制器，使用热和冷气流喷射口。将一段毛细管柱绕成环，通过单个冷喷口，从而形成两级。两个冷却点之间的部分毛细管柱叫做延迟环。如图 3-9 所示，当冷却点形成时关闭热喷口，然后打开热喷口来抑制永久性的冷喷口，从而释放被捕集的分析物。

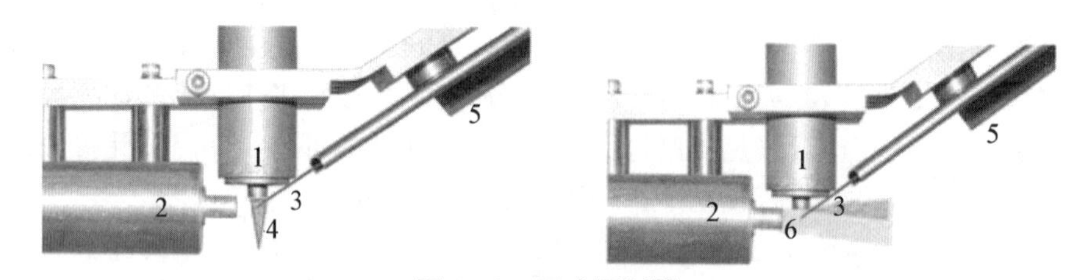

图 3-9　环式调制器

1. 冷喷嘴；2. 热喷嘴；3. 延迟环；4. 捕集区域；5. ^{2}D 色谱柱；
6. 热喷嘴工作，释放分析物。

从^{1}D 色谱柱馏出的物质首先由冷喷口捕集，然后由热喷口快速加热后释放到延迟环。当物质穿过延迟环时,冷喷口再一次进行喷射,物质在延迟环最后部位由同一个冷喷口再次捕集。热喷射口的下一次喷射在^{2}D 释放尖锐的化学脉冲,同时让下一个脉冲进入延迟环。在设定 P_M 时,必须考虑到环的长度和载气流速,如果设置不合理可能对聚焦产生影响。与双喷射系统相比,这种环式调制器具有冷凝流体消耗少的优点。但是需要对延迟环等相关参数进行调节和优化以保证获得最优调制。根据文献报道,该系统冷喷口温度低至－180 ℃,能够调制含碳数目从 2 到 55 的化合物。这一调制器与大部分经典 GC 柱温箱都兼容,已经商品化。随后,Zoex 公司进一步改进了这个系统,通过使用闭环冷冻技术(closed-cycle cryo-refrigeration)可完全避免使用液氮,冷喷口温度低至－90 ℃,可调制碳数大于 7 的挥发性和半挥发性化合物。

密歇根大学报道的调制器核心部件安装于柱温箱内,将金属毛细管浸泡在被制冷机循环冷却的聚乙二醇液态腔体里来完成调制过程。随后这种通过制冷机形成充足冷量的技术方案被 Zoex 等公司纷纷采用和改进,并形成了商业化的不使用液氮的喷嘴式热调制器。但是,这些调制器仍然需要消耗大量的用于热交换的干燥的氮气或空气,并没有真正将 GC×GC 技术从一种高端实验室或研究机构中使用的技术推广到更大应用领域。

滑铁卢大学报道的调制器核心部件最初安装于柱温箱外,并利用蜗旋管冷却技术来完成调制。蜗旋管需要消耗大量的压缩空气,因此一般也只能在实验室中使用。随后,改进的调制器核心部件重新安装于柱温箱内,并利用一端伸出炉膛的导热铜块来实现风冷降温。这项改进终于实现了不消耗任何制冷剂的目标。但是调制范围也受到了限制,尤其是低沸点的化合物。

无论哪种技术,只要采用不锈钢色谱柱作为调制柱,就必须同时解决电接触并避免在接触点产生冷点,这样才能保证色谱正常运行。然而。这两点往往是矛盾的。因此可以看到上述两个团队最终还是选择了直接或间接在柱温箱内完成调制全过程,并在其他方面做出了牺牲。另外,不锈钢本身比熔融石英的热质量大了近 4 倍,因此在没有强制冷的条件下,降温速度很慢,例如滑铁卢大学的调制器,调制周期无法做到 4 s 以下。然而,目前 GC×GC 的运行趋势是将调制周期优化在 2 s 到 4 s 之间,从而更好地保持^{1}D 的分离效果并节省分析时间。最后,不锈钢色谱调制柱必须具有不同膜厚的固定相才能完成对相应沸点范围化合物的调制,但是因其固定方式对良好电接触的要求,更换起来并不方便。综上所述,采用不锈钢色谱柱电阻加热的调制器目前还有很多技术问题没有解决,在短期内难有大的突破,目前只停留在研究阶段,尚未实现商业化。

随着 21 世纪初微加工工艺和微机电系统(MEMS)的兴起,第一个微型固态热调制器在美国密歇根大学诞生。它在一片硅晶片上集成了微色谱柱和金属丝线，利用后者脉冲式电阻加热和一块半导体制冷元件的持续冷却完成对微色谱柱的调制。这项发明由于整体设备的热质量非常微小，从而省去了制冷剂的使用，极大简化了日常操作。但是由于其微机电系统和外部宏观尺寸的设备难以实现完美的无缝连接，实际性能并不理想。此外由于分析测试市场规模比较小，不足以降低微系统的开发制造成本。经过多年的研发，该技术始终不能商品化。

借鉴了 LMCS 移动式系统和微型热调制器的优势后，Guan 和 Xu 将它们以崭新的方式结合起来，发明了一种不依赖微加工工艺但又能成功使用半导体制冷的固态热调制器(SSM)。这种调制器构建了独立的冷却与加热环节以实现柱温箱外的完全调制。由于不再需要大量制冷以抵消柱温箱加热，冷却与加热区域进一步在空间上相互隔绝，大大提升了制冷效率。这样，只依靠半导体制冷就能实现优异的调制效果，完全避免了制冷剂的使用(图 3－10)。这种技术目前已经成功商品化。基于此调制器的对映体选择性 GC×GC 成功实现了柑橘精油中手性化合物的分离和鉴别。

图 3－10　固态热调制器

3.5.2　阀调制器

阀调制器，也称为气流调制器，是利用气流变化而不是温度变化对^{1}D 馏出物进行周期性收集并再次进样到^{2}D 的过程。其最大的优点在于不使用复杂的温度控制器件，只需要最简单的色谱配件，因此与热调制器相比更为经济。

阀调制器主要可以分为两大类，第一类为“在线”阀系统，用一个转换阀直接与^{1}D 和^{2}D 色谱柱相连；第二类为“离线”阀系统，例如 Deans switch 系统，主要基于在两个 GC 维度之间压力的调节来实现调制。

Bruckner 等在 1998 年首次提出基于阀的调制器设计。调制器接口使用加热后的六元阀的四个连接位。在这种调制器中，通过阀的制动，周期性地对^{1}D 馏出物进行取样，然后将其送到^{2}D 色谱柱。与热调制器相比，此类调制器灵敏度较差，因为从^{1}D 色谱柱馏出的分析物在到达^{2}D 色谱柱之前，只有 10%～20%真正得到了捕集和再聚焦。

美国密歇根州奥克兰大学 Seeley 等报道了这种装置的一个替代方法，名为“差流调制”(differential flow modulation)。差流调制技术增加了一个阀样品环，同时使用六个连接位，其装置图如图 3－11 所示。^{1}D 流量较小，在收集阶段，^{1}D 馏出物慢慢积累在样品环中。到了再次进样阶段，阀进行切换，^{2}D 使用大流量，将样品环中的^{1}D 馏出物快速反吹进入^{2}D 柱。由于^{1}D 和^{2}D 流量相差较大(大约 20 倍)，因此取名为差流调制器。

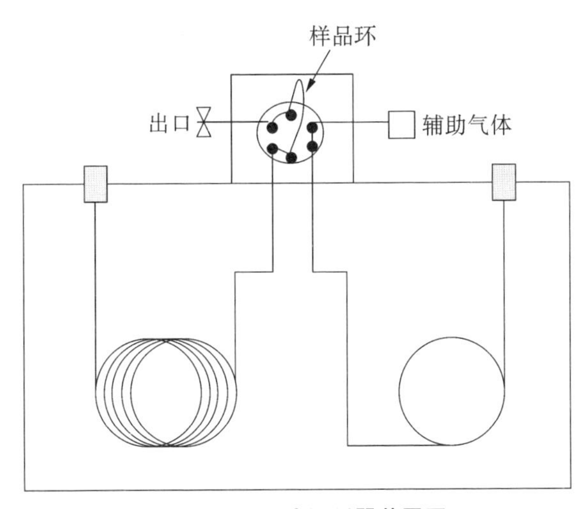

图 3－11　环式调制器装置图

使用这一方法，可以对大约 80%的^{1}D 色谱柱馏出物进行取样。阀式调制器最主要的优点为成本较低，其他优点包括温度差较小等。同时产生了很窄的进样谱带，因此可以用于非常快速(如 1 s)的^{2}D 分离。这种方法的主要缺点在于色谱路径上存在了一个不能承受温度过度上升的阀。同时，为了保持较窄的^{2}D 色谱柱进样脉冲，需要采用非常高的载气流速将馏出物扫出阀的样品环而进入^{2}D 色谱柱。由于质谱中泵抽真空能力的限制，这一操作会限制阀调制器和质谱的联用。

2007 年，美国安捷伦推出了革命性的微流路控制组件(CFT)，其中的

Dean's Switch 组件将两个三通和定量环集成在一个小平板上，平板上有五个出口，而所有管路都通过微流路刻蚀在金属板上(图 3 - 12)。Seeley 等研究人员很快和安捷伦研发人员合作，将这款产品用于气流调制上。这次尝试获得了空前的成功，汽油样品调制效果非常出色。安捷伦公司很快将这套系统进行了标准化，形成了世界上第一套商业化的气流调制 GC×GC 产品。

图 3 - 12　Dean's switch

在商业化的推动下，越来越多的用户开始使用气流调制技术进行 GC×GC 分析，产生了很多的研究成果。但是在调制过程中，总会出现基线上升的情况，即在两次释放之间，信号并没有返回到基线。在遇到浓度大的组分时或者调制时间或流量没有匹配好的情况下，这种现象特别严重，造成了非常大的拖尾，有时甚至在^{2}D 上产生一条竖直的条带，直接影响了同一周期内其他物质的鉴定和分析。其原因在于在释放过程中，上游方向还是有部分物质慢慢流入定量环，造成^{2}D 上持续进样形成拖尾或基线上升。陶氏化学的 Griffith 等人发明了反向捕集/释放的气流调制技术(Reverse fill/flush, RFF)(图 3 - 13)，解决了这一难题。所谓反向，就是在样品环中捕集和释放的气流方向是相反的。而原先的气流调制技术由于捕集和释放的气流方向相同，被称为正向捕集/释放气流调制技术(Forward fill/flush, FFF)。

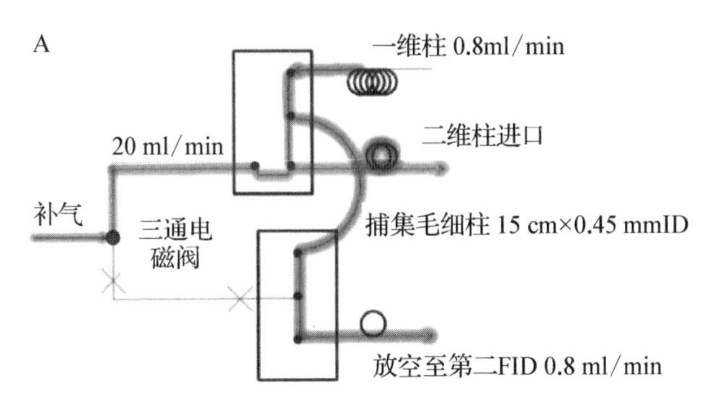

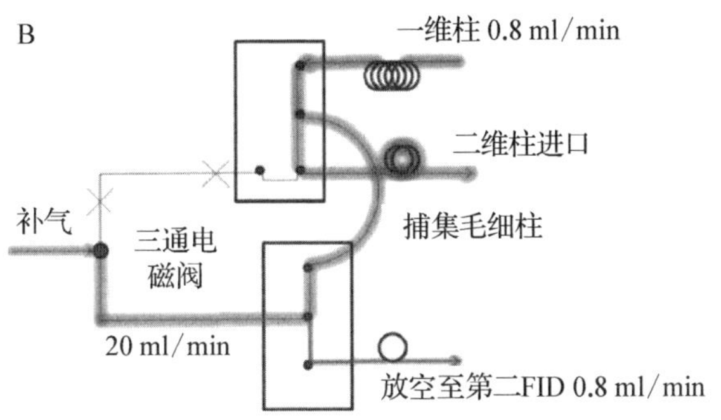

图 3-13 RFF 气流调制技术

RFF 技术最大的优点就是极大减小了调制之间的基线抬高现象，对于大浓度样品的分析即使过载也不会造成明显的拖尾，从而保证了分析的精确性。定量重复性从之前的 10%—20%显著提高到 2%左右。

不久之后，安捷伦公司在原有平板式 Dean's Switch 的基础上做了改进，增加了一路特殊的补集通道定量环，推出了专用于 GC×GC 技术的气流调制器(Flow Modulator)(图 3-14)。

2023 年，Lelevic 使用了一个可调谐的辅助压力源来代替了 RFF 中的阻尼毛细管柱，在方法优化中不再需要调节并选择合适的毛细管柱，从而使调制器灵活性更好，同时也节约了分析时间。

Harynuk 和 Gorecki 进一步改进了阀调制器，在调制器取样之前周期性地中断^{1}D 色谱柱的载气，即止流调制(stopped flow modulation)。他们使用了一个六通阀、一根^{1}D 色谱柱、一根^{2}D 色谱柱以及一根类似气阻的平衡柱，如图 3-15 所示。这样，^{2}D 的分离就不用兼顾^{1}D 的流出，大大增加了^{2}D 分离的灵活性，可以使用更长的^{2}D 色谱柱和^{2}D 分析时间，因此在不降低^{1}D 分辨率的条件下，减少了峰迂回现象，得到了更好的^{2}D 分离效果。

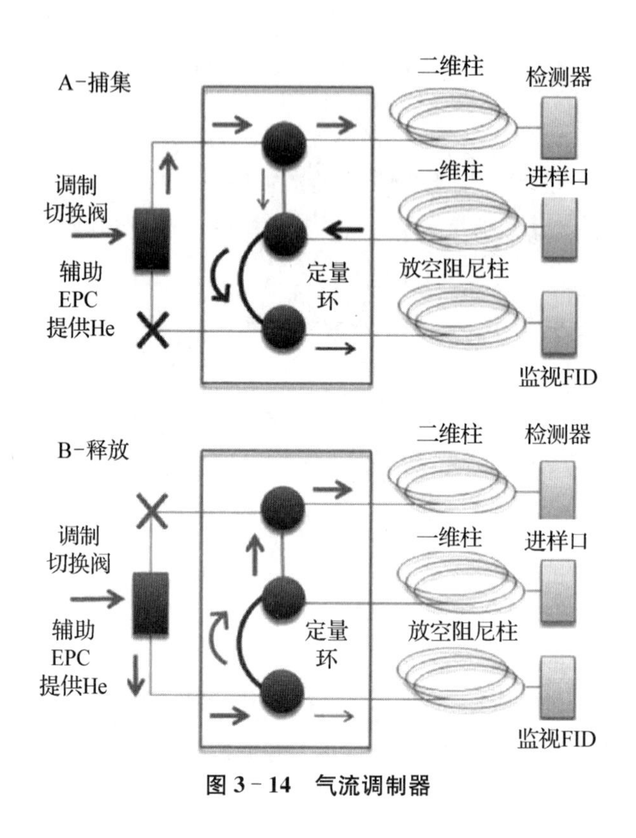

图 3-14　气流调制器

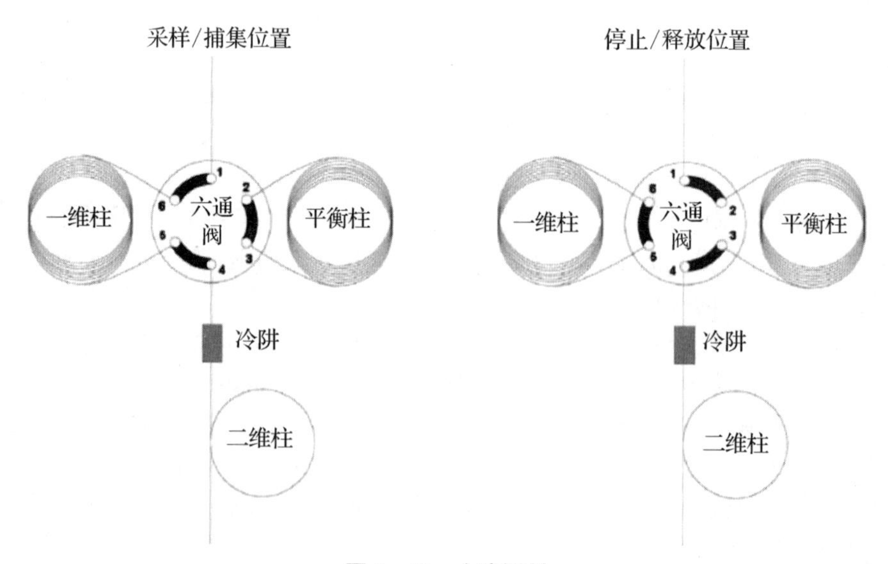

图 3-15　止流调制

在采样/捕集阶段，样品从进样口进入^{1}D柱进行分析。在停止/释放阶段，六通阀转动，将^{1}D柱的进口和出口联通，这样^{1}D分析就暂时停止了，而载气通过阻尼平衡柱后将^{1}D馏出的样品在^{2}D继续分离。然而由于^{1}D和^{2}D的流量接近，GC×GC过程没有压缩和聚焦，因此峰宽较宽。Harynuk和Gorecki在^{1}D色谱柱末尾额外使用了一个冷阱对^{1}D馏出物进行冷却富集，在^{2}D分离时利用电加热进行快速释放，得到了非常窄的峰宽(～40 ms)。这一方法对实际的汽油样品达到了基本的族类分离。

VICI公司的蔡博士提出了一种更简单且高效的方式实现止流调制 。其方式类似于Harynuk和Gorecki最初提出的方案，不过省略了平衡柱，这样^{2}D流量可以极大提高。该研究对于实际汽油和柴油样品的分析也展现非常好的分离效果。另外，由于止流调制完全不受^{1}D分析的影响(^{2}D分析时^{1}D静止)，理论上可以使用很长的^{2}D柱来提高^{2}D分离度。比如蔡博士使用了一段30m的^{2}D柱，调制周期达到了15s。这样，原来在^{2}D上也很难分离的物质(比如一些烷烃烯烃和环烷烃)也可以得到较好分离。

我国的雪景科技公司研发的GC×GC调制器，即通过采用准止流技术，周期性地将进样口直接连通到^{2}D色谱柱，(近似)停止^{1}D流动并产生较大的^{2}D流量，将^{1}D馏出物快速释放至^{2}D，实现调制效果。其原理如图3-16所示。

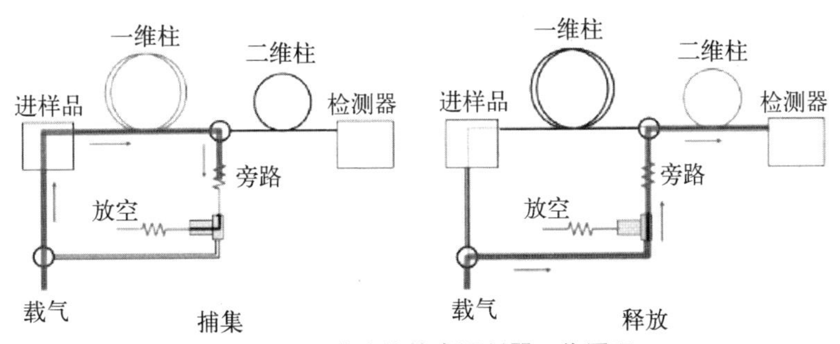

图3-16 准止流技术调制器工作原理

这种调制器不需要额外的辅助设备，不使用制冷剂，调制范围较宽(C1～C60)，调制范围主要受到色谱柱系统使用温度的限制。

阀调制器曾经在GC×GC发展历史上产生重大的影响，很多专家学者也为阀调制技术的进步做出了很大的贡献，极大地推动了GC×GC的发展和进步。不过，与热调制技术的广泛关注和应用相比，阀调制技术的发展显得稍微有些波澜不惊，商业化的产品也非常有限，即使商业化了，也是一个非常不起眼的边缘化产品。最近几年，才陆续有更多商业化的阀调制器上市。当然，阀调制技术自有的一些缺点和不足也限制了其应用和推广。不过,阀调制器还是有一些相当显著的特色,在某些特定的领域比热调制器更具有优势。

至今,对于 GC×GC 分离,结合已研发的较为成熟的调制器,和不同的色谱柱组合,很难为所有分离找到最佳的统一方案。喷射-冷却系统,与移动加热调制器系统相比,具有明显的优点。例如,可以使用 GC 色谱柱的全部温度范围,不需要考虑潜在的固定相过热问题。此外,由于使用降温的方式,调制可以在任何馏出温度下进行,因此在^{1}D 可以使用非常长的色谱柱。当分析的化合物沸点较高时,则更倾向于将冷阱型调制器和高温下较稳定的色谱柱固定相。对于挥发性化合物的分析,阀调制器或使用液氮的冷阱型调制器更为合适。

3.6 检测器

在 GC×GC 系统中,检测器是另外一个非常重要的组成部分。除了需要满足经典 GC 中对检测器的要求,GC×GC 分析中的峰宽较窄(峰底宽在 50～300 ms),因此需要非常快的采集速率(如 100 Hz),与高速 GC 对检测器的要求类似,主要是由于再聚焦作用,从^{2}D 馏出的色谱峰非常窄(通常为 50～600 ms),而这些窄峰要求检测器有极小的死体积和快速的采集速率,以保证能够完整地重建 2D 色谱图。通常情况下,正确画出一个色谱峰需要至少 6 个采集点,这就是为什么一个理想的 GC×GC 检测器的采集速率必须达到 20～100 Hz。

3.6.1 氢火焰离子化检测器和元素选择性检测器

至今,已有部分检测器被证明适用于 GC×GC 峰的鉴别,如氢火焰离子化检测器(FID)。FID 死体积小,上升时间短,采集速率快(通常在 50～300 Hz),曾经是 GC×GC 的首选检测器。FID 检测器的另外一个优点是对碳元素的质量响应,对石油工业领域的应用研究特别重要。因此,GC×GC 早期的主要应用领域即为石油化学领域。由于石油等样品组分具有很高的碳含量,因此 FID 是非常理想的检测器。随后,一些元素选择性检测器在 GC×GC 中的应用也开始有了报道。

虽然电子捕获检测器(ECD)很早就已商品化,但是直到 20 世纪 90 年代末才用作 GC×GC 的检测器,主要是因为微电子捕获检测器(μECD)的出现。与传统 ECD 相比，μECD 检测器检测区体积小得多，而扫描速率更高，可达到 50 Hz。由于 μECD 对含卤素的化合物，如农药和多氯联苯(PCBs)等具有非常高的选择性，因此其与 GC×GC 的组合将 GC×GC 技术应用推广到了环境领域。此外，μECD 灵敏度很高，非常适合于超痕量分析。但是 μECD 的线性响应范围较窄，通常在 2～3 个数量级以内，而且将 μECD 用于 GC×GC 时，还需要对系列参数进行优化，如使用较高流速的辅助气(150～450 mL/min)时，数据采集速率较低(50 Hz)。虽然 μECD 的检测区体积较小(30～150 μL)，但仍然比 FID 的要大，因此使用 μECD 时仍不可避免地导致峰变宽，会对 GC×GC 系统的峰容量造成一定影响。

GC×GC 也可以采用一些更加特别的检测器，如原子发射检测器(atomic emission detector，AED)，以及元素选择性更强的检测器，如硫化合物检测器(sulfur compound detector，SCD)。这些检测器的应用研究已有相关报道。在 AED 中，由能量激发的等离子体引起硫化合物进行燃烧，从而产生硫氧化物，并发出特定波长的光，可通过光电倍增管进行检测。发出的光与样品的硫含量直接成正比，检测限达到 pg 水平，但采集速率非常低，仅为 10 Hz。尽管如此，据文献报道，当额外插入一根传输线加强谱带展宽时，AED 可以给出相对较好的结果。SCD 主要的缺陷是采集速率太低，且不与其物理尺寸相关，而是与电流速度相关，因此必须进行调整以使其能够在合适的实验条件下工作。氮化学发光检测器(nitrogen-specific chemiluminescence detector，NCD)的原理与 SCD 相似，只是检测波长不同。NCD 与 GC×GC 结合已经被用于柴油中中性(吲哚和咔唑)和碱性(吡啶和喹啉)含氮化合物的分析。

氮磷检测器(nitrogen phosphorus detector，NPD)对包含磷和氮元素的有机化合物具有选择性，也已被用于 GC×GC 中。NPD 的结构与 FID 类似，但是原理不同。NPD 的感应器与 FID 不同，使用氯化铷珠或氯化铯珠，放置在靠近氢气喷射口的加热线圈内。这一检测器对氮和磷元素有很强的灵敏度和选择性，其采集速率大约为 100 Hz。对于咖啡豆中的三种甲氧基吡嗪分析物，NPD 的检出限比 FID 低 20 倍。NPD 的主要缺陷是在使用时，必须优化气体流速，包括氢气、氮气和空气。

目前，也出现了一些使用双检测器的 GC×GC 应用。例如，采用 NPD 和 ECD 进行蔬菜样品中多种农药残留的分析。将 ^{2}D 色谱柱末端与微流分流装置相连，将馏出物平均地分配到两个检测器中。ECD 和 NPD 响应值的比值，定义为检测器响应比(detector-response ratio，DRR)，可提供化合物除了 ^1t_R 和 ^2t_R 的定性信息。

3.6.2 质谱

质谱(mass spectrometry, MS)是GC中最强大的检测器之一,更是定性分析的首选检测器,在GC×GC中也一样。MS可以提供化合物的结构信息,相当于给GC×GC增加了一个额外的维度,即通过GC×GC和MS的结合,具有了三个分析维度,可以应对各种分析挑战。20世纪90年代中期,学者们为了将GC×GC和MS联用进行了一系列的研究,可直接鉴别经过分离的分析物,以实现目标化合物的分析和污染物的扫描筛选。扇形场(sector)、四极杆(quadrupole)和离子阱(ion trap)这三种质量分析器,虽然和GC的联用非常普遍,但是它们和GC×GC的联用受到一定的限制,主要是由于这几种质量分析器采集速率相对较低。而飞行时间(time of flight,ToF)质谱仪扫描速度快,扫描质量范围宽,选择性强,可以对重叠峰进行去卷积,因此更加适用于GC×GC分析。

3.6.2.1 ToF MS

GC×GC对高采集速率的要求,对表征峰宽较窄的^{2}D色谱峰的需求,激发了研究人员对ToF MS的兴趣。在2000年发表的一篇文章里,Van Deursen等首次报道了GC×GC和ToF MS的联用。其他研究小组进一步开展了研究,并就GC×GC-ToF MS仪器的分析分离能力进行了阐述。ToF MS的工作原理使其可以达到高达每秒500张质谱图的采集速率。对于100 ms的峰来说,这一速率对每个峰可采集多达50个数据点,完全能够满足描绘高斯形状色谱峰的要求。与选择离子监测(SIM)模式下的扇形、四极杆和离子阱质量分析器不同,每次ToF MS采集的结果均包括一个全扫描的MS图。在采集的质量范围内,与任何质量相关的信息都进行了采集,因此可用于峰鉴别和/或定量。作为一个非扫描的MS仪器,ToF MS产生的MS数据具有非偏态的优点,这是由于所有离子都在色谱图的同个时间点上进行采集,从而使得在整个GC色谱峰范围内离子比保持不变。当共馏出的化合物碎片离子不同时,利用MS的一致性可以对重叠的色谱峰进行MS去卷积。去卷积后的离子流(deconvoluted ion currents,DICs)可以进一步地用于在MS领域解决色谱共馏出的问题。在这种操作下,即使色谱峰中化合物的纯度很差(共馏出),仍然可以获得纯净的MS数据。只要色谱中共馏出的化合物在它们峰顶端的保留时间有微小的差别,并且MS数据有足够大的差别,就可以对重叠峰进行去卷积。

而对于未知同分异构体等化合物，由于其 MS 数据差别较小，去卷积的困难度较高。

目前，LECO 公司已经有了商业化的 GC×GC-ToF MS 系统，其可靠性和稳定性已经得到了证明，因而被视为常规的分析仪器。GC×GC-ToF MS 已经得到了广泛的应用，包括石油化学样品的分析，精油、植物中痕量农药，食物中含卤毒物和卷烟烟气的分析等。如今，虽然已经在 GC×GC 和 ToF MS 的硬件结合上取得了一定的成果，但是在数据处理方面，仍需要进一步研究、开发和设计方法和软件，以保证使用者在进行复杂分析时，能够方便快捷地收集数据并进行数据处理和挖掘，例如采用同位素稀释定量方法分析大量痕量水平的分析物。

GC×GC 和 ToF MS 的结合产生了一种新的分析工具，可以为 GC×GC 数据提供额外的一个维度，如图 3-17 所示。

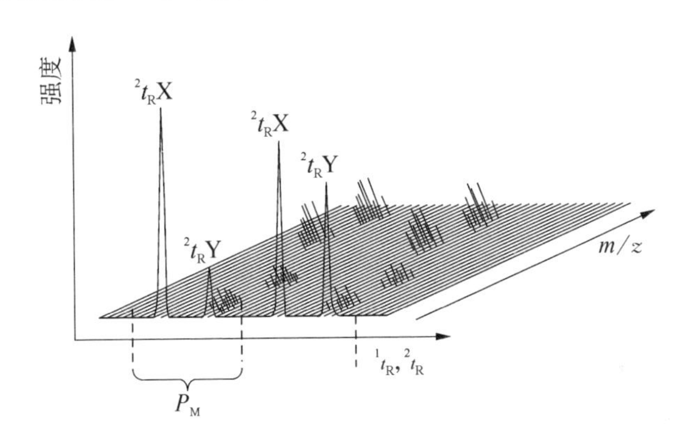

图 3-17　GC×GC-ToF MS 分离的四维图

基于色谱解析和 MS 解析的结合，GC×GC-ToF MS 具有极高的分离能力。如果将经典 GC 与一般的检测器，如 FID，μECD 等，即为两个坐标轴的系统，其中^{1}D 为 t_R，^{2}D 为强度，GC×GC-ToF MS 可以被看作 4 个坐标轴的系统，包括 3 个分离维度，其中^{1}D 为^1t_R，^{2}D 为^2t_R，^{3}D 为强度，^{4}D 为MS 信息，如图 3-17 所示。因此，GC×GC-ToF MS 非常适合分析组成复杂的混合物。因为一组分析物通常不太可能在两个维度(不同 GC 固定相)有完全相同的 t_R 和完全相同的 MS 数据。在 GC×GC-ToF MS 的实际应用中，当化合物离开^{2}D 色谱柱时就开始进行 MS 数据的采集，因而可以获得大量的 MS 图。假设 GC 分离时间为 45 min，采集频率为每秒 50 张 MS 图，共可产生 135 000 张完整的 MS 图。然后，将记录下来的 MS 数据进行比较，并且/

或者根据与标准MS图的相似度进行评价，可以鉴别组成一个群簇的与同一个分析物对应的^{2}D色谱峰。例如，两个峰如果有相同的MS数据和^2t_R，在数据处理过程中可视为同个峰簇的一部分，并在定量过程中进行加和计算。

在色谱分离中，总是尽量减小或避免共馏出问题，而ToF MS的分析和解析能力恰好可对GC×GC中共馏出的化合物去卷积。当共馏出组分能产生特征离子，就可以使用MS进行去卷积。例如，部分PCBs化合物，使用1DGC分离时会出现共馏出现象，即只形成一个色谱峰，而使用μECD检测器进行GC×GC分离可形成两个色谱峰，即有两个化合物在^{2}D得到分离，而使用GC×GC-ToF MS则能够同时鉴别3个分析物。

3.6.2.1.1 低分辨ToF MS

2008年到2014年，低分辨率(LR)ToF MS是GC×GC领域中使用最普遍的系统(约占所发表文献的78%)，主要与其较高的MS频率和去卷积能力有关。此外，LR ToF MS在"全质谱"模式下具有较好的灵敏度。ToF质量分析器并不会一次扫描一个离子，而是将从离子源中提取的离子包脉冲化到飞行管中。此外，市售MS仪中MS数据库通常是使用四极杆MS产生的质谱图构建的，即使鉴别正确，MS数据库匹配值也较低，如在正向搜索时低于850。

LECO Pegasus LR ToF MS仪器已被广泛用于GC×GC领域，并且具有上述优点。一项靶向研究测定了河水中的97种有机污染物，是GC×GC LR ToF MS应用的一个很好的例子。研究首先采用固相萃取(SPE)对目标分析物进行预浓缩。样品制备和低温调制过程均有助于提高灵敏度，方法定量限为2～185 ng/L。每种污染物使用四个离子(一个定量离子和三个定性离子)进行扫描。图3-18显示了毒死蜱(质荷比(m/z)为197)，甲草胺(m/z 160)和3,5-二氯苯甲酸(m/z 173)的三个二维选择离子色谱图(EIC)，分别对应7、15和12 ng/L的河水浓度水平。此外，即使浓度非常低，也可以获得高质量的去卷积MS数据。在图3-18中还可以看到单位质量的EIC的选择性很低，存在基质干扰，会对特定污染物的含量过高估计。以上研究得出结论：(1) GC×GC有助于减少(但不能完全消除)目标分析物与基质干扰物之间的重叠；(2) 方法灵敏度很高；(3) "全质谱"(m/z范围为50～500；质谱产生频率为100 Hz)的存在可以对样品进行非靶向的筛选。

代谢组学涉及对生命有机体特定部分中所有或尽可能多的代谢物的非靶向分析，因此代谢组学样品通常具有很高的复杂度，需要采用高分辨率的GC方法。Risticevic和Pawliszyn优化了固相微萃取(SPME)-GC×GC-LR ToF MS分析苹果代谢产物的方法。该研究对七种SPME纤维进行了测试，

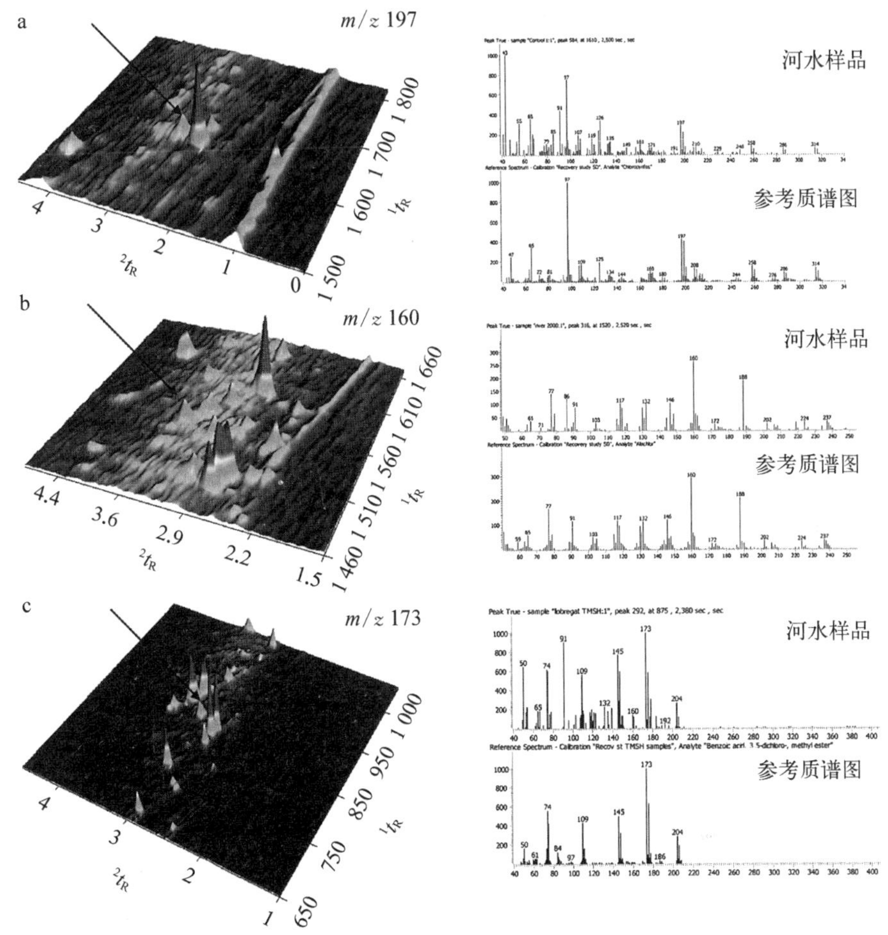

图 3-18 SPE-GC×GC-LR ToF MS 选择离子色谱图的扩展图(左)和河水样品中鉴别出的污染物的质谱图(右)

其中,(a)为 7 ng/L 的毒死蜱,(b)为 15 ng/L 的甲草胺,(c)为 12 ng/L 的 3,5-二氯苯甲酸

包括聚二甲基硅氧烷(PDMS),聚丙烯酸酯(PA),聚乙二醇(CW),二乙烯基苯(DVB)/羧基(CAR)/PDMS, PDMS/DVB, CAR/PDMS 和 carbopack Z/PDMS,分别检测到 549、977、897、1163、1053、1167 和 745 种代谢物(最低信噪比和数据库匹配值分别为 50 和 750)。研究得出结论,DVB/CAR/PDMS 相提供了最平衡的分析物覆盖范围和最多的提取代谢物数量(830 个)。峰顶图和色谱图中部分峰非常拥挤,显示出使用 GC×GC 进行分离的必要性。

3.6.2.1.2 高分辨 ToF MS

气相色谱与高分辨(HR)ToF MS 的结合形成了一种强大的分析方法,特别是 HR ToF MS 提供了灵敏的全质谱数据,具有高分辨率和高质量准确度的特点。在精确质谱中,根据分子离子可以推导出分子式。使用具有窄质量窗口的 EIC 可以减少或消除化学噪声和基质干扰,对目标物进行高选择性的分析。GC-HR ToF MS 既可用于靶向分析,也可用于非靶向分析,后者通过与质谱数据库匹配完成。此外,还可以在分析完成后检查全质谱数据中是否存在之前未检索到的化合物。对于这两种分析,通常都不需要 HRGC。对于所有非靶向分析,是否需要采用 HR GC 取决于样品的复杂性。

GC×GC 与 JEOL JMS-T100GC HR ToF MS 系统结合使用,可以分析河水中的目标物质,包括 23 种有机氯农药(OCPs)和非靶向分析。使用搅拌棒吸附萃取(SBSE)进行分析物提取,检测限在 10～44 pg/L。HR ToF MS 仪器的采集频率为 25 Hz,质量范围为 45～500 m/z。作者还进行了非靶向检索,并确定了河水中的 20 种污染物。图3－19(a)和(b)为污染物——二嗪农的准确质量质谱图和单位质量质谱数据库质谱图。对于二嗪农,反向因子(衡量未知质谱中数据库质谱中信号存在的程度)为 818,而分子离子的质量误差非常低,为 0.000 3 Da。

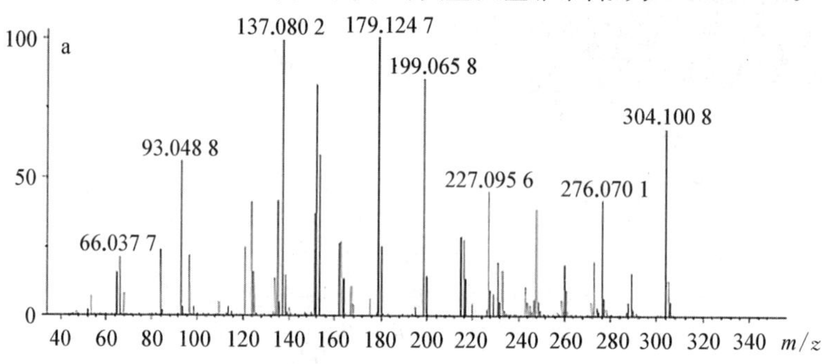

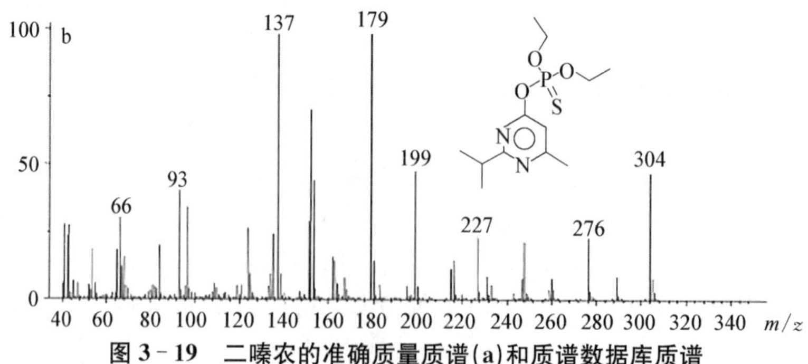

图 3－19　二嗪农的准确质量质谱(a)和质谱数据库质谱(b)(二嗪农的理论质量为 m/z 304.101 1)

LECO通过使用“折叠飞行路径”技术将HR ToF MS(Pegasus GC-HRT)仪器进行了商品化。HR系统具有高达200 Hz的质谱产生频率，良好的质量准确度($<10^{-6}$)和三种不同分辨率的操作模式：单位质量，高(25 000 FWHM)和超高(50 000 FWHM)模式。在超高模式下，可以使用的GC质量范围有限。除了电子轰击电离(EI)外，还可以使用化学电离(CI)离子源。在第13届国际色谱联用技术研讨会上，Zimmermann首次介绍了使用HR ToF MS系统(EI)和GC×GC结合的应用。

使用HR ToF MS技术，虽然可以获得很高的质谱分辨率(5～10 ppm)，但是在采集速度方面受到明显的限制。尽管如此，已有研究评估了使用HR ToF MS与GC×GC相结合在峰鉴别方面的优势。当质量分辨率为5 000时，可达到每秒25张质谱图的采集速率。由于ToF MS的采集速率与质量范围不相关，因此可以获得完整的质谱信息，从而可以预测元素组成，以进行峰鉴别。可以预见的是，未来关于GC×GC-HR ToF MS将会有更多的研究成果产生。

3.6.2.2 四极杆质谱(qMS)

在首次尝试GC×GC和ToF MS的组合之前，Frysinger和Gaines于1999年首次报道了GC×GC与qMS联用在石油化学领域的应用。qMS主要的缺陷在于进行组分鉴别时，使用全扫描模式(45～350 amu)的扫描速率过低，约为每秒2.43次扫描，远远低于表征典型峰宽为200 ms的^{2}D色谱峰的要求。

要克服这一缺点，必须降低GC×GC分离，以获得峰宽至少为1 s的^{2}D色谱峰。这一做法会导致每个色谱峰上仅有三个数据点，不足以获得准确的峰形或用于定量分析。但是，这一方法仍然可以使用采集到的质谱进行部分峰的鉴别。这是第一个有意义的GC×GC和MS联用的实际案例。

新一代快速扫描四极杆对于高达200 Da的一定质量范围，采集速率可达到20～35 Hz，使得GC×GC分析达到每个色谱峰3～8个数据点。但是，由于扫描仪器的质谱不均匀，一个色谱峰不同位置的离子丰度有差别，因此严重影响了定量和定性分析的准确性。

总而言之，对于质量范围有限(100～300 Da)的诸多分析，快速扫描qMS可作为ToF MS非常有效的替代方法。使用时必须仔细地检查是否存在峰不均匀的问题，以保证定性的准确性，同时可能需要使用特殊的质谱数据库。一些qMS系统除了EI离子源外，还可以使用负化学离子源化(negative chemical ionisation，NCI)离子源。此外，在SIM模式下使用qMS对目标物进行分析可以显著提升采集速率。但是，当目标分析物分布的质量或时间范围较宽时，无法使用这种方法。同时，当分析的主要目标为寻找未知物时，仍然必须使用 ToF MS。

3.6.2.3 三重四极杆质谱

三重四极杆质谱仪（QqQ MS）也称串联 MS（MS/MS），具有高度选择性和灵敏度，在靶向分析中经常与 GC 联合使用。QqQ MS 对应于多反应监测（MRM）模式，即第一个（Q1）和第三个（Q3）四极杆都在 SIM 模式下运行，碰撞诱导解离（CID）反应发生在位于 Q1 和 Q3 之间的碰撞池中。MRM 模式通常使用两个产物离子，一个作为定量离子，另一个作为定性离子，这两个离子可来自相同或不同的前驱体离子。MRM 模式可以大大降低背景噪声和基质干扰。其他 MS/MS 模式还包括：子离子扫描（Q1 SIM-Q3 SCAN），中性丢失扫描（Q1 SCAN-Q3 SCAN）和母离子扫描（Q1 SCAN-Q3 SIM）。QqQ MS 系统也可以产生传统的 SIM 和全扫描数据。

目前使用 QqQ MS 系统的 GC×GC 论文相对较少。首次报道的 GC×GC-QqQ MS 应用为 Poliak 等在 2008 年采用流量调制（FM）进行的靶向实验。MS 电离通过超音速分子束（SMB）EI 来实现，该方法为“冷 EI”，因为其产生了非常强的分子离子峰。此外，SMB 接口在处理高流量方面不存在任何问题，如流量调制中常用的 20～25 mL/min。图 3-20 显示了香菜中二嗪农（100 ppb）的 GC-SMB MS，GC×GC-SMB MS 和 GC×GC-SMB MS/MS 色谱图和放大图。

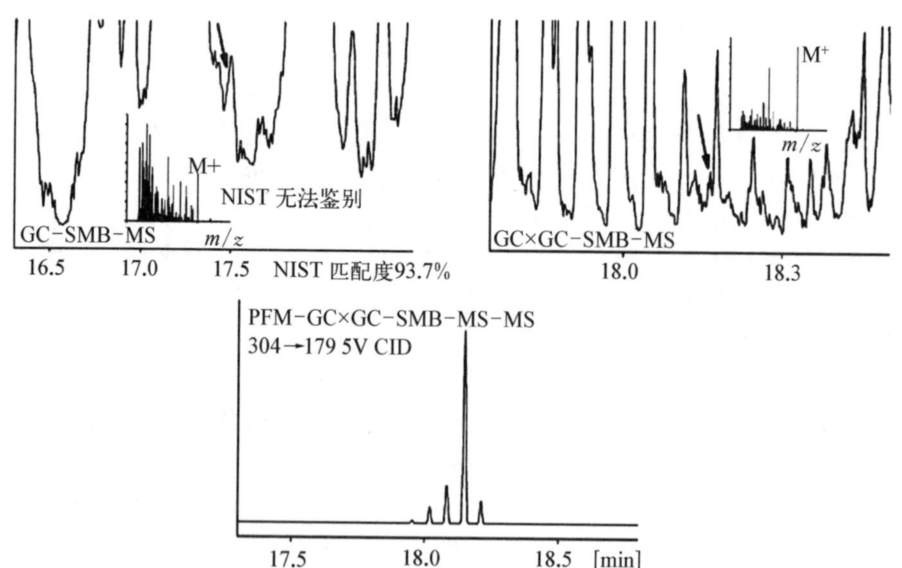

图 3-20 左图为香菜中二嗪农（100 ng/mL）的 GC-SBM MS 分析图，右图为 GC×GC-SMB MS 分析图，下图为 GC×GC-SBM MS/MS 分析图

如图 3－20 左图，GC-SMB MS 分析时，存在非常严重的共馏出现象，二嗪农的质谱图干扰严重，无法通过与 NIST 质谱数据库中的质谱图比对进行定性。采用 GC×GC-SMB MS 则有了相当大的改进，与 NIST 质谱数据库匹配时，二嗪农的匹配度达到 94%。两次全扫描实验均在 50～400 m/z 的质量范围内进行，质谱采集频率为 6.25(扫描速度为 2 100 amu/s)。而在 GC×GC-SMB MS/MS 应用中，Q1 分离出 m/z 为 304 的母离子，Q3 传输 m/z 为 179 的子离子，从图 3－20 中可以看出，MS/MS 模式完全消除了基质干扰。

中性扫描丢失（NLS）模式也称为官能团选择性扫描。在此模式下，两个四极杆同时进行扫描，并且第一和第三个四极杆之间的 m/z 差别保持恒定。Q3 扫描可以选择性监测所有离子，这些离子通过断裂产生特定中性碎片的损失。

在 GC×GC-QqQ MS 领域中已有使用 NLS 模式的报道，用于分析有机含卤化合物，包括 16 种多氯二苯并二噁英（PCDDs），19 种多氯二苯并呋喃（PCDFs），62 种多氯联苯（PCBs），21 种含氯多环芳烃（PAHs）和 11 种含溴 PAHs。对于氯化和溴化污染物，作者监测了 ^{35}Cl、^{37}Cl、^{79}Br 和 ^{81}Br 的损失。QqQ MS 系统在 20 Hz 质谱采集频率下运行，并且每次分析都采用单独的设置。尽管 NSL 可以进行选择性检测，但作者在应用中证明了使用 GC×GC 技术的必要性。

Fushimi 等开发了一种热脱附（TD）GC×GC-QqQ MS 方法，用于选择性地测定排放的纳米颗粒中的 29 个 PAHs 及其衍生物。方法检出限分别为 0.03～0.3 pg(PAHs)，0.04～0.2 pg(氧基-PAHs)，0.03～0.1 pg(硝基- PAHs) 和0.01～0.08 pg(甲基-PAHs)。此外，与 TD GC-MS/MS 分析相比，冷阱型调制提高了灵敏度(苯并芘提高了 14 倍)。数据采集频率为 24～26 Hz，接近仪器在选择反应监测(SRM)模式下的最大速度。

2013 年，对新型 QqQ MS 仪器(Shimadzu 的 TQ8030)的评估结果显示，QqQ MS 系统可以在全扫描(最大扫描速度：20 000 amu/s)和 MRM 模式(最高 600 转换/s)的高速条件下运行，还具有其他独特的性能，如能够以非常快的速度同时生成完整的全扫描/MRM 数据。这一系统可以非靶向地分析精油化合物，并通过 MRM 测定目标化合物，特别是三种防腐剂，包括邻苯基苯酚、丁基化羟基甲苯和丁基化羟基茴香醚。QqQ MS 系统对于每个色谱峰可以产生足够数量的数据点，满足了定性和定量分析的要求，使用 MRM 达到的灵敏度已经充分满足法规要求。

3.6.2.4 四极杆-飞行时间质谱

目前，联用质谱也已实现了与 GC×GC 的联用。Zeng 等对豆蔻精油进行了 GC×GC-Q-ToF MS 实验，重点研究了 α-蒎烯、β-蒎烯和柠檬烯对映体的组成。在 GC-Q-ToF MS 实验中，(R)-(+)-柠檬烯与其他两个萜烯重叠，即使使用准确的质量数据也无法将目标对映体与干扰物分离。而 GC×GC 使用中极性离子液体色谱柱作为^{2}D，解决了上述问题。在 GC×GC 实验中，Q-ToF MS 系统在下列模式中运行：(1) TTI(47.7 张质谱/s；m/z 50～300)和(2) 全扫描 MS 和 MS/MS(产物离子扫描)交替。在第一种操作模式中，选择 m/z 136、121 和 107 这三个前体离子进行碰撞诱导的解离，ToF 的质量范围为m/z 50～150，质谱采集频率为5 Hz。质量精度始终在 25×10^{-6}以内。但是，可以通过交替全扫描 MS 和MS/MS同时测量的组分数量受到 MS 系统和 GC×GC 峰的限制。

3.6.2.5 扇形磁场高分辨质谱

20 世纪 90 年代中期开始，研究人员就尝试将 GC×GC 和 HRMS 结合，以期通过采用热调制器与扇形磁场质谱仪(DFS HRMS)联用的系统来提供无限的灵敏度，从而可以测量痕量水平的化合物，如人血清中的多氯二苯并二噁英(PCDDs)和多氯二苯并呋喃(PCDFs)及相关污染物，这一研究已经有了相关报道。但是使用脆弱的热解吸(thermal desorption modulation，TDM)和扫帚式调制器限制了此方法的实际应用。此后，研究使用喷射冷却环式调制器的 GC×GC-HRMS 进行人血清样本中含量较低的 PCDDs 和 PCDFs 的分析。通过加强 GC 信号，降低了检出限和定量限。由于 DFS HRMS 系统在扫描速率上有所限制，需要采用非常特别的仪器调谐来保证产生合适的峰形并进行定量分析。目前，已有报道采用 20 Hz 的扫描速率，选择 SIM 方式进行四氯代二噁英的分析，平均每个峰可获得 7 个数据点，灵敏度在中阿克范围。

3.6.3 真空紫外检测器

VUV Analytics 发布的台式真空紫外(VUV)检测器 VGA-101 具有最大 90 Hz 的频谱采集频率，可以满足 GC×GC 分析的要求，因此可作为 MS 检测器的替代。VGA-101 的扫描范围为 120—430 nm，最大工作温度为 430℃，适用于高沸点化合物的分析，且具有以下优点：线性响应、无需校准、能够区分异构体、维护方便等。Zimmerman 等采用 GC×GC-VUV 仪器平台分析挥发性有机化合物(VOCs)和呼吸气体,并与 GC×GC-ToF MS 分析结果进行了比较,以比较和评估两种方法获得的数据。研究中,VUV 检测器在 90 Hz 的最大扫描速率下运行,ToF MS 设置为与之相近的 100 Hz。研究结果表明,GC×GC-VUV 对于 VOCs 和呼吸气体的分析,其对于所有目标化合物的分析结果与 GC×GC-ToF MS 相似。但是,GC×GC-ToF MS 所产生的^{2}D 峰峰宽较窄,LOD 更低。为了进一步评价 GC×GC-VUV 技术的应用潜力,研究还采用针阱微萃取(NTME)对呼吸气体样品进行了样品导入。将结果与之前的 GC×GC-ToF MS 进行比较后得到,测试物质丙酸的分析结果相似。

流量调制 GC×GC 与 VGA-100 检测器结合用于评估检测器在石化和 37 个 FAME 样品分析中的性能时,研究强调了使用 VUV 数据对共流出吸光峰去卷积的能力,以及基于目标分析物已知的吸收截面实现相对定量的能力,从而不需要进行传统的校准步骤。此研究花费了大量的工作和时间来进行了方法优化,探索了由 VUV 检测的传输线、流动池和废弃物管线引起的压力阻力的影响。FAME 标准物质的分析峰具有良好的拖尾因子(1.0—1.2)、不对称因子(1.0—1.3),^{2}D 峰平均峰宽约 600 ms。采用 VUV 数据库,光谱的匹配结果相似度较好,平均相似度为 97%。以上结果均表明,VGA-100 检测器的分析性能较好,适用于与 GC×GC 联用。

3.7 其他装置

除了典型的 GC×GC 系统以外,也有一些其他装置可用于替换经典的设置,主要目的在于减少或去除 GC×GC 流速不匹配、载样量问题、提供多种检测方式等,常见的包括:在^{2}D 平行使用两根或多根色谱柱,成为 GC×GC^{n};通过在^{2}D 前分流部分^{1}D 柱流动相,以调节中点压力,称为分流 GC×GC;在^{1}D 和^{2}D 使用相同内径的色谱柱,成为等内径 GC×GC;在停留模式下运行 GC×GC;在色谱柱后增加一个限流器以调节出口压力。

使用多根^{2}D 色谱柱,可以使得 GC×GC 的两个维度都在柱流量条件下运行,从而可以减小甚至去除两个维度最佳柱流量之间的差别。不同的 GC×GC^{n}设置还包括以下两种:多根^{2}D 色谱柱均与同一个检测器相连,或者每根^{2}D 色谱柱连接至不同的检测器。第一种情况要求所有^{2}D 色谱柱们的规格均一致,而且必须妥善安装好,因为任何细小的偏差都可能导致不同^{2}D 色谱柱之间保留的差异,从而导致裂峰或峰展宽。在第二种情况下,第一根色谱柱柱尾端可能需要增加一个由压力控制的分流器。第二根色谱柱也要与此分流器相连，并通过调制器，第二根色谱柱们的末端再与不同检测器相连。对于定量分析，必须使用压力控制的分流器，以保证升温程序过程中，分离点处的压力保持恒定，以保证整个分析过程中分离比保持恒定。Fan 等开发了一种智能 μGC×μGC 系统，通过使用多个具有独立检测器的 ^{2}D 色谱柱来增强 ^{2}D 的分离能力。系统中所有的 ^{2}D 色谱柱都是相互独立的，其固定相、柱长、流速和温度均可以变化以获得所需的分离效果。在智能 μGC×μGC 领域的持续研究中，还报道了一种便携式 GC×GC，具有四个独立的 ^{2}D 分离通道，同时还包含微预富集器/进样器，微 Deans switch 和微光电离检测器，^{2}D 分离时间超过 32 s。使用包含不同类别的 50 个化合物组分的混合物进行 14 min 的分离时，峰容量可达到 430—530。

通过将第一根色谱柱的馏出物分流，进入第二根色谱柱和一段与分流阀相连的无固定相的毛细管，可以调节分流比和 GC×GC 中点压力，^{1}D 和 ^{2}D 色谱柱的气流流速也可以进行优化。这一方法主要的缺陷在于会导致灵敏度降低，降低程度与第一根色谱柱馏出物分流比成正比。这一问题在进行痕量分析时尤为突出。但是，分流 GC×GC 系统可以在 ^{1}D 和 ^{2}D 中使用内径相差较大的色谱柱，例如分别使用内径为 0.25 mm 和 0.05 mm 的色谱柱。

对于含有未知浓度或高浓度的目标分析物和/或基质化合物的样品，在分析时使用与 ^{1}D 色谱柱相同或更大内径的 ^{2}D 色谱柱，可以降低 ^{2}D 色谱柱的样品过载现象和由此可能产生的系列问题。特别是对于分析物浓度差异大、中等复杂度的样品，进行化学指纹图谱分析时，需要 ^{1}D 和 ^{2}D 色谱柱的内径一致，两根色谱柱均可以在接近最佳载气线速度的条件下运行，可以显著提升载样量，从而最终产生更加可靠的定性和定量指纹图谱分析结果。但是，增加 ^{2}D 色谱柱内径可能导致 ^{2}D 色谱柱分离效率下降，因为当色谱柱内径增加时，塔板高度相应增加，导致塔板数减小。

在停流 GC×GC 中，在第一根色谱柱中的气体流动相通过气动阀暂停一段时间，然后将捕集的片段通过调制器进样到第二根色谱柱上，而第二根色谱柱上的气体流动相不停流。一定时间后，重新启动第一根色谱柱中的气体流动相，然后通过调制器采集新的分析物片段，并重复上述流程。采用此方法的主要优势在于调制时间，即 ^{2}D 分离时间可以不受 ^{1}D 峰宽的影响。但是，增加停留时间会导致 ^{1}D 峰由于纵向扩散而展宽。

在 ^{2}D 色谱柱尾端增加限流器可以提高出口压力，略微降低流量的不匹配。同时，范 · 蒂姆特曲线在高出口压力时会变平坦，从而使得在较高入口压力条件下，减少分离效率的损失。但是，此方法有一个主要的缺点在于会大大延长分析时间。对于给定色谱柱，如果仅需要提高一些分离度时，可以使用此方法。

3.8 小结

如今,GC×GC 已经是一个十分成熟的技术。在进行 GC×GC 仪器系统硬件设置时,应满足以下条件:首先,所有分析物均经历两个独立的分离过程;其次,在^{1}D 得到分离的化合物必须在^{2}D 保持分离状态;最后,两根色谱柱中色谱馏出曲线必须保持不变。

关于色谱柱的组合,为了达到正交,经典的非极性×(中等)极性色谱柱的方法仍然是首选方法。尽管如此,^{1}D 采用极性更强或更弱的色谱柱的设置,可显著提升极性化合物峰形,已经得到了越来越多的关注。正如本章所述,GC×GC 中非常重要的一个环节即为使用调制器对^{1}D 色谱柱馏出物进行取样。为了保证取样成功,^{1}D 色谱峰必须足够宽,以使得调制器能对每个^{1}D 色谱峰至少取样 3 次。

对于调制器来说,无论是热调制器还是阀调制器,其调制过程均有优点和缺点。与阀调制器相比,冷阱型调制器较为坚固可靠,得到了更进一步的关注和研究。三种商业化的 GC×GC 仪器均使用冷阱型调制器,包括 thermo fisher 公司的 TRACE GC × GC 系统,采用双冷喷和液态二氧化碳,LECO 公司的 Pegasus 4D ToF MS,采用四喷双级和液氮,以及 Shimadzu 公司的 QP2010MS,采用单喷和液氮。此外,Agilent 公司已发布了基于 Deans Switch 的调制器的应用,而我国雪景公司也推出了固态热调制器。

对于检测器来说,目前已经可以根据应用对象来选择最合适的检测器,特别是需要对某些元素进行选择性分析时。而对于 MS 检测器,出于高采集速率要求,GC×GC ToF MS 仍然是第一选择。但是部分研究已经表明,qMS 可以是一个很好的替代方法,只需降低扫描的质量范围以获得准确的峰形。

在未来,为了推动 GC×GC 进一步发展,还应将更多的关注和研究放在提高自动化水平等方面,特别是一些有助于参数优化的半自动化软件,以推动 GC×GC 成为一种常规的分析方法。

4

数据采集与分析

4.1 背景

GC×GC 的数据经过采集和可视化后，通常会呈现非常漂亮的图像，可以以伪色彩的二维图像进行表示(图 4－1)，也可以以三维图进行表示(图4－2)。具备色谱经验的学者，可以从这些图片的复杂图案中识别出大量多维化学信息。虽然 GC×GC 数据包含丰富的信息，但是其数据量的大小和复杂性也对后续数据分析提出了重大挑战。

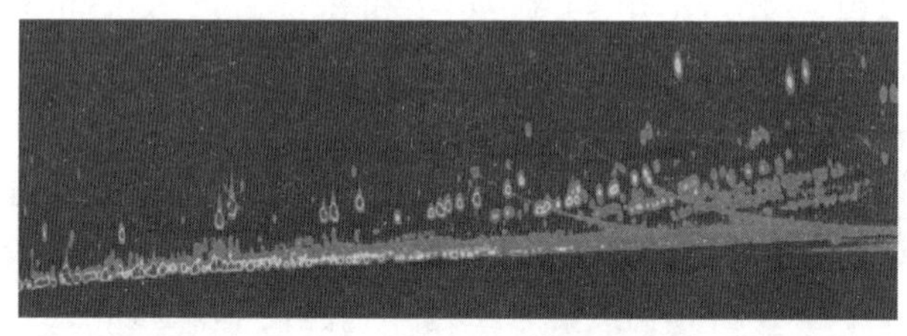

图 4－1　汽油的 GC×GC 分析部分色谱图(经可视化后以数据图像形式展示)

图 4－2　汽油的 GC×GC 分析部分色谱图(以三维形式展示)

GC×GC 的海量数据及其复杂性使得对这些数据进行人工分析非常困

难,也很费时,由此激发了研究人员对计算机辅助和自动化处理的兴趣。虽然GC×GC已经将化学样品转化为原始数据,但仍然需要信息技术将GC×GC数据转换为化学信息。本章主要阐述用于GC×GC数据采集、可视化、预处理和分析等步骤的方法和信息技术。

典型的数据处理过程主要包括以下几个步骤:获取和存储原始数据,处理数据以纠正伪影,检测和识别化学峰,数据集分析以生成更高级别的信息(包括定量信息)和报告。

本章将从GC×GC数据转换为化学信息过程中涉及的主要步骤进行阐述,包括:

数据采集并格式化,以便于储存、读取和交流;

多维数据可视化;

预处理消除伪影并检测峰;

去卷积;

数据集分析,获得更高级别的信息和报告。

4.2 数据采集

GC×GC是真正的2D分离,分离产生数据的过程是序列化的,即依次生成数据值。在GC×GC中,^{1}D色谱柱逐步分离并将馏出物传递到调制器,调制器不断采集馏出物并传送至^{2}D色谱柱,^{2}D逐步分离后将馏出物传送到检测器。在检测器中,模拟信号-数字信号(A/D)转换器以指定的频率对色谱信号进行采样。从理论上讲,此操作与某些光学系统类似,使用至少一个检测器,通过在两个空间维度上逐步扫描来创建图像。而GC×GC中,2D是两个保留时间。最后,将数字化的数据,即相关元数据(数据信息),以特定格式保存为文件,以供后续分析使用。

4.2.1 调制和采样

调制频率和检测器采样频率通常由GC×GC的使用人员进行设置。在设置这些频率时,受硬件限制通常需要在分辨率和其他限制条件之间进行权衡。当需要高分辨率时,调制和采样速率应尽可能快。高斯峰不受谱带限制,从而无法进行足够的采样。因此,较高的调制和采样频率为共馏出峰的检测提供了更大的信息容量和更高的分辨率。但是,调制频率必须在^{2}D中留出足够的间隔，而且采样频率必须考虑到数据的大小。提高采样频率会产生更多的数据，而选择性和精密度则会下降。在设置调制和采样频率时，需要全面考虑到这些和其他因素（如噪声等），包括仪器和分析需求等，本章节不就这些特殊原因展开讨论。

实验和理论研究提出，调制速率应满足以下条件：每个^{1}D峰标准偏差σ_1（^{1}D分离产生的峰宽的标准偏差）的两倍应至少调制一次，从而在$8\sigma_1$（^{1}D峰的有效宽度）内有4个以上调制周期。GC×GC检测器频率的设置与传统1DGC相似，建议每个峰标准偏差应至少采样一次，即$8\sigma_2$（^{2}D峰的有效宽度）。由于GC×GC的分析对象通常为多种化学物质的混合物，因此报道中使用了多种调制和采样频率，调制周期从2到20 s、采样频率从25到200 Hz均已有报道。

GC×GC数据处理中存在的一个普遍问题是对^{1}D馏出物采样不够充分。也就是说，相对于^{1}D峰宽，P_M太长，或者说，^{1}D色谱柱所产生的峰对于P_M而言太窄。当然，如果P_M受到^{2}D分离所需时间的限制，那么从^{1}D开始就要加宽峰宽，可能产生更长的分析时间，在一定程度上增加了分析成本。^{2}D馏出物采样不足通常不会出现问题，因为大多数用于GC×GC的检测器采集速度很快，而且通常实验室使用的检测器采样频率已经超过了分析所需的采样频率，因此生成的数据可能超过所需的数量。但是部分检测器，如四极杆质谱、原子发射检测器、电子捕集检测器等，与GC×GC所需的采集速度之间仍存在一定差距。

4.2.2 数字化和编码

GC×GC系统使用A/D转换器将色谱信号强度转换为数字(DN)。适用于GC×GC的检测器有许多种，检测器之间的主要区别在于某些检测器每次采样时产生单个数字，例如氢火焰离子化检测器(FID)和硫化学发光检测器(SCD)，而某些检测器每次采样产生多个值，如覆盖一个光谱或质谱范围的多通道检测器，最常见的为质谱仪(MS)。在任一情况下，每个DN用有限位数的位表示，代表一个有限精度的有限范围内的值。

由于GC×GC可以生成巨大的数据集，因此GC×GC系统产生的文件包含的数据通常都经过了压缩。当以200 Hz的频率进行采样时，一个具有48位动态范围的单个值的检测器（如Agilent IQ数据文件格式）产生的数据速率为4.3兆字节/小时(MB/h)。大多数编程语言必须对具有64位长整数或64位双精度浮点数的48位值进行算术运算。MS可以产生低于1 GHz的数据，例如，每纳秒1个8位质谱强度，数据产生速率大于1GB/s。为了更有效地存储数据，GC×GC系统通常会对数据进行压缩。例如，由于数据值与序列中的相邻值相关，因此 Agilent 的 IQ 数据文件格式实现了二阶后向差分编码，可将值从 48 位压缩到 2 个字节。而对于 MS 数据，通常需要进行更大的压缩。例如，ORTEC 的 Fast Flight 2 可以在硬件中连续累积质谱，并且仅输出加和的质谱，因此数据产生频率较小。在具有 1 GHz 原始速度的 MS 中，将 100 K 通道中的 100 个瞬态质谱相加，每秒会生成 100 个质谱(而原始质谱达到 10 000 个/s)。Fast Flight 2 还提供一种无损压缩模式，该模式使用较少的字节来表示较小的值，也提供一种有损压缩模式，该模式仅检测和编码 MS 数据中的质谱峰，这一过程称为质心定位，因为每个谱峰均由单个质心表示中心和强度。

4.2.3 文件格式

大部分 GC×GC 系统都有专用的数据文件格式，由于仪器供应商对数据有独特的处理方式，如数据压缩方法等，因此无法跨系统使用或处理数据。目前，GC×GC 数据尚没有标准格式，但是可以使用非标准文本文件或现有的 GC 数据格式来共享 GC×GC 数据。GC×GC 数据可以转换为文本，如 ASCII 格式的用逗号分隔的值(CSV)，但是所生成的文件是非标准的，并且大于二进制或压缩的数据文件。ASTM 已发布了色谱和 MS 分析数据交换(Analytical Data Interchange，ANDI)标准。虽然这些标准对 GC×GC 元数据缺乏某些要求，如用于 P_M 的元数据元素等，但仍可用于传达原始数据和其他色谱元数据。这些标准主要是为数据交换而开发的，缺乏一些常规分析所需的功能。ANDI 标准的另一个局限性是为 32 位计算机系统定义了建立标准的网络通用数据格式(netCDF)，从而限制了它们应用于 2 GB 以上的数据。ASTM 批准了使用可扩展标记语言(XML)开发用于分析化学数据的新格式标准的方法，即分析信息标记语言(AnIML)，促进了数据的可转移性和互换性。尽管如此，GC 特有的格式仍是主流。

4.3 可视化

对于 GC×GC 数据的定性分析，可视化是一个非常必要的过程。各种类型的可视化都可以对定性分析起到一定的辅助作用。例如，2D 图提供了全面的概述，三维(3D)可视化有效地说明了宽范围内的定量关系，1D 图形覆盖了多元数据，表格则揭示了数据数值，图形和文本注释可传达其他信息。本小节主要介绍可视化方法。

4.3.1 图像可视化

4.3.1.1 栅格化方法

GC×GC 数据最基本的可视化方式是 2D 图像。GC×GC 数据可以重组为栅格(一个 2D 阵列、矩阵或称为像素的像素网格),其中每个像素值为检测器信号的强度。作为强度的 2D 阵列,GC×GC 数据与其他类型的数字图像有许多相似之处,因此可以将数字图像处理领域的许多方法和技术应用于或改进后用于 GC×GC 数据的可视化和处理。

栅格化的标准方法是将在单个 P_M 中获取的数据值排列为一列像素,其中纵坐标(Y 轴,从下到上)为^{2}D 分离所经过的时间,将像素列进行排列,横坐标(X 轴,从左到右)为^{1}D 分离所经过的时间。此顺序将数据显示在常用的右手笛卡尔坐标系中,其中^{1}D 保留时间为数组的第一索引。

4.3.1.2 着色法

GC×GC 数据以图像形式呈现时,数据值被映射到显示设备的颜色上,因此像素是彩色的。标量值,例如 GC×GC 数据单值,可以简单地在无色差灰度上进行着色,与常见的黑白图像非常类似。对于多光谱数据中标量值可以通过多种方式进行提取。例如,通过将每个光谱中的所有强度相加以计算数据点的总强度计数(TIC),或通过在质谱选定的“通道”中获取值。灰度映射通常需要设置一个下限,将该下限以下的值映射为黑色,同时设置一个上限,在该上限以上的值映射为白色,将边界之间的值映射为灰色阴影,亮度随值而增加。线性对数和指数映射函数可产生不同的效果。线性映射在所有强度级别上处理灰度都相似,对数映射强调接近下限的层次,指数映射强调靠近上限的渐变。尽管灰度着色将值从小到大直接排序,表达十分直观,但人类能够区分的灰度等级不超过 100 个。因此,灰度图像无法有效传达 GC×GC 在较大动态范围内值之间的差异。

伪彩色化利用了人类视觉对于不同频率的光的敏感性不同,这些不同的灵敏度可以实现“颜色”感知,并且具有比灰度更高的选择性。由于人类具有基于三种类型的颜色接收器(视锥)的三色视觉,因此三色颜色模型足以实现图像着色。目前已经开发了各种三色模型,其中 RGB(带有红色、绿色和蓝色的值)和 HSV(带有色调、饱和度和亮度的值)是用于数字成像的色彩模型。

伪彩色化对三个颜色分量具有三个独立功能的数据值进行映射。颜色分量的映射函数通常不会像灰度映射函数一样单调递减。因此,辨别伪彩色图像中的相对值并不像使用灰度图那样直接。但是,好的伪彩色刻度可以清晰地表示值的大小顺序。例如,地形和温度图像通常使用伪色标,有时称为冷到热,其具有从小到大的映射,并通过具有中间颜色的蓝色、青色、绿色、黄色和红色进行。在图 4-1 中,色标的背景色值以深蓝色显示为较小值,而峰的值以冷热标度图显示为较大值以显示增加的值。伪彩色图像可以呈现许多可以区分的颜色,但是需要在具有易于理解的顺序的伪彩色刻度与可以识别的渐变数量之间进行权衡取舍。易于理解的刻度在视觉上可以区分较小数量的渐变,而可以从视觉上区分大量等级的标度会令人难以理解。

伪彩色化在较宽的动态值范围内可以提供比灰度更好的可视化效果,但是映射仍要根据灰度的存在将颜色变化分配到值范围。由于以交互方式指定伪彩色既烦琐又困难,因此常采用自动确定伪彩色映射的方式。基于梯度的值映射(GBVM)是一种可以将 GC×GC 数据值映射到色标,如从冷到热标尺的自动化方法。对于给定的数据集,GBVM 构建一个值映射函数,强调数据的渐变,同时保持值的顺序关系。首先,计算每个像素所处的梯度,即局部差异。然后,按值对具有计算梯度的像素进行排序,并为排序后的数组计算相对累积梯度幅度。GBVM 函数是从像素值到已排序数组的相对累积梯度幅度的映射。GBVM 可有效显示较大动态范围内的局部差异。

样品中每个分离后的化合物都会增加一小组像素值,如果该像素有效地显示了局部差异,则该像素将被视为具有与周围背景不同颜色的局部斑点。如果着色在整个动态范围内均无效,则可能看不到值较小的斑点,也可能值较大的斑点没有明显的相对差异。

4.3.1.3　导航

用于数字图像导航的标准操作包括平移、滚动和重新缩放。重新缩放需要重新对数据采样并创建显示的图像,以具有更多像素可以进行放大或具有更少的像素可以进行缩小,但可视化不会更改用于后续处理的基础数据。重新缩放通过在数据值之间的重采样点处重构信号来实现。常用于数字图像重建的方法包括最近邻插值、双线性插值以及使用三次多项式函数进行插值或逼近的各种方法。双线性插值在质量和计算之间提供了很好的折中方案。最近邻插值法通过显示在重新缩放过程中施加的宽高比变化,以补偿 2D 中的不同采样率,如对^{1}D分离的欠采样和对^{2}D分离的过采样。图 4-3 比较了双线性和最近邻插值方法。双线性插值法显示的斑点高保真、更紧密,代表了色谱法产生的连续峰。最近邻插值法更清晰地显示了单个数据点，即矩形像素，这些像素展示了数字化信号的离散特性。

图 4-3　分别通过双线性插值法(左)和最近邻插值法(右)放大的单个 GC×GC 峰

4.3.1.4　定性分析

可视化可以快速而清晰地显示 GC×GC 数据的重要特征，包括与色谱法相关的特征，如以下三类问题。第一，如果化合物在^{2}D 色谱柱分离中的保留时间超过了 P_M，则相关的化合物将在随后的 P_M 中馏出，峰将出现为图像中分布在色谱柱下一列像素中的斑点。如果保留时间仅略微长于 P_M，则该斑点将出现在图像底部的空白区域中，该空白区域对应于下一个^{2}D 分离的空白时间。可视化后，色谱工作者就通过目视检查识别出此问题，以优化分离条件，如使用程序升温或更短的色谱柱，延长 P_M 时间或加速^{2}D 分离。第二个问题体现为一个从左至右呈现月牙形的线条，首先快速倾斜然后趋于平缓。这些伪影说明从^{1}D 到^{2}D 有连续不断的馏出物，可能是由于加热不完全(^{1}D 不干净)或调制不完全(调制器未充分加热而无法完全释放被捕集组分)。第三个问题是^{2}D 色谱柱分离中峰拖尾现象。图 4-1 中出现了新月形“渗出”和峰拖尾的现象，通过数据可视化可以快速检查数据中的这些问题。

4.3.2　其他方法

4.3.2.1　三维可视化方法

进行三维可视化使用的许多技术与二维图像可视化相同，包括栅格化、着色、导航和重建。三维可视化基于一个表面,表面高程与由每个像素值给出基础平面相关。纵向标尺可以利用映射函数,例如线性、对数或指数函数,进行构建。构造和查看人造表面利用了许多计算机图形技术,可以以各种方式渲染表面,例如,在每个像素处进行伪着色,以纯色着色并进行照明以提供阴影,或者将其构建为线框。然后,将表面投影到二维平面上进行显示。常用的投影是从单个视点看的透视图。使用导航操作可以在空间中旋转表面,以便于从不同的角度查看表面。图 4-2 是图 4-1 所示的 GC×GC 数据的部分三维立体图,其中值作为第三个维度(即高程)显示,具有对数缩放比例。

随着第三维高度的增加,三维可视化可以更好地显示较大动态范围内的定量关系。但是,在三维可视化中,表面上的点可能会被遮盖,数据的尺寸和显示的轴之间没有对应关系,因此,诸如单击索引之类的交互操作变得更加困难,因此,每种可视化方法都有自己的实用价值,不同方法之间是互补的。

4.3.2.2 一维可视化方法

采用一维图可以进行多种分析,包括以传统色谱工作者所熟悉的图形格式显示 GC×GC 数据的片段或积分结果。例如,可以将不同的²D 色谱图中的值(或沿¹D 维分离的行)呈现为图形并进行叠加,以显示轮廓是否随时间和/或一维峰的检测结果变化。同样,在同一像素列或行的不同质谱"通道"值可以进行绘制并重叠,以确认多质谱数据是否能显示共馏出峰的存在,如图 4-4 所示。

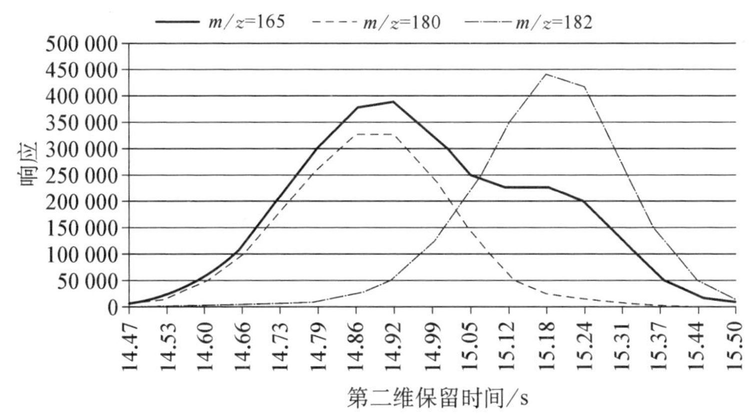

图 4-4 一维可视化图(选择离子通道)

4.3.2.3　文本或表格可视化方法

有些信息采用文本形式进行表达时，最有利于沟通交流。例如，2D数据的值可以直接以表格的形式进行展示，其中每个单元格显示一个数字像素值。电子表格中的可视化功能也可用于表格文本的可视化。例如，文本或文本框的着色可以突出显示数据的不同特征，如色谱峰等（如表4-1所示）。

表4-1　两个相连峰数据值的表格可视化形式（颜色体现了主要的色谱峰）

	21.15	21.20	21.25	21.30	21.35	21.40	21.45
1.430	0.057 1	0.100 8	0.173 0	0.536 6	1.597 7	0.514 5	0.005 6
1.425	0.060 8	0.181 4	0.274 7	1.083 1	3.136 1	1.016 1	0.074 3
1.420	0.042 8	0.382 3	0.443 8	2.165 8	6.017 4	1.941 2	0.097 8
1.415	0.083 1	0.724 0	0.928 7	3.882 6	11.231 7	3.669 7	0.220 8
1.410	0.084 1	1.372 5	1.799 7	6.836 3	20.168 8	6.653 7	0.356 7
1.405	0.172 5	2.576 6	3.452 3	11.188 7	34.943 9	11.678 0	0.601 5
1.400	0.344 9	4.723 5	6.244 5	17.607 1	56.528 8	19.614 1	1.003 2
1.395	0.723 5	8.468 0	11.215 0	25.775 8	85.614 2	31.550 4	1.624 3
1.390	1.274 6	14.276 2	19.303 3	35.386 4	117.955 1	47.034 4	2.567 4
1.385	2.041 8	23.024 6	31.925 2	44.729 5	147.891 1	64.665 3	3.736 3
1.380	2.998 3	34.349 5	49.721 7	52.460 7	166.208 0	80.546 0	5.081 0
1.375	4.043 0	47.737 8	71.906 6	56.978 4	167.667 1	90.643 3	6.228 4
1.370	4.970 9	60.298 9	95.140 7	57.807 0	150.753 4	91.096 4	6.877 6
1.365	5.461 3	69.171 1	113.959 7	55.566 5	120.428 7	81.096 8	6.740 5
1.360	5.363 8	70.781 0	122.530 8	50.677 4	84.301 5	63.179 7	5.797 8
1.355	4.610 0	64.388 8	117.668 3	44.323 2	50.478 3	41.983 6	4.364 7
1.350	3.478 8	50.984 8	100.119 9	35.896 3	25.280 9	23.474 1	2.833 7
1.345	2.303 1	34.729 5	74.505 0	26.725 7	10.383 1	10.741 2	1.621 2
1.340	1.358 7	19.795 6	47.225 6	17.347 1	3.766 1	4.260 1	0.779 0
1.335	0.733 3	9.482 1	24.846 2	9.933 5	1.294 8	1.509 4	0.342 4

续 表

1.330	0.359 8	3.889 9	10.658 8	4.821 9	0.411 4	0.512 2	0.117 4
1.325	0.183 4	1.464 3	3.888 5	2.132 7	0.098 0	0.195 0	0.044 8
1.320	0.101 4	0.546 1	1.318 0	0.821 8	−0.002 2	0.081 7	0.013 1

数据的统计视图可以简单地显示在表格中。在进行定量分析时,还可以采用其他电子表格功能,例如排序和取平均值等。

4.3.2.4 图形叠加图和注释

图形叠加图对于传达元数据(有关数据的其他信息)很有用。例如,在图 4-5 中,半透明的圆点用于指示检测到的峰。此分析适用于 ASTM D5580 标准测试方法,通过 GC 测定成品汽油中的苯、甲苯、乙苯、对二甲苯、对二甲苯、邻二甲苯和芳烃等,图中只有目标峰处标注了圆点。圆点的面积与峰的总响应成正比,颜色表示峰的化学基团。连接峰的线表示与内标物的关联。图形形状,例如多边形和折线,用于表示化学基团。通过文本标记和化学结构图展示了额外的信息。

图 4-5 图形叠加图(其中目标峰用半透明的圆点表示)

4.4 预处理

GC×GC 数据中重要的分析物信息和化学变化常常会被不相关的变化所掩盖，如噪声和背景干扰等，而原始数据的预处理可以减少与分析目标无关的化学变化，提高数据质量，从而提升定性和定量的准确性和精密度。因此，数据预处理虽然不是整个数据分析过程中最重要的一步，但却是非常必要的。本小节主要介绍降噪、相位校正、基线校正、归一化、二维峰识别和保留时间校正这六个数据预处理步骤。

4.4.1 降噪

降噪通常是数据预处理的第一个步骤，对所有后续处理步骤都非常重要。色谱数据中的噪声可能来自检测器中不可预测的响应波动、升温程序中载气污染、压力波动和柱流失等各个方面。基线校正过程通常用于校正低频噪声，但高频基线校正和平滑技术对于降低高频变化和改善色谱图中的信噪比(S/N)是必不可少的。

经典的 Savitzky-Golay 方法是一个对每个数据像素及其邻域拟合低阶多项式的平滑函数，用多项式拟合提供的值替换每个数据像素的信号。小波平滑方法将色谱图转换为频域，移除假设为不确定噪声的高频组分，然后恢复到保留时间域并生成平滑的色谱图。同样，缓慢漂移的基线变化中低频组分特性可以采用小波方法消除，以实现基线校正。在小波变换过程中去掉数据的某些频率还可以压缩数据，从而减少计算时间。均匀数据缩减通过简单插值和平均，在处理大量多维分离数据时非常有效。除了降低数据密度、提高信噪比和分离度外，分离时间也可以通过傅里叶转换法(COMForTS)降低。COMForTS 将 2D 色谱图从保留时间域转换为频域，然后结合 GC×GC 分离的脉冲调制的时域信息，实现重叠色谱峰的数学检测与解析。

降噪技术是成功解决各种各样分析问题的关键。目前已成功运用于苹果果肉提取物的分析、人血清中低丰度蛋白质生物标志物的识别、柴油燃料的分析以及模拟复杂样品的有效分析等多个领域的研究中。

4.4.2 相位校正

在对GC×GC数据进行栅格化时,图像中每个^{2}D色谱图的起始数据点都与调制器将其样品释放到^{2}D色谱柱中的时间相对应。而图像的垂直轴与^{2}D中的保留时间一致。这些可以由色谱系统实现,但是如果数据采集与调制时间的开始是异相的,则需要进行相位校正。

相位校正通过对图像中的数据进行移位,使得在每个调制周期开始的时候,即每个^{2}D间隔的开始时,获取的数据点成为每个图像列中的第一个像素。就数据本身而言,调制周期的开始如果有标记,则相位校正相对简单,如果没有标记,此时在校正处理前就需要进行推断。如果准确知道调制和采样频率,例如,4 s的调制间隔和200 Hz的采样频率意味着每个调制周期开始时的数据点在前一个调制周期开始时的数据点之后800个数据点。假设第一个完整调制周期的第一个数据点不是第一个图像列中的第一个像素,而是第400个像素,即第一个图像列的中间,可以通过在与第一个完全调制开始之前删除对应于数据点的第一个图像列的第一个400个像素来执行相位校正。因此,在给定调制和采样频率时,是可以知道任何组分的$^{2}t_{R}$的,然后就可以确定该化合物的峰像素,以建立数据点和调制周期之间的已知映射。从调制周期中的已知点,可以推断出每个调制周期的起始数据点并进行移位。

如果相位校正时不是整数,则可以采用以下两种方法:

(1) 将相位校正四舍五入到最接近的整数像素索引,并接受不超过采样间隔一半的时序误差;

(2) 对数据进行重新采样,以使重新采样点恰好位于调制周期的开始。

通常优先选择第一种方法,因为可以保留原始数据,而不会引入重新采样的错误,而且计算较为简单。

如果调制间隔和采样频率的乘积不是整数,也会存在类似问题。在这种情况下,每个像素列相对于调制开始时间可能具有不同的分数偏移。因此,分数相位校正在图像列之间存在不同,舍入可能会导致图像列的高度相差一个像素。为了进行可视化,而不用于后续分析,必须将像素添加到较短的行中(或从较长的行中切除像素),例如在分离开始时的空白时间内添加数据。

4.4.3 基线校正

基线校正通常是GC×GC数据分析预处理的第一步(或降噪和相位校正

后的第一步)。基线校正可以生成正确的漂移基线,可降低由于色谱柱固定相流失引起的低频基线信号变化、背景电离和低频检测器变化。基线校正后,基线噪声信号应以数字零为中心。在使用单通道检测器时,可以直接处理拆分信号。当使用质谱时,每个通道可以分别进行基线校正以避免内插误差。

基线校正前,首先应知道色谱图的哪些部分为色谱峰,哪些部分为基线。其次,将某些功能调整到信号的基线部分,将基线插值到包含峰值的部分,然后从原始数据中减去该基线函数,以获得基线校正后的色谱图。

在 GC 输出的信号中,由样品中化合物组分引起的信号上升超过基线就形成信号峰。在设置条件下,基线主要包括检测器的稳态驻留基线和色谱柱流失(程序升温会使得基线不断上升)。图 4-6 展示了一个独立峰的三维透视图,其最大值超过 23 pA。但是,峰区域中的基线大于 14 pA,因此样品化合物实际引起的最大峰高小于 10 pA。因此准确定量分析物峰时需要从信号中减去基线水平。

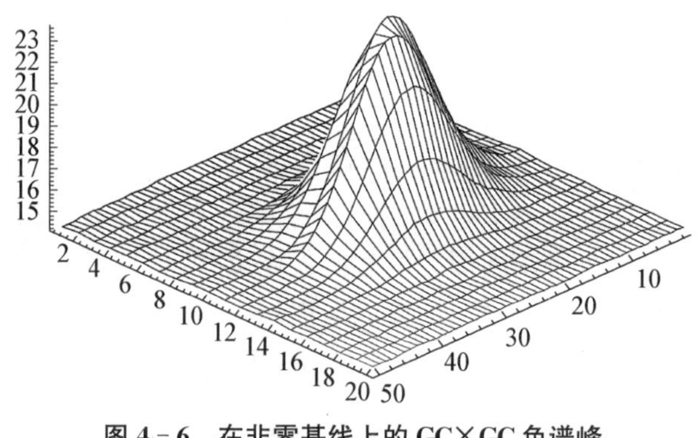

图 4-6 在非零基线上的 GC×GC 色谱峰

进行基线校正的估算主要有以下两种方法:

(1) 分别估算每个峰周围的基线;

(2) 全面估算整个基线。

第一种方法要求峰外的数据点值为基线水平,但当数据区域中充满峰时,这一方法不适用,因为峰外的值可能会受到相邻峰的影响。第二种方法需要多个数据点值,这些数据点以足够的频率指示基线水平,以重建基线。

在 GC×GC 数据中,通常可以在许多点上观察到基线。例如,即使数据的其他区域都充满了峰,在每个 ^{2}D 分离的空白时间内仍能观察到基线,这是 GC×GC 能够准确定量的重要原因。因为如果无法准确估算基线,峰积分的准确性也会降低。基线通常在几个 P_M 的短暂时间内不会发生显著变化,因此这些观察结果足够以全面的方式(第二种方法)重建基线。

对 GC×GC 分离过程建立简单模型，系统产生的每个数据点值为以下各项的总和：

(1) 即使没有检测到样品化合物，也存在非负基线偏移值；

(2) 由于检测到的样品化合物的存在而产生的信号；

(3) 随机噪声波动(包括数字化四舍五入等)。

在典型的设置条件下，基线偏移值随时间变化相对较慢，而信号和噪声随时间变化较快。

Reichenbach 等描述了一种全面提取 GC×GC 基线的方法。第一步，通过在每个 ^{2}D 色谱柱(或其他间隔)中定位最小值的数据点来识别背景区域，即没有分析物峰的区域。然后，将背景区域中数据点值的局部均值作为基线的第一次估算数据，并将值的方差作为噪声分布的方差的第一次估算数据，也存在于背景中。然后，使用信号处理滤波器根据本地估算值重建基线。最后，从信号中减去基线估算值。

图 4-7 显示了基线校正的两个示例：空白样品(上图)和柴油样品(下图)。其中，左边为基线校正之前的数据图像，其灰度范围从黑到白，范围均为 1.0 pA。从左边两张图像中可以看到，从左到右都存在温度引起的基线上升，上方的空白样品尤其明显，图右侧的基线比左侧的基线高近 1.0 pA。右边为基线校正后的数据图像，其灰度范围从黑色到白色甚至更窄，仅为 0.1 pA，中心约为 0.0 pA。

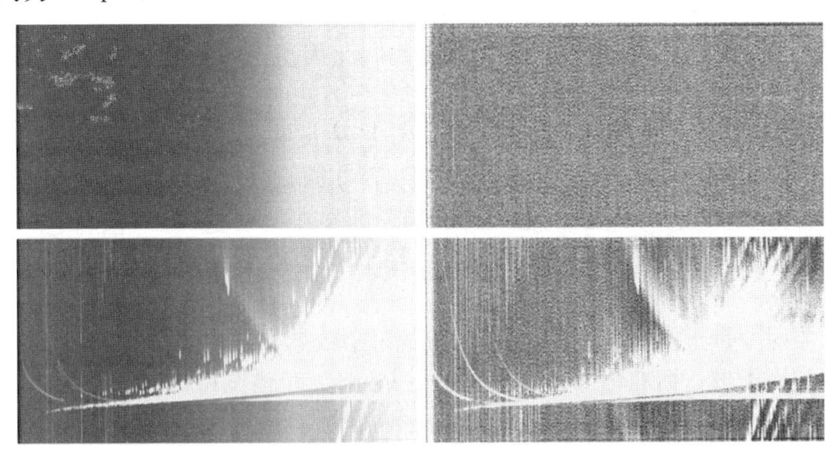

图 4-7 空白样品(上图)和柴油样品(下图)的基线校正结果

在基准线校正之前(左，灰度级别为 1.0 pA，从 14.5 至 15.5)和在基准线校正后(右，灰度级别为 0.1 pA，从−0.5 到 0.5)。

从基线校正后的图 4－7 右中可以看出，除去基线后，其余背景值包括接近零均值的噪声，方差小于 0.1 pA。基线校正不仅可用于空白样品，对被信号严重模糊了的基线的柴油样品也很成功。

对于产生多通道数据的系统，例如 GC×GC-MS，也可以使用相同的方法估算每个通道的基线。

所有基线校正算法的主要问题是如何避免过度拟合色谱图，保持相关化学变化，并避免把共馏出化合物的峰展宽误当作基线信号。基于因子的方法可以从数学上识别基线形状，并将基线作为独立于色谱图某一区域内化学峰的组分进行去除。这些基线校正技术对于解决各种各样的分析问题是非常必要的，例如柚子油中葡萄柚内酯的测定、大气样品中的溴苯污染物的监测、尿类固醇同位素的分析、不同生物样品中蛋白质表达水平的鉴别和水果中挥发性化合物分析等。

4.4.4 归一化

GC×GC 色谱图通常需要进行归一化以校正样品之间由于取样、制备和进样等过程而引入的误差。内标法是主要的归一化方法，但是很难找到一个能够完全从未知样品所有组分中分离出来的标准物质。内标法另一个缺点在于需要额外的样品处理步骤，可能引入比进样等更加严重的误差。当无法使用内标法时，很多研究人员都会采用归一化法（也称面积归一化法）。面积归一化法使用色谱图中所有经过归一化因子基线校正的信号总和，并且每个色谱图的总和必须等于 1。使用这一方法时，必须假设数据中的样品充分相似，即等体积的样品应在检测器中产生足够相等的总信号。然而，实际上，不同的化合物有不同的响应因子，因此假设并不完全正确。但是，与进样体积的偏差相比，总响应因子的偏差非常小。其他归一化方法包括采用数学方法令每个色谱图的平均信号等于 1，或在数学上令最大峰体积等于 1。

当对变量进行标准化时（色谱图中的每个数据像素均根据要求，采用一个独特的因子进行标准化），可对样品进行归一化（色谱图中的每个数据像素均采用同一个归一化因子进行归一化）。通常情况下，进行标准化的目的是降低大信号的影响。常见的标准化方法有自动标准化（令所有样本的每个像素的平均值为零，并且令每个像素均有所有样本的单位标准偏差），或者将每个像素除以样品的平均值，或进行对数或指数转换。

目前，归一化和标准化方法已成功用于许多 GC×GC 分析研究，包括三酰甘油辛烷油的测定、血清样本、人类组织样本、粪便样本、多环芳烃、饮料、草本植物、烟草提取物和酵母菌代谢产物等分析。

4.4.5　峰识别

峰识别在 1DGC 和 GC×GC 研究中都是进行数据预处理的重要步骤之一。如果可以正确进行峰识别，就可以辅助数据处理，如去卷积等，进行信息提取，然后对分析物进行定性和定量分析。

在 GC×GC 数据分析中，峰识别已经得到了非常深入的研究。大部分仪器软件可以识别单个峰并进行面积积分。但是这些软件通常依赖于某一设定的信噪比阈值以进行自动识别。阈值本身差别较大，已发表的文献中采用 20/1、50/1、100/1、150/1 不等。依靠这些商业化软件，GC×GC 的使用者虽然无需进行预处理等步骤，但最终生成的峰表中可能会缺失某些色谱区域内的峰。由于二维峰识别是获取后续化学计量学分析必需的多元空间的基本预处理步骤，因此已有一些关于 2D 空间中峰识别的研究。

斑点检测是聚集像素的峰值集群的过程。“斑点”是指比其周围更亮（或更暗）的像素簇。对于 GC×GC 数据来说，将斑点与分析物峰区分开是非常必要的，因为检测到的斑点可能是由多个共馏出的分析物峰组成的，或单个分析物峰可能被错误地检测为几个斑点。斑点检测后，进行峰检测时可能需要将共馏出导致的混合斑点解开，或将峰分裂不正确而产生的斑点合并。

GC×GC 斑点检测主要有两种方法：

（1）沿着每个^{2}D 色谱图，使用传统的 1D 色谱峰检测，将相邻的 1D 峰集合形成 2D 斑点；

（2）在两个维度同时进行检测。

第一种方法主要依赖于 1D 色谱峰检测，在不参考另一维情况下检测一个维度中的色谱峰，并没有完全利用所有信息。第二种方法需要 2D 算法，但可以在检测的每个步骤中使用所有可用的相关信息。

用于 GC×GC 数据中 2D 斑点检测的漏极算法是分水岭算法的反转。该方法是一种膨胀算法，通过从峰顶的斑点开始，并迭代添加与斑点相邻的较小像素，直到周围不再有较小的正值像素，进行扩散。这一过程将图像描绘成立体地图，其中较大的值具有更高的高度，与图 4－2 中的三维表面类似。将表面放置在“水”下足够深度，以淹没最高海拔，然后，将“水”逐渐“排干”。随着排干的进行，峰出现为“孤岛”的形式，并以唯一的斑点识别号进行区分。随着排水加剧，岛（气泡）随着“海岸”周围较低像素的暴露而扩大。

当两个岛之间的水消失时，就会在斑点之间设置边界。由于负值是基线以下的噪声波动导致的，因此当水位达到零时，该过程停止。为了防止将噪声检测为虚假峰值，可以将太小的斑点忽略。

图 4-8 的例子展示了排水算法。数据点的强度为基数(值最大为 99)，下标为将数据点添加到斑点的顺序(1—12)，对于斑点 1 为深灰色，对于斑点 2 为浅灰色。在 A 中，数据点最大值为 99，从斑点 1 开始，然后值为 95、88 和 80 的数据点按照顺序被添加到斑点 1，因为它们与先前分配给斑点 1 的另一个数据点相邻。在 B 中，值为 77 的数据点开始一个新的斑点 2，因为它是下一个最大值，并且不与任何其他斑点中的数据点相邻。然后，将值为 72 的数据点添加到斑点 2。在 C 中，值为 63 和 61 的数据点分别被添加到斑点 2 和斑点 1 中(基于它们与先前分配的数据点的相邻关系)。在 D 中，值为 42、38 和 34 的数据点依次被归为斑点 1、1 和 2。当数据点与之前归类的数据点更接近时，就会被归类到其最大相邻点相同的斑点中。

95_2	61	34	77
99_1	71	38	72
80_4	88_3	42	63

A

95_2	61	34	77_5
99_1	71	38	72_6
80_4	88_3	42	63

B

95_2	61_9	23	77_5
99_1	71_7	38	72_6
80_4	88_3	42	63_8

C

95_2	61_9	24_{12}	77_5
99_1	71_7	38_{11}	72_6
80_4	88_3	42_{10}	63_8

D

图 4-8　数据点的斑点分配过程(从左至右)

其中，数据点响应强度以基数显示，按强度顺序(下标为顺序)分配给斑点(斑点 1 为深灰色，斑点 2 为浅灰色)。

对于所有斑点检测算法，都存在过度分割的问题，即将应被检测为一个峰的斑点检测为多个斑点。此问题可能是由峰内噪声引起的假最小值或其他采集伪影引起的，可以使用不同的方法来减少或消除过度分割。

如果分析物峰在时间上非常接近，以至于在它们之间没有最小值，或通过平滑消除了最小值，则会发生分割不足的情况，其中多个分析物峰会被检测为一个斑点。如小的共馏出峰可能会出现在较大峰上，成为肩峰。即使重叠峰之间存在最小值，分水岭算法也不会“分解”峰。它只是描述了它们之间的最小值，可以使用数值方法来解析共馏出峰。如果每个峰相对于数据的每一行和每一列都具有一致的形状，则分解就是对单值数据的可分离双线性系统，或多通道数据的三线性模型进行求逆或去卷积。但是，如果反演条件恶劣，峰形和数据易受噪声和其他变量的影响，就很难解决分解问题。质谱数据对于分解具有不同质谱的共馏出峰尤其重要。但是，即使有质谱数据，将几乎完全重合的峰分解开也可能需要其他信息。

不同的色谱条件可能会导致峰检测算法不可使用。如果^{2}D 分离的温度相对于调制周期快速变化,则单个化合物的连续^{2}D 分离中的 1D 峰的顶点可能会彼此偏移。对于像漏极算法一样的 2D 方法,如果偏移出现在两个或更多个样本中,则可以将两个调制检测为两个单独的峰值。同样,1D 方法可能无法合并两个 1D 峰,可以通过平滑改善。色谱分离时采用更快速的调制、更慢的温度程序和/或更慢的采样率可以进行改善。相对于^1W_b 和^2W_b,较长的 P_M 或较慢的采样率会导致共馏出(或几乎共馏出)峰之间的谷值变窄,这可能会导致分离不足,从而单独的峰变得更难辨别。在这种情况下,应使用更快速的调制、更慢的温度程序和/或更快的采样率。

在检测到斑点之后,可以计算出斑点的重要统计特征,如所有峰强度值的积分或总和,可以表明产生峰的化合物的相对量(取决于检测器对化合物的响应度),从而可以进行定量分析。从几何学上讲,2D 峰的积分对象是一个体积(具有两个保留时间维度和响应维度),而 1D 色谱峰的积分对象是一个面积(具有一个保留时间维度和响应维度)。此外,还可以计算许多其他统计信息。峰中数据点(或像素)的数量是其保留时间足迹或面积的度量,具有两个保留时间维度。通过每个维度拖尾部分和前沿部分半宽度的比率,可以计算对称因子。带有加权和未加权力矩的各种度量值可以指示峰的中心、重心、每个保留时间维的方差、方向、偏心率等。*GC Image User's Guide* 一书介绍了 70 多个 GC×GC 峰的特征,这些特征可用于识别异常和可能存在问题的斑点,例如共馏出峰产生的斑点或分裂峰产生的斑点,然后可以对其进行目视检查和交互式校正。

当然,自动峰检测有时也会出现错误,特别是噪声、几乎完全重合的共馏出峰中几乎无法检测到的小峰等。因此交互式工具非常重要。但是,即使是 GC×GC 领域的专家可能也无法完全解决峰检测问题。

4.4.6 保留时间对齐

当比较同一样品的多个色谱图和不同样品的 GC×GC 色谱图时,经过基线校正、相位校正和归一化后的色谱图仍然会受到不同运行之间保留时间漂移的影响。因此,在 GC×GC 运行中,保留时间对齐是一个非常重要的预处理步骤,特别是对于峰比较、化学计量学聚类、判别分析和其他数据处理步骤等。不可控制的压力、流量和温度波动都有可能导致化合物保留时间的变化,在 GC×GC 中这种变化可能同时发生在两个维度上,导致保留时间非线性漂移,可能会掩盖化学变化从而影响分析准确性。对于高通量的数据分析(如代谢组学等)，需要快速处理大量色谱图，自动对齐必不可少，但对传统方法也是一大挑战，尤其是包含质谱数据的 GC×GC-MS 数据。

保留时间对齐主要通过移动峰的位置使每个化合物都有准确一致的保留时间，同时保持二维峰信号体积的准确性。目前，已有对齐算法可以用于处理像素级色谱图或对齐峰表。其中，像素级表示原始检测器数据点格式的色谱图。像素级对齐算法可以分为四大类：简单标量移位、对齐到选定目标峰、局部对齐算法和全局优化对齐算法。

标量移位算法是最简单的对齐算法，使用简单的相似性度量来计算时间偏移，通过将样品色谱图插值来进行所选择的移位，从而最大限度地减少样品色谱图和目标色谱图之间的差异。由于相似性度量会受到峰幅度影响，所以对齐算法需要假设样品在化学组成上足够相似从而值得进行对齐。对于异构体或漂移严重的情况，必须使用特别复杂的对齐算法，以进行恰当的对齐。第二类对齐算法首先选择标准目标峰(或由使用者手动选择标准目标峰)，然后在标准目标峰之间的区域进行插值，移动标准峰以匹配目标保留时间，从而达到对齐。但是如果标准峰值不可用，或有必要减少人工干预时，可以使用局部对齐算法。局部对齐算法在目标色谱图上迭代地移动样品色谱图的一部分区域，直至相似性指标达到最大值。最复杂、最稳定和最强大的对齐算法是全局优化的局部对齐算法，能够处理严重的和动态的漂移。全局优化算法利用动态程序，有目的性地为色谱图中每个区域找到部分或全部优化的移位，并尽可能以自动的方式进行，以减少使用者需要录入的内容。

峰匹配算法是一种公开的算法，已用于酵母代谢物样品 GC×GC-ToF MS 数据分析。峰匹配对齐算法将检测到的每个峰视为选定的标准峰，只要配对的峰在一定像素范围内，就会自动将样品色谱图中观察到的每个峰与目标色谱图中最接近的峰匹配。通过线性插值可以插入更多或更好的点到样品色谱图中，使样品色谱图中峰最高处之间的区域扩大或减少，以将每个样品峰的最大值定位在与之相对应的目标峰的保留时间处。

在像素级别将样品色谱图与目标色谱图自动对齐时，需要假设色谱图中的化学峰确实匹配。但对于异构数据，如果样本彼此不同，难以避免会出现不匹配的情形。因此，利用质谱信息来正确匹配峰的对齐算法越来越重要。

相关优化规整法(COW)与动态时间规整法(DTW)是通过对参考色谱图进行样品校正来实现 1DGC 漂移对齐最重要的两种方法。这两种方法都可用于像素级色谱图，而且都是公开的全局优化局部对齐算法。COW 已被用于 GC×GC-FID 和 GC×GC-ToF MS 数据的处理，包括快速并行计算。COW 将色谱图划分为局部区域，通过插值迭代地拉伸和压缩，直到样品和目标色谱图之间的相关性达到最大。使用时必须输入一个目标、片段的长度以及松弛长度。DTW 最初用于语音识别，并利用两个轨迹之间最小距离的目标函数进行非线性规整，从而对齐色谱图。COW 和 DTW 都被 Vial 等和 Zhang 等分别用于 GC×GC-ToF MS 和 GC×GC 的保留时间漂移校正。参数时间规整(PTW)对齐算法与 DTW 相似，但使用高阶多项式来校正非线性位移。metAlign 软件还可以对齐两个时间维度。成分检测算法(CODA)可以自动从需要进行 COW、DTW 或 PTW 算法对齐的 LC-MS 数据中挑选高化学选择性的质谱色谱图。经过进一步的改进，CODA 和 PTW 都可以用于 GC×GC 分离的两个维度。区间相关性优化移位算法(icoshift)可使用快速傅立叶变换核心来有效地确定如何插入或删除数据点以最大化 GC 和 LC 样品与目标色谱图之间的数学相似性。为了将峰移位，最好将数据点插入没有峰的区域，以保留原始峰形和峰大小。alignDE 算法同样也只适用于样品色谱图中没有峰区域的规整。经过进一步的改进，icoshif 和 alignDE 应该也可以用于 GC×GC。

基于包含色谱保留时间和 MS 信息的 GC×GC-MS 的三维数据结构，Wang 等建立了一个同时校准优化距离和质谱的算法(DISCO)。原始保留数据经 z-值转换后，将^2t_R 的距离最小化和 MS 的 Pearson's 相关系数的最大化作为指标，来进行峰对齐，并采用局部线性拟合技术用递进的保留时间图形搜索法进行了 2D 漂移的校正。此方法经过改进形成了 DISCO2 版，修正了 DISCO 的一些不足。

Delta2D 对齐软件可以在像素级别进行 GC×GC 色谱图的规整。首先由使用人手动建立选定峰的初始规整图，然后软件自动规整所有色谱图，以提高保留时间精密度。

Jeong 等研究了代谢组学分析中 GC×GC-MS 数据的对齐。使用经验贝叶斯模型，峰值的匹配置信度可通过后验概率进行计算，然后在此结果的基础上，对高置信度的代谢物进行筛选，进一步生成了具有代表性的标志性峰，以用于所有分析中保留时间的调整。Weusten 等首次将包含峰迂回的 GC×GC 色谱图由 2D 转换为 3D 圆柱体的曲面。然后，使用圆柱体距离和质谱相关性来定义一个联合相似性指数，并进一步对 GC×GC-MS 数据进行聚类分析。前者反映了色谱行为的相似性，后者反映了化学结构的相似性。此方法的优势在于可处理峰迂回情况。Reichenbach 等报道了基于信息方法的 GC×GC 与 HR MS 的联用研究。此类型数据对齐的最大困难在于原始数据非常大，而报道的方法使用了部分可靠的峰和基于保留平面窗口的峰进行对齐，而不需要进行全面的峰匹配。

其他用于 GC×GC 对齐的方法包括分段对齐、秩对齐、相关优化移位和双线性峰对齐(BPA)结合 MCR 技术等,而适用于 GC×GC-MS 对齐的方法包括 Smith-Waterman 区域对齐算法,以及综合归一化和比较分析等。

许多仪器软件目前已经可以提供色谱图中的峰列表。峰列表中包括峰在每个维度的保留时间及其大小。如果使用质谱检测器的话,还包括质谱图。使用人可以自行决定和选择检测定量列表中峰的参数。采用同样的参数和预处理方法,同时峰列表足够全面时,在像素水平分析色谱图的结果将与峰列表分析结果一致,但有时仪器软件提供的峰列表对于一个峰(裂峰)会给出多个条目,有时一个样本的平行分析所产生的多个峰列表中会有部分峰缺失。由于峰列表中的条目并没有完全对齐,此时多个峰列表之间就难以自动比较。目前已有许多算法可以用于仪器软件产生的峰列表的统一和对齐。当存在质谱数据时,这些算法通过质谱相似度将单个列表中的裂峰合并,同时将不同列表中的峰匹配,并将样品对齐。对于代谢组学和蛋白质组学来说,通常只需要得到对齐的峰列表,而不是对齐的像素级的数据。目前也有软件可以让使用人输入像素级的色谱图,然后输出峰列表,软件使用质谱信息自动对齐峰列表数据,并保证对齐的准确性。此外,很多对齐方法可以让使用人自行选择单个目标,然后在目标和数据中每个样品色谱图之间进行配对对齐,此时,所选择的目标对对齐结果有显著影响。

总之,保留时间对齐仍然是 GC×GC 分离领域一个热门的研究领域,尤其对于高通量和高复杂度的 GC×GC-MS 数据的处理仍存在一定困难。Shellie 和 Harvey 提出了一个自动化的数据分析方法,可简化 GC×GC 数据处理步骤,包括保留时间对齐。这一方法不需要用户进行操作,即可将原始色谱图导入,进行数据转换和预处理,并输出结果,因此可用于批量样品的快速处理。Ladislavova 等人也提出了使用 BiPACE 2D、DISCO、MSort、PAM 和 TNT-DA 五种算法的免费在线工具——DA_2DCHROM,并对使用不同算法所产生的 GC×GC-ToF MS 数据处理结果进行了比较。

4.5 去卷积

尽管 GC×GC 提高了峰容量、增加了分离维度,但是分析物重叠在 GC×GC 分离中仍普遍存在。通过使用化学计量学工具对未分离的色谱峰进行去卷积可以在无需大量时间精力的条件下,获得与目标分析物相关的信息,并利用已有数据进行定性和定量分析,大大拓展了 GC×GC 的应用范围。去卷积可以克服分析仪器和条件优化不足，并满足分析复杂混合物（如生物体液样品等）的需求。通过从重叠的峰簇中提取纯组分的色谱图，然后用峰面积或峰高进行定量，或使用保留时间来定性，对于复杂样品的分析十分重要。

对于在 2D 含有多个组分的色谱图的去卷积，其分离特征与 1DGC 相似，可以使用很多常规方法，如非线性最小二乘（NLLS）分析和傅立叶变换（FT）等。前者使用曲线拟合和色谱图的预定义函数，后者则是从原始信号到复杂频率的数学转换的可逆过程，然后通过 FT 处理将去卷积反演为纯峰。另一个方法是使用迭代技术和峰的约束条件（如单峰和非负峰）优化目标色谱图。在模拟色谱图的数学模型中，多项式修正高斯（PMG）函数最适合进行每个洗脱组分的推导。Vivo-Truyols 等综述了用于去卷积的非线性回归技术外，还提出了一种新算法，用于交替拟合原始信号和二阶导数。这些去卷积方法包括 Powell-1和-2，多起点局部搜索（MSLS）和局部优化遗传算法（LOGA）。

但是在 GC×GC 中，如果组分存在于^{1}D 色谱峰一个以上的调制片段内，则需要找到^{2}D 中每个片段的特征信息，并对一次产生的色谱图进行化学计量学处理以建立去卷积的新方法，同时推导纯组分的^{1}D 和^{2}D 色谱图。Zeng 等建立了一种同时去卷积和重建 GC×GC 分析中^{1}D 和^{2}D 重叠峰簇的方法。方法使用非线性最小二乘法曲线拟合（NLLSCF），在选定的馏出窗口内，优化纯组分的^{2}D 色谱图，然后进一步从^{1}D 峰的相应调制部分获得的每个区域来模拟^{1}D 峰及其峰数据。根据从^{1}D 到^{2}D 色谱柱的质量转移原理，可以恢复^{1}D 分离中的各个重叠峰。指数修正的高斯模型（EMG）的参数与相应保留时间的线性关系可用于 GC×GC 分析中的^{1}D 峰去卷积。通常，在获得 2D 纯色谱图后，使用这些方法就可以对^{1}D 重叠峰去卷积。因此，1DGC 去卷积的常规算法也适合于 2D 中对于调制片段的研究，然后模拟 GC×GC 产生的^{1}D 峰。

GC×GC 数据的 2D 特征意味着可以引入用于多次运行数据解析的常规化学计量学方法进行去卷积，如平行因子分析（PARAFAC）和多元曲线解析-交替最小二乘法（MCR-ALS）等。

4.5.1 PARAFAC

PARAFAC 是一种张量秩去卷积方法，已成功应用于 GC×GC-ToF MS 数据的去卷积、降噪和校准。PARAFAC 基于交替最小二乘分解，因此需要至少三向数据，即检测器必须产生足够的三线性数据。GC×GC-ToF MS 仪器可以产生理想的三线性数据，其中分析物的信号本质上是以下三个固定向量的外部乘积：^{1}D 峰曲线、^{2}D 峰曲线和质谱图。将重叠的分析物分解成其成分向量，即可以进行单个分析物的鉴别和定量。正好满足 PARAFAC 对三阶或更高阶数据的要求，可以将每个组分建模为其三个固定向量的外部乘积，通过数学方法进行解析。PARAFAC 将选定的色谱区域分解为总共 n 个组分，作为分析物数量、基线和噪声的总和，并将 n 个组分中的每一个组分都分解为代表^{1}D 分离、^{2}D 分离和质谱图的单个向量，共三个向量（三线性）。

PARAFAC 仅在满足以下要求时，可以较好地对 GC×GC-ToF MS 数据进行去卷积：数据阵列必须具有足够的三线性（即分析物^{2}D 保留时间（$^{2}t_{R}$）在^{2}D 上的漂移极小，即每个分析物的调制都较好地对齐），分析物必须包含具有化学选择性的信息（如色谱峰或分析物具有独特的 m/z 碎片）。通常，PARAFAC 去卷积只用于分析物峰或目标峰的一小段区域。在不知道组分数量时，可以通过建立具有增加因子的连续模型并自动检测发生过拟合或分析物被分为多个组分的情况来确定。

仪器设置，如升温速率和 P_{M} 等，都会对数据的三线性产生影响，特别是^{2}D 分离中保留较强的化合物。因此，在进行实验设计时必须非常注意以减少^{2}D 保留时间的漂移，以满足严格的三线性要求。如果将 PARAFAC 用于非三线性的数据，则必须沿着^{2}D 对数据进行对齐以恢复足够的三线性，然后才可以使用 PARAFAC。否则所得到的三线性模型会移除模型外的分析物信号，此时会出现负的定量偏差。由 GC×GC 实验条件产生的定量偏差可以通过“三线性偏差比”（TDR）预估得到。TDR 同时考虑了^{2}D 保留时间漂移和^{2}D 峰宽。目前，已有研究证明，调整实验条件，如将^{2}D 分离之间的温度变化变小，例如使用较短的 P_{M}（1—2 s）和适当的升温速率（5—8 ℃/min），可以提高 PARAFAC 定量准确度。

在成功确定 PARAFAC 模型后，可以进一步分析对组分进行定性和定量。例如，通过 PARAFAC 获得的质谱可以通过 NIST 等数据库进行检索，以增强定性的准确度。目前，PARAFAC 已成功地应用于 GC×GC-ToF MS 数据解析中。Snyder 等通过 GC×GC-ToF MS 和 PARAFAC，完成了可能引起神经退行性疾病的神经毒素 L-β-甲基氨基丙氨酸的分离、定性和定量。Hoggard 等采用类似方法，识别了一个化学武器的前体，可作为法医学研究中的标志物。Sinha 等评估了 PARAFAC 用于异构体解析的可行性。PARAFAC 还被用于细菌样品、人和小鼠脑组织提取物、酵母代谢物等样品的 GC×GC-ToF MS 色谱图中目标组分的定性和定量分析。

为了使 PARAFC 分析更加准确，数据必须具有足够的三线性，而 PARAFAC2 在校正三线性偏差方面更加出色。PARAFAC2 是 PARAFAC

的改进版本，对三线性的要求较低，可用于保留时间稳定性较差的 GC×GC-ToF MS 数据的处理，通过校正运行中保留时间的漂移，恢复数据的三线性并提供准确的分析结果，是一种具有高计算成本和复杂性的方法。Skov 等首先总结了 GC×GC-ToF MS 分析中保留时间漂移的三个原因，然后将 PARAFAC2 用于研究严重漂移的峰并与 PARAFAC 分析结果进行了比较。

4.5.2 MCR-ALS

MCR-ALS 是一种迭代方法，将双向阵列分解为两个矩阵的乘积，每个矩阵包含每个维度纯化的组分信息。MCR-ALS 将色谱双向阵列分解为两个维度的信息。对于 GC×GC-MS，一个维度是展开的色谱数据，第二个维度是质谱。

MCR-ALS 运行时基于几个假设，包括样品混合物的信号曲线是混合物中单个组分信号曲线的线性组合，并且信号中与化学无关的变异性（噪声）已被最小化。MCR-ALS 的方法原理与 PARAFAC 基本相同，但是与 PARAFAC 的三线性要求相比，MCR-ALS 在运行中只需要双线性数据。Tauler 等已证明 MCR-ALS 可以在不考虑^{2}D 保留时间漂移的情况下使用，因此可以使用较高的升温速率。这也意味着 MCR－ALS 能够处理未经过保留时间对齐的样品。当使用相对较高的升温速率（10 ℃/min）和较长的调制周期（6 s）时，连续调制的保留时间漂移较大（约为 30 ms），此时使用 MCR－ALS 去卷积的效果远远优于 PARAFAC。但是如果 GC×GC 两个维度上保留时间的偏移均比较显著时，使用 MCR-ALS 之前需要先解决这一问题，以恢复数据的双线性。然而，如果使用多通道检测，如质谱，MCR-ALS 可以处理上述两个维度的保留时间漂移，因为质谱提供了重复响应，可以保持数据的双线性。

MCR-ALS 的使用方式取决于数据类型。例如，双向数据，如 GC×GC-FID 非常适合双线性方法。单个 GC×GC-FID 色谱图可以通过一次分析多个色谱图扩展为三向阵列。在 MCR-ALS 解析前，通常基于数据之间共享的公共信息将具有单变量检测的三向阵列，转换回双向阵列。这一步骤通常是通过多个样本的逐列扩增来实现的。在多通道检测时，如 GC×GC-ToF MS，使用 MCR-ALS 之前必须首先将三向阵列展开为两向阵列，可以沿着时间维度展开或分析^{1}D 分离的调制来完成。如果要将 MCR-ALS 应用于多个 GC×GC-ToF MS 色谱图，常见的预处理过程包括展开^{1}D 时间维度，然后将样品按列连接，其中 m/z 为列，保留时间为行。

MCR-ALS 在运行时，首先使用指定的约束(例如单峰约束、非负性约束、选择性约束、收敛约束或局部秩)，算法对模型中的单个组分(色谱或质谱)进行初始估计。在测试收敛性之后，应用迭代过程，重复交替和测试这些值的收敛性，直到满足收敛准则。收敛标准由分析人员决定，最常见的包括迭代次数的阈值，残差的最小值，或者预测模型和原始数据之间缺乏拟合的改进阈值等。与 PARAFAC 一样，通过 MCR-ALS 分析一旦获得了成功的模型，组分的质谱就可以用于质谱库检索和/或准确定量。

与其他化学计量学方法不同，由 MCR-ALS 衍生出来的系列方法已被证明可用于提高复杂过程和混合物中解析和定性分析物的水平。具有相关约束的 MCR-ALS 拓展方法已成为在存在基质干扰的情况下，获得分析物定量信息的有效方法。采用一种相关约束有助于在测试样品的浓度值和来自已知来源样品的参考值之间建立校准模型。与使用非负性约束相似，相关约束可以应用于多个分析物浓度曲线，这为每个组分生成不同的校准模型。

目前，MCR-ALS 已在石油、代谢组学和环境样品等复杂样品中得到了应用。Paraster 等采用 MCR-ALS 与 GC×GC-ToF MS 结合，分离和定量了重质燃油样品中的复杂多环芳烃(PAHs)混合物。但是，MCR-ALS 方法也存在一些缺点，例如迭代操作可能无法校正局部最小值，迭代分析之前需要进行初步估算等。

4.5.3 其他去卷积方法

对于 2D 分辨率较差、相对丰度较低或背景干扰较严重的化合物，通过 MCR-ALS、PARAFAC 或者 PARAFAC2 等方法无法获得准确的质谱图进行化合物鉴定。近年来，由 Synovec 课题组开发的族类比较实现的质谱纯化(CCE-MSP)技术所提取的质谱数据与上述三种方法相比更纯净，与 NIST 数据库匹配度更高。CCE-MSP 使用统计度量来识别仅由干扰带来的 m/z，其中干涉 m/z 应具有较低的类间失拟和较小的 p 值。识别出一个或多个纯干扰 m/z 后，对信号进行归一化处理，然后通过减法得到无干扰 m/z 残留的纯分析物质谱图。去除归一化的质谱图可以产生更好的结果，分析物质谱图与质谱库的匹配值更高。此外，当干扰不能从分析物中充分消除和/或比分析物信号更高时，CCE-MSP 比 MCR-ALS、PARAFAC 和 PARAFAC2 去卷积效果更好。

独立成分分析-正交信号去卷积(ICA-OSD)计算速度更快，可用于替代

MCR-ALS方法。ICA-OSD是ICA和主成分分析(PCA)的结合。ICA是一种盲源分离算法,其最大限度地提高了成分之间的统计独立性。而PCA取代了传统上使用的最小二乘算法。ICA-OSD已应用于代谢组学样品中化合物的自动去卷积。

去卷积方法也可以以自动化的方式进行使用,称为全局质谱去卷积。为了改进非靶向去卷积,目前已经开发了一种基于非负矩阵分解(NMF)的质谱去卷积方法,已用于高分辨质谱数据的自动化去卷积。

4.6 模式识别

模式识别技术已应用于GC×GC数据处理,此类方法可在无监督和有监督两种模式下运行。

4.6.1 无监督分析方法

无监督数据分析方法是指在不知道样品相互关系的前提下,通过分析找出内在关联,将样品进行分类,然后找到其中可以作为主要区分标准的化学物质。

4.6.1.1 主成分分析法

主成分分析(PCA)是最重要和使用最广泛的无监督和探索性数据分析工具之一。PCA能够将大量相关变量通过线性变换转化为一组最能代表数据特征的变量(组合),用这组不相关变量来描述样本,进而简化分析过程,达到"降维"的目的。这组不相关变量就是"主成分"。分析的结果以得分图和因子载荷图呈现,得分图的对象是样品,差异性小的样品距离比较近,相差大的样品距离较远,自然就分成了不同的类别。而因子载荷图的对象是样品中的化合物,表明不同的化合物在两个主成分上的投影,投影离原点越远表明重要性越大。大多数情况下会把这得分图和因子载荷图放一起,相关的化合物用带箭头的向量表示。PCA需要输入一个2D数据矩阵,其中行代表不同的样本,列代表不同的变量。因此,在PCA之前,多个样品的色谱必须按行顺序进行连接,所得到的2D数据矩阵的每一列表示每个色谱图中像素级位置的信号强度。而GC×GC色谱图在PCA分析之前必须展开成向量。Lubeck等使用PCA和GC×GC-HRMS数据调查了丹麦哥本哈根两个收集点的水污染情况。PCVA分析结果显示湖泊水样本聚在一起相对较近,而相邻的水堡水样本在PC空间中分散得多，表明水堡水样本内的差异更大。研究还通过基于PCA的非靶向分析确定了几种可以指示水溢出的化合物。由于PCA在数据降维方面的强大能力，其还可以用于特征选择。

许多研究中，PCA也用于在使用其他化学计量学方法，如去卷积或其他模式识别方法之前进行数据预处理，或用于简化数据集来改进族类分离。如Song等使用基于像素的PCA和偏最小二乘回归分析法（PLS-DA）对气相和颗粒相挥发性和半挥发性化合物进行指纹鉴定，Li等人使用PCA和PLS-DA进行了真正的橙汁和“非橙汁果汁”之间的区分。PCA也可以在已知样品分组情况的基础上对未知样品进行分类。多路PCA（MPCA）在统计上与PCA一致，但可以生成三阶数据的分解模型，将PCA扩展到了更高阶数据，如未展开的GC×GC数据的分析中。

4.6.1.2　层次聚类分析法

另外一种比较常见的无监督方法是层次聚类分析法（HCA），是PCA的简化版本。HCA通过计算不同样品之间的“距离”（化学计量学上的距离用来表示样本间的差异大小），以系统树图表示不同样品间的关系和归类情况。也可以将相关化合物包含进去，用不同颜色代表浓度差异，最终形成包含丰富化合物信息及其变化情况的热图。Franchina等为了更好地了解大麻的化学多样性和分类亚型，从而可以更好地对大麻类产品进行管理，使用GC×GC-ToF MS研究了八种不同的大麻花。作者将仪器分析结果生成峰表，然后导出到R软件中进行PCA分析。结果显示印度大麻和火麻具有明显的聚类性，而其他杂交品种散布在印度大麻和火麻之间。作者还进行了中间质量控制（QC）运行，它们在分数图中紧密地聚集在一起，表明诸如漂移或样本退化之类的人为因素对结果的影响不大。虽然，研究采用HCA进一步说明了印度大麻和火麻样本的聚类。HCA的热图显示印度大麻和火麻样品区分明显，还表明了哪些分析物对聚集起到了推动作用。例如，在由单萜类和倍半萜类组成的行中存在显著的负相关，表明这些化合物组的相似性是分类的主要驱动因素。使用类似的数据分析流程，Franchina等通过吹扫捕集采样，然后使用GC×GC和基于峰表的PCA与HCA，进行了啤酒风味的多样性研究。Facanali等使用基于峰值表的PCA和HCA来研究季节变化如何影响瓦罗妮精油的分布。Machakanur等使用PCA将柴油原料按其碳氢化合物组成分组，然后使用HCA进一步研究燃料成分相似性研究。Zou等使用PCA和HCA按催化剂类型研究十二烯产物的聚类。

4.6.2 有监督分析方法

有监督数据分析是事先根据已知信息将样品进行分组(比如病人和健康人;不同产地或不同工艺生产的产品等),然后通过对这些样品化合物结果的统计分析找到其中区分这些不同组的重要化合物,以便将来根据这些化合物信息进行预测分类。在实际工作中有广泛应用,比如寻找疾病的生物标志物,食品或中药的产地溯源等。对于样品非常复杂,不同组之间差异非常小的情况下,有监督的数据分析可以得到更好的效果。最简单的有监督建模工作可以使用一个变量进行判定,比如很多统计学教材中都会提到的 t-检验方法。

4.6.2.1 Fisher 比率法

在 GC×GC 分析中,目前比较常用的判定方法是 Fisher 比率(FR)法,可以通过简化数据来找出分类特征。该方法基于使用单向方差分析(ANOVA)统计假设检验,是一种方差分析方法,FR 是样品组间方差和组内方差的比值。由于 FR 计算是基于 GC×GC 数据中信号的方差(原始数据法)或量化分析物的方差(峰表法)的,因此 FR 方法优先考虑统计显著性,而不是绝对信号/浓度,FR 越高,两个类别之间的差异越大。与 PCA 类似,FR 分析也可以用于其他化学计量学分析之前用于改进变量的选择,或用于其他数据简化方法之后。然而,如果样本分类属性是已知的,则 FR 分析优于无监督 PCA,因为样本的组内方差严重制约了 PCA 的成功使用。对于某个化合物来说,如果组间差异很大,但组内差异很小,它的 FR 值就很大,说明这个物质是一种区分两组样品的重要标志物。

FR 分析的一个关键方面是在计算 FR 之前对数据进行对齐。如果不对齐情况达到一定程度,可能会产生假阳性或假阴性。因此,FR 分析的通常可以采取许多不同形式实现。FR 法最初是根据峰列表进行的,也就是需要对所有样品数据进行定性和定量数据处理,然后对所有峰列表进行合并整理,最终计算出每个化合物的 FR 值。Pesesse 等使用热解吸-GC×GC-ToF MS 对肺癌患者呼出气体进行分析,并与对照肺癌患者呼出气体进行了代谢产物的非靶向分析。研究使用 ChromaTOF 软件创建了 S/N 大于 100 的所有分析物的峰表,共发现 1 350 个峰。然后对峰表进行了 FR 法和随机森林分析,分别发现 27 个和 17 个显著特征,其中 7 个特征在两种方法之间是相同的。FR 法发现的大多数化合物为酮类和 FAMEs,可以归因为肺部炎症。FR 法和随机森林方法均识别的 7 个相同特征中,只有四个在之前发表的文献中被报道与肺癌有关。Purcaro 等利用基于峰表的 FR 法发现了 16 种可分化呼吸道合胞病毒感染细胞的分析物。此外,Dorman 等利用 FR 法发现了几十种化合物,与受污染的河流流域中小嘴鲈鱼的健康状况下降有关。在食品研究方面,基于峰值表的 FRA 也被用于发现基于葡萄成熟度、葡萄管理和浸渍时间的葡萄酒的差异研究。Perrault 等还利用 GC×GC-HRMS 收集的数据和 FR 法来区分考古文物常用粘合剂的挥发性特征。

由于需要对每个样品进行单独的定性定量数据处理和整理,基于峰值表的 FR 法工作量非常大。随后建立的基于像素的 FR 分析针对每个数据点(谱图像素点)自动计算 FR,省略了对大量类似化合物的定性定量的过程。为了将基于像素的 FR 的性能最大化,首先应该进行数据对齐。Crucello 等使用这种方法,通过 GC×GC-qMS 比较了四批葡萄酒之间的差异,以及不同固相微萃取(SPME)纤维对葡萄酒中挥发性有机物的最佳提取效果。通过计算基于像素的 FR 值,得到二维 FR 图,以分析收集的用于寻找分类分析物的数据。该图与 GC×GC 色谱图相似,但每个像素是计算的 FR,而不是峰值强度。然后使用 FR 双标图作为 GC Image 软件中的峰模板。Augusto 研究小组将使用基于像素的 FR 法与 PCA 结合,用于三种厄瓜多尔传统烈酒、低品质和高品质巴西巧克力的分类等研究。但是这一方法需要很多的计算资源和时间,更重要的是,不同样品的细微保留时间偏差不可避免地会产生大量“假阳性”的结果,后续需要大量的人工筛查工作。

基于像素块(tile-based,指覆盖整个峰的多个像素的集合)的 FR 方法对保留时间对齐的要求较低,不需要去卷积、分析物鉴别和定量即可用于原始数据,有效改进了上面两种方法的缺点,取得了不错的效果。在基于像素块的 FR 方法中,SepSolve 和 LECO 公司最近都发布了基于像素块的 FR 方法商业软件,分别为 ChromCompare+和 ChromaTOF Tile,也有一些相关文献报道。ChromaTOF Tile 使用的是标准的 FR 计算方法,而 ChromCompare+则基于每个像素块计算“专用多元度量”。Murtada 等使用 ChromCompare+在饮用水样品中筛选痕量有机污染物,致癌物和增塑剂在生水样品中的含量远远高于处理后的饮用水,说明了水处理措施的有效性和必要性。Mikaliunaite 和 Synovec 使用 ChromaTOF Tile 研究了酵母菌体内的循环代谢组,证明了 ChromaTOF Tile 处理包含 24 类 72 张色谱图的大型数据集的能力,处理时间约为 1.5 h。Zou 等研究了 16 种普通咖啡和不含咖啡因的咖啡的风味。研究通过 ChromaTOF Tile 在 GC×GC 色谱图中发现了 630 个化合物,其中醇类、吡嗪类、噻唑类、氧唑烷类和酚类物质在普通咖啡中含量更高,而呋喃以及吡咯衍生物在不含咖啡因的咖啡中含量更高,每个类别化合物的相对浓度与咖啡烘焙和脱咖啡因工艺相关。

FR 的计算也经过了一些改进，例如 Prebihalo 等建立的对照归一化 FR 分析（^{CN}F-ratio），已用于“治疗”组方差大于“控制”组方差的生物学研究，发现了标准 FR 分析没有发现的 8 个额外的膝关节损伤的重要生物标志物。

4.6.2.2 偏最小二乘判别分析法

对于很难用单变量来区分的情况，一般用得比较多的方法是偏最小二乘判别分析（PLS-DA），可以提供识别特征和分类样本。这种化学计量技术将色谱变量，即像素、峰或像素块，与表示类别归属的分类变量相关联。PLS-DA 模型可用于类别归属的预测，还可将样品差异以分数图形式可视化，识别负载（潜在变量）中造成类别差异的色谱特征，与 PCA 相似。在 PLS-DA 中，确定变量重要性的一个常用度量是投影（VIP）分值，可以量化在解释模型预测能力方面的变量（像素，峰面积集或块）的重要性。一般认为 VIP 分值大于 1 的变量即为显著变量。

Paiva 等将基于像素的 PLS-DA 应用于基于消费者评级的啤酒挥发性化合物指纹图谱的评价。本研究由两类啤酒组成：消费者评级较低的啤酒（第一组）和消费者评级较高的啤酒（第二组）。14 种啤酒，每种啤酒各两瓶进行 SPME-GC×GC-qMS 平行分析，共 56 个样品。TIC 色谱图经 icoshift 算法对齐后，分为校准和验证两个子集。两张代表性色谱图的视觉对比表明，消费者评价高的啤酒挥发性指纹图谱比消费者评价低的啤酒更为复杂。鉴于样品之间的明显差异，PLS-DA 评分图很容易就可以根据消费者评分将色谱分类到指定的样品类别。PLS-DA 模型还识别出许多萜烯、萜类、醇类和酯类在消费者评价高的啤酒中含量更高。此外，PLS-DA 模型还成功地将验证子集数据中的所有样本进行了分类，表明该模型可用于进一步研究消费者的偏好。Song 等采用基于像素的 PLS-DA 方法来确定北京空气污染的挥发性指纹图谱。污染和未污染的空气样品使用TD-GC×GC-qMS进行分析，并用 2DCOW 进行色谱图对齐。在未受污染的样品中，取代苯和萘的丰度较高，使得 PLS-DA 评分图上出现明显的组间分离。虽然这些研究证明了将 PLS-DA 应用于像素级数据的优点，但计算量较大。为了降低基于像素的 PLS-DA 的计算时间，Adutwum 等开发了一种用于GC×GC数据文件的数据约简工具——特征离子滤波器（UIF）。UIF 将 GC×GC-MS 色谱图中的数据减少到只有保留时间和每个峰周围的特征 m/z，有效地减小了数据文件。该方法将计算时间减少为$\frac{1}{30}$，显著提高了 PLS-DA 的使用效率。

Stilo 等使用基于峰表的 PLS-DA 测定了意大利三个农业区:加尔达湖、托斯卡纳和西西里岛的特级初榨橄榄油的风味指纹图谱,并采用 GC Image 软件对 50 张 GC×GC-ToF MS 色谱图进行处理,实现了色谱图间峰的自动对齐和整合,共生成了包含 184 个峰的列表以进一步分析。使用该峰值列表建立的 PLS-DA 评分图显示了橄榄油之间的区域差异,其中西西里岛产的橄榄油可以很容易地从加尔达湖和托斯卡纳产地的橄榄油中分离出来。27 个分析物的 VIP 评分大于 1,在 PLS-DA 模型中具有差异性。Stilo 等进一步扩展了这项研究,发现了来自六个地理区域的意大利特级初榨橄榄油的其他分析物。基于峰表的 PLS-DA 方法已被广泛应用于许多研究中,如发现各种食品的关键香气特征、样品分类和食品安全标志物等。最近的研究包括可可、咖啡、榛子、冰酒、橙汁、薄荷精油、茶和传统中草药的挥发性特征。Fang 等将 SPME-GC×GC-qToF MS 与 PLS-DA 结合,发现了 22 种指示常见食源性病原体的代谢物。基于峰值表的 PLS-DA 也被证明有助于发现结肠直肠癌、糖尿病、系统性硬化症和肥胖的代谢物。Veenaas 等使用基于峰表的 PLS-DA 和 TD-GC×GC-HR ToF MS 发现室内空气中石化产品的存在与居住者所经历的负面健康影响相关。此外,Zou 等将基于峰表的 PLS-DA 与 GC×GC-光离子化-ToF MS 收集的数据相结合,发现了烯烃低聚反应中使用的不同催化剂和原料的指示物。

lDA 是 PLS-DA 的另一种样本分类方法。PLS-DA 旨在找到数据集中协方差最大化的色谱特征,而 LDA 则将色谱数据简化为一组能最大限度地实现组间分离的特征。Ueland 等使用基于峰表的 LDA 和 SPME-GC×GC-ToF MS 将骨骼样本归属为非法象牙和其他哺乳动物。此外,LDA 还可以根据 60 种挥发性化合物的丰度对克罗地亚白葡萄酒进行准确的分类,这些挥发性化合物具有最高的 FR 值。

将监督技术和无监督技术组合使用可以利用这两个技术的优点,同时也避免了这两个技术的缺点。将无监督和有监督技术结合到一个用于 2D 分离的全自动综合分析平台中,可以发现细菌代谢组学研究中有意义的变化,也可用于酵母代谢组学的研究。这两项工作,联合使用了包括 FR 数据缩减、PCA、比较信噪比分析、PARAFAC 去卷积和定性、质谱匹配定性、ANOVA 统计分析和 t 检验等方法。这种监督和无监督技术之间的互相作用也被用于识别尿上皮肿瘤的生物标志物,通过使用 PCA 和距离模型(DModX)算法来确定离群值,然后使用 PLSDA 来鉴定代谢物生物标志物。

模糊技术介于监督和无监督技术。从模糊算法获得的载荷包含来自建模技术的类别信息,允许每个样本部分属于不同类别。例如,通过 GC×GC-ToF

MS 进行细菌代谢组学研究，不能通过 PCA、交叉验证、排列和随机检验对样品类别进行足够的区分，而采用无监督的“模糊”C-均值(FCM)分析可以成功地将代谢物指纹与多个基因型大肠杆菌关联起来。

此外，由于 GC×GC 呈现的是 2D 或 3D 谱图，可以借用目前很多先进的图像处理方法，特别是随着深度学习和人工智能的逐渐成熟和普及，GC×GC 的全自动数据处理技术得到了快速发展，如 Squara 等已将人工智能决策工具用于处理榛子样品的 GC×GC-MS/FID 分析数据以评估其质量。

4.7 常用软件

本章前几节主要介绍了 GC×GC 数据预处理、去卷积、模式识别等领域的使用的方法，本小节主要介绍用于数据处理的部分商业化软件。这些软件从通用型到专用型可分为以下几类：通用编程语言、面向数学的编程语言和软件、统计软件以及专门的软件。通用的代表性语言如 C 语言，向用户公开大量细节，允许采用任何实际的数据处理概念。而专门用于处理多维分离数据的专用软件，通常来自某一种类型的仪器，例如 LECO 公司的 ChromaTOF 和 Chroma ToF Tile 软件等。下文将对从通用到专用化学计量学软件进行大致介绍。

在通用编程语言中，C 语言首先用于提高在其他编程语言中进行的计算速度。用于 GC×GC-MS 数据的判别像素法首先在 MATLAB 中初步实现后，再使用 C 语言进行。有两类样本时则是相同的计算，就像在 MATLAB 中也使用 Fisher 比率法一样。用 Java 开发的开源软件 Guineu 主要用于代谢组学的分析。Guineu 可用于 ChromTOF 这一 GC×GC-ToFMS 软件输出的数据表的处理，包括对齐、归一化、伪影过滤以及官能团的识别。MetMax 使用 ChromaTOF 导出的峰表中的保留指数信息，以及相关的峰质谱导出信息，以对齐峰表，对数据进行批处理，这一软件是用 C# 编程语言(NET3.5)编写的。

面向数学的程序设计语言与编码软件已被广泛用于化学计量学，进行多维分离数据的处理，这可能是由于化学计量学中最常用的数学结构可以用这些语言实现。Mathematica 可运行算法进行基线漂移校正、数据平滑和峰寻找，其包含一个早期的 GC×GC 算法，将 1D 色谱峰结合成 2D 色谱峰，然后采用因子分析的几何学方法(GAFA)进行全二维数据处理。目前，MATLAB 仍然是最常用的软件和化学计量学编程语言。对于 GC×GC-ToF MS 峰表对齐，可使用 MATLAB 实现 MSort，距离和质谱相关优化(DISCO)和另一个峰表合并程序。对于像素级别的对齐，MATLAB 已用于 2D 版本的相关优化规整(COW)和动态时间规整(DTW)。使用 MATLAB 编码进行对齐、球面 PCA、正交回归(OR)和稳健正交回归分析(rOR)相对简单，且可以自动对 2D 图像进行预处理。MATLAB 还可用于经典的最小二乘法(CLS)，独立成分分析(ICA)，通过交替最小二乘法(MCR-ALS)进行的多元曲线分辨，偏最小二乘法平方(PLS)回归，然后进行 t 检验和 PLSDA。常用的面向化学计量学的 MATLAB 工具箱包括 N-way Toolbox(用于 PLS、NPLS、间隔 NPLS (iNPLS))和 PLS Toolbox(用于 PLS、NPLS、PARAFAC 和 PARAFAC2)。MATLAB 在信号或图像处理中的其他应用还包括：GC×GC 数据预处理和扣除，GC×GC 和 GC×GC-ToF MS 数据的预处理和 HCA，通过 Fuzzy Logic Toolbox 进行模糊 c 聚类分析(FCM)，利用 Image Processing Toolbox 进行 2D 图像匹配。

统计学软件与面向数学的软件的界限并不是特别清楚，因为两类软件之间有一些相同的功能，但有一些统计软件已被用于多维分离数据。R 语言可用于实现综合标准化和比较分析工具(INCA)。INCA 是一个对 GC×GC-ToF MS 数据 ChromaTOF 峰表的归一化和对齐工具。SIMCA-P 已被用于峰表数据的 PCA 和 PLSDA 分析，正交信号校正(OSC)，峰表数据的 PLSDA 和单一质量信道数据的 PCA 和 PLSDA。Statistica 可用于 ANOVA 和 PCA，Minitab 可用于 GC×GC-ToF MS 分析的定量多环芳烃的 PCA。Excel 可用于拟合峰的高斯曲线，以改进 GC×GC 数据中的 $^{1}t_{R}$，采用 XLSTAT 插件可进行多维缩放(MDS)和 PCA。使用类似电子表格的统计软件 SPSS 已被用于 ANOVA 分析。

专为多维分离数据处理和化学计量学而设计的专业软件正在不断涌现。GC Image 可进行 GC×GC 背景校正、积分峰信号体积、模板匹配、交叉样本模板测定、GC×GC-qMS 数据的对齐、分类和比较分析、GC×GC-HR MS 数据的 LDA 分析等步骤。Thermo Fisher 公司的 HyperChrom 软件可进行峰寻找、去卷积、积分和可视化。基于 Java 的图像分析软件可用于 GC×GC-ToF MS 数据的基于阈值的预处理。Delta2D 可用于 GC×GC-qMS 数据背景移除、对齐、PCA 和 HCA 分析等。

4.8 小结

目前，在 GC×GC 数据采集、可视化、预处理和分析中的诸多问题已经得到了解决，并且已有商业化 GC×GC 软件可以使用，这些软件主要支持以下基本操作：

- 从色谱系统产生的文件格式中读取数据；
- 以各种形式展示数据，例如，作为 2D 图像，作为三维表面的投影，作为 1D 轮廓图等；
- 预处理数据以消除采集伪影，例如调制相漂移和信号基线；
- 峰检测，包括去卷积/解析共馏出峰；
- 使用保留时间和质谱数据进行定性分析；
- 使用与 GC 分析相同的方法进行定量分析；
- 多数据组分析，例如定性和定量比较。

但新方法的研究仍为 GC×GC 热点领域之一，特别是对包含数百种或更多化学组分的样品进行自动化和高通量的数据分析，如代谢物图谱或代谢组学指纹图谱等。这也是化学计量学长期以来的研究热点。未来的研究可能会涉及化学计量学的诸多领域，例如数据预处理以提高数据质量，去卷积方法以扩展用于定性和定量分析物的实验（$^{1}t_R$，$^{2}t_R$ 和 MS 数据），模式识别以对具有某些相似性和差异的样品进行分类，模型校准以建立解释变量和响应变量的定量关系，以及 GC×GC 和 GC×GC-MS 数据处理的独特要求，如正交度预测和图像分析。

5

方法开发和优化

5.1 背景

建立一个 GC×GC 分离系统虽然看起来很简单，但其方法开发和优化远比 1DGC 要复杂得多。

GC×GC 方法优化复杂的原因之一在于许多不同参数之间存在复杂的相互作用关系，如图 5-1 所示。其中，椭圆形的为单个参数，其中可以通过色谱仪直接控制的仪器参数为浅蓝色。绿色箭头指向的参数随输入参数值的上升而上升，红色箭头指向的参数随输入值的上升而下降，红色/绿色虚线箭头代表其影响无法确定。图 5-1 中的相互关系仅在每次只调节一个仪器参数，其余参数均不变时才成立。例如，增加柱温箱程序升温速率会导致分析物的馏出温度上升，而^{1}D 峰宽和分析时间会降低。

GC×GC 方法开发的主要目标是使分离能力和灵敏度最大化。在优化给定的 GC×GC 分离时，可以改变^{1}D 色谱柱上的运行时间和控制^{2}D 色谱柱上运行时间的调制周期(P_M)，以在两个维度上产生较小的峰宽。在^{1}D 和^{2}D 产生较小的峰宽对总峰容量($n_{c,2D}$)具有乘法效应，可以显著提升峰容量和分离能力可。因此在 GC×GC 研究中，生成窄峰是一个基本目标。然而，在设置 P_M 时，必须考虑采样密度(调制比，M_R)，即^{1}D 峰被调制的次数。GC×GC 被视为全二维分离的条件是 M_R 为 2—4。如果 $M_R<2$，则会被认为是采样不足，因为^{1}D 峰几乎未被调制，并且使得 GC×GC 没有比 1DGC 提供更多的峰容量。反之，如果 $M_R>4$，则会被认为是过采样，可能会导致更多的残留化合物在较短的 P_M 内无法被洗脱，产生峰迂回现象，给后续数据分析造成一定困难。因此，选择一个适当的 P_M，从而产生足够的采样是优化 GC× GC 分离的一个关键因素。由于最佳 P_M 与平均^1W_b相关，并且达到 M_R 为 2—4 的平均值，因此必须同时优化^{1}D

和^{2}D 分离条件，以最小化^1W_b和^2W_b，这些条件包括^{1}D 和^{2}D 流速，色谱柱规格以及升温程序等。对于 GC× GC，选择^{1}D 和^{2}D 色谱柱的目的在于将分离的正交度最大化，从而产生最大的峰容量，并达到比 1DGC 高得多的分离度。与 1DGC 类似，调整 GC× GC 中^{1}D 和^{2}D 色谱柱的规格，包括长度、内径和膜厚，可以控制分离速度和分离度。此外，选择合适的调制器、检测器以及定性和定量方法是方法开发和优化的第一步。

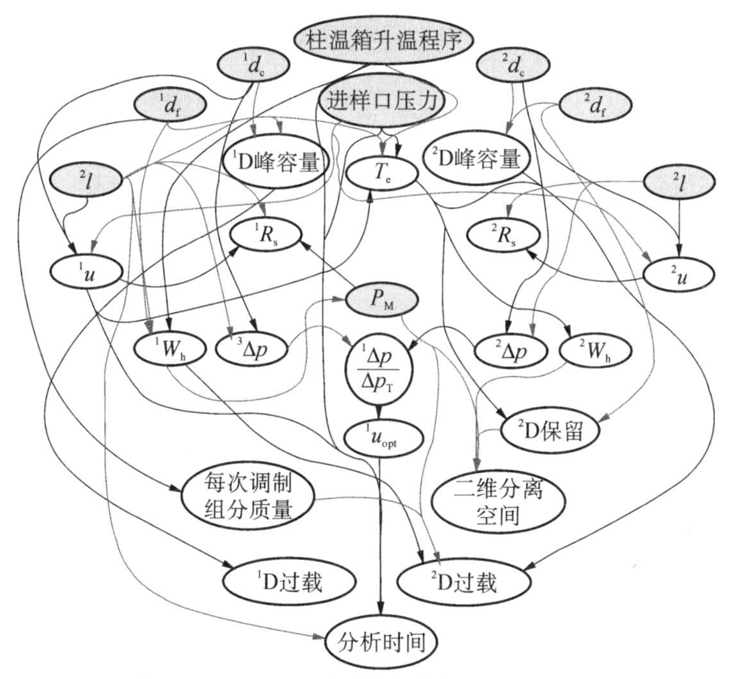

图 5-1　GC×GC 分离中各参数之间的关系图

^1d_c：^{1}D 色谱柱内径；^2d_c：^{2}D 色谱柱内径；^1d_f：^{1}D 色谱柱膜厚；^2d_f：^{2}D 色谱柱膜厚；^1l：^{1}D 色谱柱长；^2l：^{2}D 色谱柱长；T_e：馏出温度；^1u：^{1}D 色谱柱线速度；^2u：^{2}D 色谱柱线速度；^1w_h：^{1}D 峰宽；^2w_h：^{2}D 峰宽；$^1\Delta p$：^{1}D 压降；$^2\Delta p$：^{2}D 压降；$^1\Delta p/\Delta p_T$：^{1}D 压降与总压降的比值；^1R_s：^{1}D 分离度；^2R_s：^{2}D 分离度；$^1u_{opt}$：^{1}D 色谱柱最佳线速度。

5.2　基本原则

GC×GC 的方法开发主要取决于以下三方面因素：方法性质、样品性质和仪器设备。图 5-2 为 GC×GC 方法开发中的重要指标及其限制。

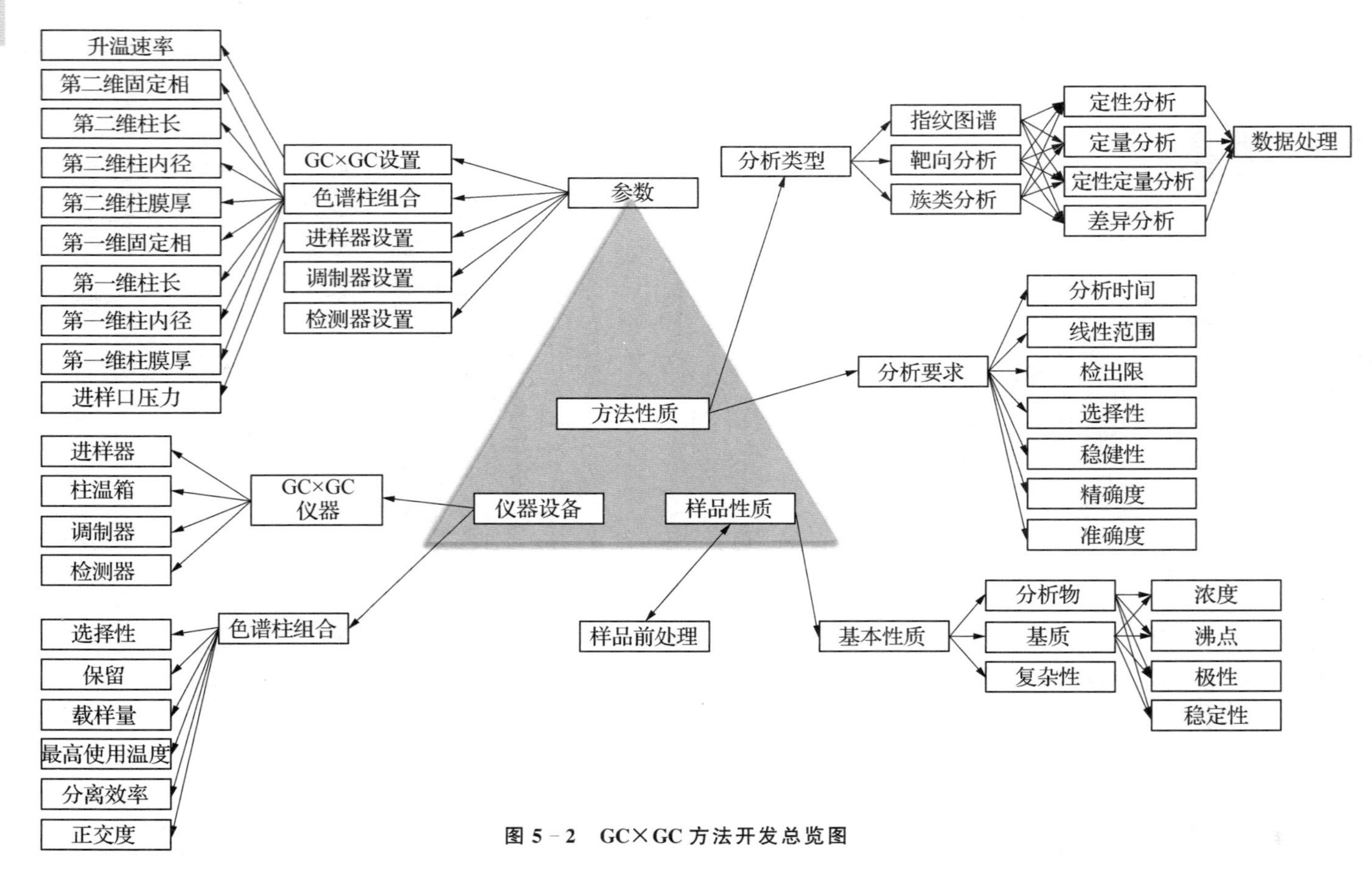

图 5－2　GC×GC 方法开发总览图

5.2.1 方法性质

GC×GC 方法开发的方法性质也可以称为分析目标，主要分为分析类型和分析要求。

分析类型可以分为针对有限数量目标分析物的靶向分析、针对样品中所有已知和未知 GC 可分析化合物或一类化合物的指纹图谱分析，以及仅分析具有化学结构相关性，如同系物或同分异构体的一类化合物而非单个化合物的族类分析。在 GC×GC 色谱图中，具有化学结构相关性的化合物保留行为类似，从而表现出结构化的色谱图，可以实现族类分析。对于族类分析来说，结构化的色谱图和不同族类之间的信号可以完全分离是非常重要的，比分离所有的单个化合物更加重要。分析类型同样也代表所开发的分析方法是定性的、定量的、定性定量的还是仅仅进行差异分析。对于差异分析来说，仅仅需要将原始色谱图进行比较以识别差异或某种倾向。分析类型还决定了应如何处理、展示或可视化数据，来解决分析目标。

分析的要求主要包括方法开发时所需要满足的检出限（LOD）、线性范围（对应于分析物浓度范围）、准确度和精密度等。此外，分析时间和两次连续进样之间的周期时间也非常重要。

5.2.2 样品性质

经过前处理后的样品，其性质对方法开发非常重要。样品通常都由目标分析物和基质化合物组成。因此，方法开发时应首先关注将所有目标分析物与样品中的基质化合物分离开来，例如分析碳氢化合物样品中的极性羧酸时，基质化合物中通常含有极性较弱的脂肪烃和芳香族碳氢化合物。如果使用极性×非极性色谱柱组合，极性酸就可以从极性较弱的基质化合物中分离开来。分析物或基质化合物的极性是选择色谱柱固定相极性和色谱柱排列顺序（极性×非极性或非极性×极性）的重要参数。分析物和可能会与目标分析物产生干扰的基质化合物的浓度范围，与 LOD、选择性、线性范围、色谱柱载样量等均相关。例如，当基质化合物浓度远远高于目标分析物时，可能会产生与载样量有关的问题，特别是第二根色谱柱，由此可能导致共馏出、分析物峰顺序混乱和/或分离效率降低。在这一情况下，可以通过如增加第二根色谱柱内径等方式来改善载样量问题。但是改变第二根色谱柱内径可能会影响最佳流速、^{2}D 分离效率和 LOD。

通常，样品包含沸点各不相同的目标分析物和基质化合物。在选择色谱柱组合时，分析物的沸点范围非常重要。分析挥发性分析物时，需要选择较长和/或固定相膜厚较大的色谱柱，而分析沸点较高的化合物时，需要选择膜厚较小的、在高温下稳定的固定相。分析含有高沸点基质化合物的样品中的挥发性目标化合物时，可能会出现色谱柱被污染现象，可能导致峰形变差。这一问题可通过使用反吹来避免高沸点的基质化合物进入主色谱柱。目标分析物的热稳定性限制了进样器、柱温箱、调制器、传输管和检测器等 GC×GC 仪器部件的使用温度。对于热不够稳定的分析物，需要采用较低的使用温度，与较短的色谱柱、较小的固定相膜厚和较高的流速，进而降低馏出温度而维持分离能力。通常样品的复杂程度(与峰数量相关)对于色谱柱组合的峰容量选择相关。复杂度越高，需要更高的分离能力，可以通过使用较长的色谱柱、最优膜厚、较小的柱内径、较低的升温速率和最佳正交度(当两个维度的分离机理互相独立时)来实现，在这种情况下最大化地利用 2D 分离平面。

5.2.3 硬件限制

GC×GC 硬件限制主要受到仪器设备和色谱柱组合的影响。GC×GC 仪器的限制主要与温度和流速相关，对应于进样器类型(如热分流/不分流进样器或程序升温蒸发进样器等)、检测器类型(如 FID 或 MS 等)和调制器类型。色谱柱组合的限制主要与温度相关。对于一个给定色谱柱组合，其最高使用温度与^{1}D 和^{2}D 色谱柱中最高使用温度较低值保持一致。

5.3 调制器

调制器是所有 GC×GC 系统的关键部件，其主要作用是将^{1}D 色谱柱中的馏分依次捕集(某些调制器，如气流调制器，^{1}D 色谱柱中的馏分也可以被采样)、聚焦并重新进样至^{2}D 色谱柱。调制器主要可分为热调制器和阀调制器。热调制器可以更进一步细分为加热型和冷阱型。后者可进一步分为制冷和不制冷型。基于加热的调制器通常在环境温度或高于环境温度下，将^{1}D 馏分聚焦成较窄的谱带，而冷阱型调制器则在低于环境温度下捕集分析物。阀调制器通常利用传输线和压差来分流^{1}D 的馏分到^{2}D。

调制器的性能和参数设置对 GC×GC 分析结果有显著影响。因此，必须仔细优化整个调制过程以达到最佳性能。优化时主要目标包括：捕集高效，以防止或减少分析物未经捕集进入^{2}D；在时间或空间上聚焦^{1}D馏出物片段，使再次进样到^{2}D的峰宽尽可能小以获得较高的^{2}D分离效率，将分析物快速高效地重新进样到^{2}D，防止谱带展宽和/或^{2}D峰拖尾。但是由于不同种类的调制器原理不同，参数设置也千差万别。对于热调制器来说，主要优化的参数包括调制周期或频率、调制温度和固定相膜厚等，在不影响冷凝的情况下，还应尽量提高热释放的温度，有助于减小^{2}D色谱峰峰宽。而阀调制器可以调节的参数较少，由于其操作原理和硬件限制，优化更为复杂。

5.3.1 调制周期

用于完成一个调制周期的时间（即捕获/采样后再次进样）称为调制周期（P_{M}）。P_{M}必须足够短以保持^{1}D分离，这就要求从^{1}D中馏出的每个峰至少取样三次。因此，如果从^{1}D馏出一个12 s宽的峰，则调制周期不能超过4 s。图5－3说明了P_{M}对保持^{1}D分离的效果。图中，5－3A和5－3B分别为四个组分（其中三个重叠组分用虚线表示）的^{1}D分离，每个峰峰宽为24 s。图5－3C为使用6 s调制周期时，^{2}D色谱柱上的进样脉冲。图5－3D为使用12 s调制周期时，^{2}D色谱柱上的进样脉冲。所有进样脉冲的峰底宽为180 ms。原始的^{1}D分离为图5－3A和图5－2B中的实线部分，重建的^{1}D分离色谱图为图5－3C和图5－3D中的长虚线部分。

如图5－3C中重建的1D色谱图所示，对于24 s宽的^{1}D峰，当调制周期为6 s时，从^{1}D获得的分辨率可以得到合理的保留。在这种情况下，^{1}D峰在其轮廓上被最多采样了4次。当调制周期为12 s时，即每个峰采样2次，就会失去第二个峰和第三个峰之间的部分分离（图5－3D）。

调制周期一般根据^{2}D分析的最长时间确定，通常在2～10 s。如果调制周期过大，对^{1}D的分离效果会造成一定的损失。如果调制周期过短，^{2}D分析的时间超过了调制周期，所有或部分分析物会在连续的调制循环中馏出，在^{2}D上有强烈保留的分析物可能会产生“峰迂回”，即后一周期的片段和前一周期的片段在^{2}D色谱柱同时馏出，产生干扰。峰迂回现象的存在会带来一系列问题，尤其会导致在下一个调制循环中馏出的分析物发生共馏出，从而破坏色谱图的结构，给色谱图的解析带来困难。尽管理论上，应该尽量避免“峰迂回”的产生，但实际分析中只要峰迂回处于分离空间中的空白区域，即在死时间下方，没有和前一周期的物质发生共馏出，就可以接受。因为在这种情况下，它们不会破坏2D色谱图的结构，一般来说也没有必要进行调整。

但是，如果峰迂回很严重，影响到了后续数据的处理，那就必须对方法进

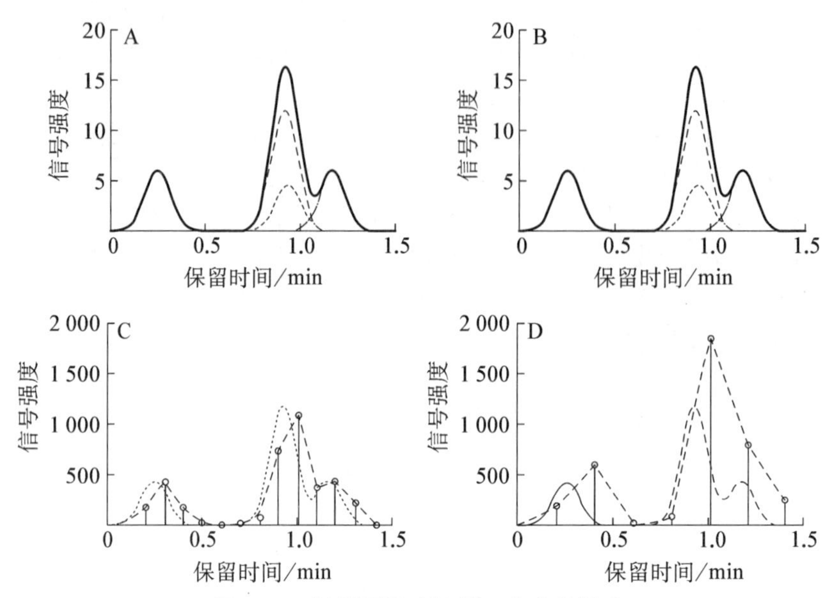

图 5-3　调制周期对保留¹D 分离的影响

行优化。此时,可以额外使用一个柱温箱,将²D 色谱柱放进这个柱温箱内(也叫²D 柱温箱),一般设置²D 柱温箱的温度比主柱温箱高 20～30 ℃,从而加快²D 分析的速度,减少峰迂回的产生。

如果没有²D 柱温箱,也可以适当减小流速或增加升温速率,使得¹D 馏出物在更高的温度进入²D,从而减少²D 的保留。如果峰迂回实在太严重,可以考虑减短²D 色谱柱,或者更换²D 色谱柱的固定相。例如,与极性柱相比,中等极性的色谱柱对于一些极性化合物的保留会更弱,在²D 色谱柱的分析时间也会显著加快。

现代的阀调制器首先在一个(或多个)收集通道中填充¹D 馏分,然后定期快速进样到²D 中。这些系统通常使用 2 s 的调制周期,并在²D 采用特别高的流速(20～30 mL/min),因此这类系统的优化相当复杂。虽然可以调节 P_M,但只能通过改变¹D 的载气流量来实现。这是由于馏分收集通道的体积是固定的,而来自调制阀的载气流量必须非常快,才能在内径较窄的²D 柱中产生分析物脉冲,同时保证所有分析物快速离开²D 色谱柱。优化后的阀调制模式已经被证明与冷阱型调制器性能类似。但是,此类系统不能简单地与质谱联用,严重限制了这一技术的发展,特别是对化合物的定性分析。

5.3.2 调制温度

为了实现有效的热调制，调制器必须使所有分析物均在^{2}D 色谱柱柱头形成尖锐而对称的进样谱带。而冷阱型调制器通过各种制冷机制，将捕集器中的部分色谱柱降温，从而捕集挥发性化合物。另一方面，基于加热的调制器在柱温箱或环境温度下，将厚膜固定相中的分析物进行捕集和聚焦（相比率聚焦）。这会增大组分保留指数（k），并阻碍组分在色谱柱中的行进。利用高温，可以将聚焦区域快速冲洗出调制区域并传送到^{2}D 色谱柱上，即可完成解吸。因此，为了获得有效的调制，捕集和解吸温度的控制都是非常重要的。

5.3.2.1 加热型调制器

1996 年首次提出的旋转热调制器，又称为“扫帚”（sweeper），是第一个商业化的热调制器。调制器由一个 10 cm 长，0.1 mm 内径，3.5 μm 膜厚的毛细管连接到内径 0.1 mm 无涂层的一段毛细管上。分析物谱带在 GC 柱温箱温度下，被捕集在膜较厚的毛细管上。通过沿捕集毛细管移动开槽的加热器，局部加热到超过柱温箱温度大约 100 ℃，进行热解吸，从而将捕集的样品再次进样。同样的捕集机制也被用于 Philips 发明的第一个热调制器。尽管这一调制器在许多应用中都能获得较好的使用效果，但其不能在标准柱温箱温度下捕集挥发性强的化合物。此外，柱温箱的最高温度必须保持在比固定相的最高使用温度低 100 ℃左右，因此限制了可分离的分析物范围。此外，调制器中的运动部件也存在一定问题，特别是当调制器部件不能准确相对应时。如今，旋转式热调制器已经逐渐被淘汰，不在市场上销售。因此对于其相关参数的优化，本书不再阐述。

5.3.2.2 冷阱型调制器

1. 无制冷剂调制器

在 GC 柱温箱温度下捕集限制了可分析的化合物范围，对挥发性强的化合物捕集效果较差，因此，后续对于调制器的研究工作主要集中于探索在较低温度下进行捕集的可行性。Libardoni 等研制了一种单级调制器，采用一根电阻加热的不锈钢毛细管，冷却的中心部分用于样品捕集。调制器的冷却效果由连续从传统两级制冷装置获得的冷空气流（35 L/min）实现。这个系统在冷却捕集时，毛细管温度可以低至−32 ℃和−20 ℃之间，而 GC 柱温箱温度分别为 40 ℃和 250 ℃。但是,由于捕集温度相对较高,而冷却速度较慢,使得在电脉冲发出后不久,捕集器完全冷却之前,组分会立刻不受阻碍地进入^{2}D 色谱柱。为了优化此装置的捕获效率,Libardoni 等采用乙二醇代替空气作为冷却剂。由于从液体到固体的热传递比从空气到固体的热传递效率更高,降低了进样后调制器毛细管冷却需要的时间。此外,调制器加热时采用可程序化调节的电压,减少了样品拖尾。但是调制器为单级操作,因此拖尾并没有完全消除。

Górecki 等报道了使用改进的硅不锈钢毛细管而无需耗材的双级热调制器。与使用不锈钢毛细管进行热调制的操作相比,研究人员通过在几个关键部位的优化,显著提高了该装置的性能。例如,为了消除捕集器内潜在冷点的影响,选择性地去除了毛细管内涂布的固定相。通过使用不同膜厚的固定相可以调整分析物的挥发性范围,其中 1 μm 厚的固定相可提供最广的分析范围。使用涡流冷却器,可提供低至－20 ℃的空气,捕集挥发性分析物,缩短调制器的冷却时间。可将 GC 柱温箱设置涡流冷却器空气供应管以实现冷却空气的程序升温,从而调制器温度可随柱温箱温度升高而升高。该系统还实现了从双级调制到单级调制的转换。这种简化的设计使得调制器更加可靠,可以进行现场分析。

2. 冷阱型调制器

(1) 纵向调制冷阱系统

纵向调制冷阱系统(LMCS)是一个安装在^{1}D 色谱柱末端周围的液态 CO_2 冷却捕集器。分析物谱带在显著低于色谱柱柱温箱的温度下(比 GC 馏出温度低约 100 ℃),通过低温时分配系数的变化被捕集和聚焦,在柱温箱温度下完成了再次进样。由于捕集温度较低(－50 ℃),与基于加热的调制器相比,LMCS 具有显著的优势,特别是对于挥发性分析物的捕集更加有效。同时,LMCS 在柱温箱温度下进行解吸,可以使用更高的温度,扩大了可以分析的化合物范围。尽管 LMCS 中的捕集温度远低于加热型调制器,但挥发性非常强的化合物(～C3－C4)仍无法被有效捕集。相反,过低的捕集温度可能会阻碍分析物,特别是高沸点化合物的解吸。这一问题可通过优化调制参数如捕集温度、解吸时间和/或固定相膜厚等来解决。

捕集温度对^{2}D 峰峰形有较大影响,因此后续对 LMCS 的设计进行了改进,更有效地控制冷阱温度。研究发现当捕集器和柱温箱之间的温差(ΔT)为 70 ℃左右时,两个维度的峰宽均达到最佳值。当 ΔT 过小时(－20 ℃),无法有效捕集分析物。当捕集器温度过低时(ΔT＝130～220 ℃),分析物在后续的调制循环无法被完全解吸和释放出来，导致[1]D 的保留时间和峰宽上升。

（2）气喷射冷阱型调制器

所有采用气喷射设计的冷阱型调制器中使用温度进行调制的三个主要功能包括：(1) 有效捕集和聚焦[1]D 馏出物；(2) 将捕集到的谱带快速释放并进样到[2]D 色谱柱上；(3) 快速返回到捕集状态。冷却区域的温度必须足够低以捕集并聚焦分析物谱带，但是这一温度也不能过低，否则会增加冷却液的消耗，同时延迟分析物谱带的解吸。一旦分析物谱带被捕集，冷却区域必须迅速加热到一定温度，使被捕集的谱带再次移动起来，即被捕集的化合物在捕集毛细管上的保留因子应该为零。Ledford 在 2000 年首次报告了这一类调制器，通过采用位于[2]D 色谱柱开端、以交替模式脉冲的两个冷喷流和两个热射流实现了双级调制。LECO 公司的 GC×GC 仪器即使用四喷射调制器。

在此类型设备中，调制发生在一段[2]D 色谱柱中。在固定相上捕集存在一些问题，如由于分析物从固定相中解吸所需时间的不同（随调制器温度的变化而变化），捕集器中的分析物会发生预分离。此外，由于部分[2]D 色谱柱被置于调制器中，调制器温度偏移（热喷射温度和柱温箱温度之间的差异）可能会影响[2]D 保留时间。因此，调制器温度偏移量会影响[2]D 色谱柱的平均温度，进而影响[2]D 保留时间。研究发现，调制器与[1]D 色谱柱之间偏移 80 ℃会造成峰形改变，第二维保留时间也发生了变化，部分组分的相对保留也受到了影响。

（3）包含延迟环的气喷射冷阱调制器

Ledford 等开发了第一个环式调制器，使用单个冷喷射进行双级调制。Gaines 和 Frysinger 详细研究了该系统的温度要求，发现冷点温度必须比馏出温度低 120～140 ℃才可以实现有效捕集。这一温差使用液氮作为制冷剂就可以实现，从而对 C4 到 C40 的化合物进行调制。随着碳原子数量从 C4 增加到 C40，达到最佳调制的液氮流量必须从 15.5 降到 1.5 L/min。当使用其他制冷剂时，如 0.4 ℃的冰水，只可以捕集 C18 到 C40 范围内的化合物。当使用 20.7 ℃的室温空气作为制冷剂时，只可以捕集到 C20 到 C40 的化合物。解吸温度高于馏出温度约 40 ℃时，可以有效地再次进样到[2]D 色谱柱上。当捕集温度太低时，热射流无法有效地将被捕集的分析物谱带再次进样。图 5－4 展示了在除了冷喷气流外完全相同的条件下，GC×GC 分离的两个原油样品中 C24 至 C36 部分。图 5－4(A) 使用了恒定为 17.0L/min 的冷喷气流，图 5－4(B) 使用了程序化气流。在高冷却气流条件下(A)，捕集温度太低，分析物谱带没有被有效解吸，导致峰展宽和拖尾。在设定的冷却液流量下(B)，捕集温度更高，因此热射流能够更有效地将捕集的色谱带进行再次进样，产生窄峰。

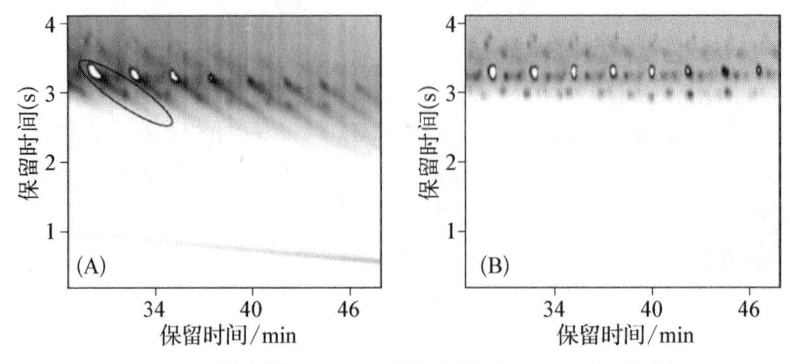

图 5-4　原油的 GC×GC 分析色谱图(C24～C36 部分)

对于此类调制器，另一个需要仔细优化的参数为延迟环的长度。延迟环的长度通常为 1 m。如果环太短，经过延迟环的谱带到达第二个捕集点时，捕集点可能仍然是冷的，因此无法被再聚焦而产生突破现象。相反的，如果延迟环过长，从第一个冷点发出的多个进样部分可能会同时出现在延迟环中。当改变 P_M 时，这可能会造成^{1}D 保留时间增加，给复杂混合物组分定性带来困难。总而言之，每次 GC×GC 参数，特别是载气流量和 P_M，发生变化时，都可能需要调整延迟环的长度。

5.4　色谱柱

虽然调制器是 GC×GC 成功分离的关键，色谱柱的选择是 GC×GC 方法开发和优化中最重要的一个环节。仅仅在两根色谱柱之间设置一个调制器并不能确保可以得到很好的 GC×GC 分离效果，必须选择合适的色谱柱，才能对目标分析物达到足够的分离。而 GC×GC 有^{1}D 色谱柱和^{2}D 色谱柱，这两根柱子的选择对于分离结果是至关重要的。选择色谱柱主要关注以下两方面内容：第一是两根柱子的固定相搭配，即固定相的化学性质；第二是色谱柱规格等。

5.4.1　固定相

优化 GC×GC 分离最重要的目标是最大限度地利用 2D 分离空间。结构化的分离只有在分析结构相关的化合物时，如同系物或异构体样品（如石化或脂肪酸甲酯（FAMEs）样品），才特别重要。然而，许多已报道的 GC×GC 色谱图中，^{2}D 分离空间利用率很低，主要有两个原因：(1) 两个维度之间的部分相关性，(2) 实验用的并不是最佳的^{2}D 色谱柱条件。因此，GC×GC 色谱柱系统的固定相必须经过优化来实现有效分离。然而大多数情况下，尤其对于高度复杂的样品，最佳的色谱柱系统需要通过反复试验测定才能优化得到。

5.4.1.1 化学性质

固定相化学性质的选择主要取决于样品的性质，包括分析物的性质和样品基质化合物的性质。对于给定的样品，理想的 GC×GC 色谱柱组合应该提供足够的保留、分辨率、正交性（适当的选择性）、族类分离（如果进行族类分析）和良好的分析物峰形。

GC 中的保留是极性（如果极性官能团存在于样品分子或固定相中或两者中）和非极性相互作用的总和。分子之间通过分子间“范德华力”相互作用，这种作用力可以通过提高温度来减小。范德华力包括偶极－偶极（Keesom）、偶极-诱导偶极（Debye）和诱导偶极-诱导偶极（伦敦色散）相互作用。当在 GC 中使用极性固定相时，诱导偶极-诱导偶极或色散相互作用是暂时的偶极子相互作用，是主要的分子间引力。色散相互作用是非极性的，存在于所有分子之间。色散相互作用的大小随分子体积增大而增大。因此，沸点和 GC 保留随分子体积增大而增加。当使用具有非极性固定相的色谱柱时，样品分子（极性和非极性化合物）将仅通过色散相互作用保留，并按其沸点的顺序被洗脱。GC 中的选择性也来自分析物与固定相分子之间的不同强度和类型的相互作用。化合物的极性是由极性基团的性质和分子结构本身决定的。在分析物和固定相之间的极性相互作用的情况下，与类似分子量的非极性（或低极性）化合物相比，分析物保留更强。分子中的电负性原子可以引起永久的偶极子。分子永久偶极子的大小，或分子电子云的畸变，用其偶极矩来表示。两个永久偶极子相互吸引（偶极-偶极相互作用）。分析物和固定相分子的偶极矩越强，色谱保留越强。另一种非常强的相互作用是氢键。有机分子中的氮（N）和氧（O）等原子充当强氢（质子）受体。有机分子中与 O 或 N 结合的氢原子成为强质子供体。质子受体和质子供体会通过形成氢键而发生强烈的相互作用。氢键是 GC 中最强的相互作用。偶极诱导偶极是最弱的极性相互作用。当一个永久的偶极子通过扭曲另一个分子的电子云而诱导临时的偶极子时，就会发生这种现象。永久偶极子只有当另一个分子是可极化的(例如,芳香族化合物)时才能扭曲该分子的电子云。永久偶极子越强,其他分子的极化率越强,相互作用就越强。因此,GC×GC色谱柱固定相化学性质的选择应基于目标分析物与固定相分子相互作用的类型和大小。

Poole等使用Abraham溶剂化参数模型对GC固定相进行了分类,将分析物分子从气相转移到固定相的过程描述为三个步骤:(1) 在固定相中形成与分析物分子大小相同的空腔,(2) 分析物分子重组,(3) 分析物分子插入空腔。一旦进入腔内,分析物与固定相的相互作用就会发生,包括氢键、诱导、取向和色散相互作用等。Poole等利用溶剂化参数模型确定了最常用的非离子GC固定相体系的常数和主成分分析(PCA),观察到了四组不同的固定相,并选择了大致覆盖选择性的以下几种色谱柱:DB-1、DB-17、DB-210、DB-225、DB-23和DB-WAX。基于这六个固定相,如果不考虑固定相的顺序,可以建立30个色谱柱组合。根据目标分析物-固定相分子相互作用并考虑到与方法要求相关的限制(如最高柱温),可以进一步减少色谱柱组合的数量。此外,通过选择含有较高或较低相应官能团百分比的色谱柱,可以增强或降低某些相互作用。例如,可以通过使用35%的二苯基聚二甲基硅氧烷柱而不是50%的二苯基聚二甲基硅氧烷柱来减少芳烃的保留。

在新型固定相材料中,离子液体(IL)在GC×GC中特别受到关注。除了粘度高,蒸汽压低,可以定制成不同极性的色谱柱等优势外,还具有以下特点:(1) 对偶极溶质和可作为氢键酸的溶质具有很强的亲和力;(2) 对于非极性溶质,如烷烃和烯烃,具有独特的选择性,这一特点与弱极性固定相(如二甲基硅氧烷)相似;(3) 高温稳定性,部分交联ILs可承受高达350 ℃的温度,而大多数传统的极性固定相使用温度不高于280 ℃。Seeley等在^{1}D使用了一根高温磷IL色谱柱,与一根常规非极性(5%二苯基/95%二甲基硅氧烷)^{2}D柱结合,IL色谱柱的选择性与聚乙二醇和50%苯基/50%甲基聚硅氧烷色谱柱的选择性相比,IL固定相与氢键和偶极化合物有很强的相互作用。此外,它对弱极性的碳氢化合物,如环烷烃和单不饱和烯烃,还具有特殊的选择性。在另一个研究中,在非极性×IL的设置中,三氟甲基磺酸盐IL柱用于^{2}D,32种化合物混合物中的四个含磷含氧化合物得到了较大的分离。这一色谱柱系统与传统的使用聚乙二醇色谱柱作为^{2}D的系统相比,三氟IL柱对于含磷含氧化合物具有非常好的选择性。

5.4.1.2 排序

GC×GC色谱柱组合中^{1}D和^{2}D色谱柱固定相的排序也很重要。通常，^{1}D色谱柱（在大多数情况下使用1DGC的标准色谱柱规格）在GC×GC中提供高分辨率的分离，且^{1}D分离一般采用程序升温。在大多数情况下，^{2}D色谱柱要短得多，内径更小，塔板数少得多。^{2}D分离比^{1}D分离快得多，几乎在等温条件下进行。色谱柱固定相顺序的选择应基于目标分析物与固定相分子间的相互作用，以及排列顺序对分析物的保留、分离和色谱行为的影响程度。例如，分析复杂碳氢化合物基质中的极性羧酸同系物时，方法开发的目标是将所有羧酸从极性较低的碳氢化合物基质中分离出来。此时，获得酸的良好的峰形和分离是重要的，而基质化合物的峰形和分离是不重要的，只要它们不干扰目标分析物的分析即可。对于极性酸，极性聚乙二醇（PEG）固定相可以提供较好的保留、分离和峰形。然而，基质化合物将出现明显较少的保留和较差的峰形。对于石蜡基和芳香族化合物，50%的二苯基二甲基聚硅氧烷可以提供显著的保留和良好的峰形。然而，极性羧酸将显示出明显较少的保留和不良的峰形。因此，GC×GC可以使用PEG柱作为^{1}D，为羧酸同系物提供充分的分离和良好的峰形，使用50%的二苯基二甲基聚硅氧烷作为^{2}D，充分分离羧酸和基质化合物。在此条件下，极性酸与具有相似分子量的低极性基质化合物相比，在较高温度下进入^{2}D色谱柱，在^{2}D保留较低。在^{1}D共馏出的基质化合物保留较强，因此酸和基质化合物之间分离较好，而保留较小的极性酸分析物在两个维度上的峰形均较好。许多文献报道的研究均采用极性×中等极性色谱柱组合分离低极性基质中的极性分析物，以获得良好的分离效果、最佳的分析物峰形以及足够的分辨率。

因此，GC×GC色谱柱的排序可以从与化学性质相关的分析物和基质化合物与固定相之间可能存在的相互作用开始，既可以基于预期的分子相互作用，又可以利用文献中的信息。但是，如果样品信息不足，可以采用以下原则。

首先，从非极性×中等极性的色谱柱组合开始，例如100%聚二甲基硅氧烷×聚二苯基二甲基硅氧烷。这一色谱柱组合可以给出较多的样品组成的信息，如在GC中能分析的分析物和基质化合物的沸点和极性范围。这些信息可以作为后续色谱柱排序的基础。

最好使用能提供足够和恰当的分离、保留、分辨率、正交度和^{1}D和^{2}D分析时间的色谱柱中极性最小的。因为极性强的色谱柱相对而言对热较不稳定，会导致柱流失等情况。对于必须使用较高温度的情况，可以考虑使用极性IL色谱柱。

色谱柱的排序主要基于分析物与固定相之间的分子作用，并考虑排序对分析物保留、分离和峰形等的影响。

在实际情况下，大部分情况下^{1}D色谱柱选用非极性或弱极性固定相

(100%二甲基聚硅氧烷或 5%二苯基/95%二甲基聚硅氧烷),^{2}D 选用中等极性(50%苯基/50%甲基聚硅氧烷等)或强极性(聚乙二醇等)色谱柱。这一组合称为“正正交”系统。其中,^{1}D(尤其是非极性色谱柱)主要根据化合物的挥发性或沸点进行分离,而^{2}D 的中等极性或强极性色谱柱在挥发性的基础上还能根据极性进行分离,即中极性或极性柱对化合物的分离基于挥发性和极性的组合。

在正正交系统中,样品中的化合物首先根据沸点高低依次从^{1}D 色谱柱中馏出,被调制器采集到的一小部分馏出物具有相同(或类似)的沸点,这一部分物质被调制器转移到^{2}D 色谱柱进行再一次的分离,而在^{2}D 色谱柱上的分离则基于化合物的极性(挥发性相同)。这样一来,^{1}D 分离和^{2}D 分离是完全独立的分离原理,形成了所谓的“正交分离”过程。图 5-5 为采用正正交色谱柱系统的汽油样品的分析结果。

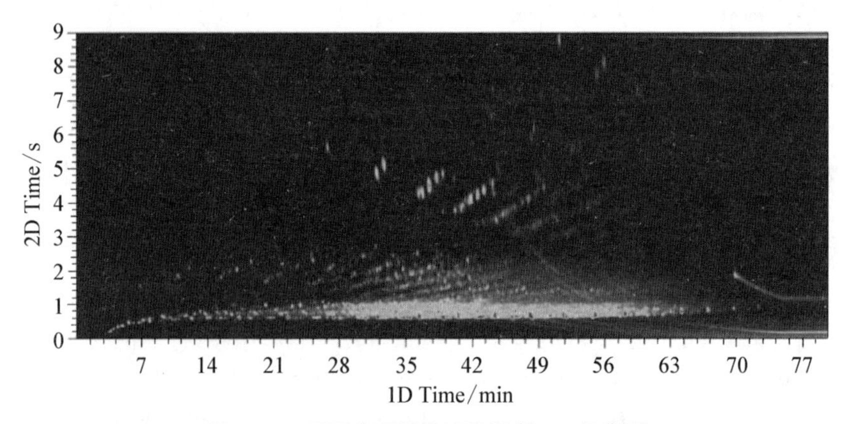

图 5-5 正正交系统分离汽油的 2D 轮廓图

而在反正交系统中,^{1}D 采用中等极性或强极性色谱柱,^{2}D 采用非极性或弱极性色谱柱。因此,在^{1}D 色谱柱同时馏出的物质具有相同的挥发性和极性组合值。然后这部分物质在^{2}D 根据挥发性再次分离。由此可见,在反正交系统中,并不是严格意义上的“正交分离”,因为挥发性在两个维度上都发生了作用。一般来说,^{1}D 和^{2}D 色谱柱的正交度越高,分离更好。但是正交度本身并不是 GC×GC 方法优化的目标,任何分析是否成功都是由目标分析物是否完全分离所决定的。在实际操作中,反正交色谱柱系统也有其独特的优点,比如对于性质非常接近的烷烃、环烷烃、烯烃等有很好的分离效果,所以也常常用于汽油或柴油的分析应用中,如图 5-6 所示。在过去的 30 多年里,已有多项研究对十几种 GC×GC 固定相组合进行了比较和评价。

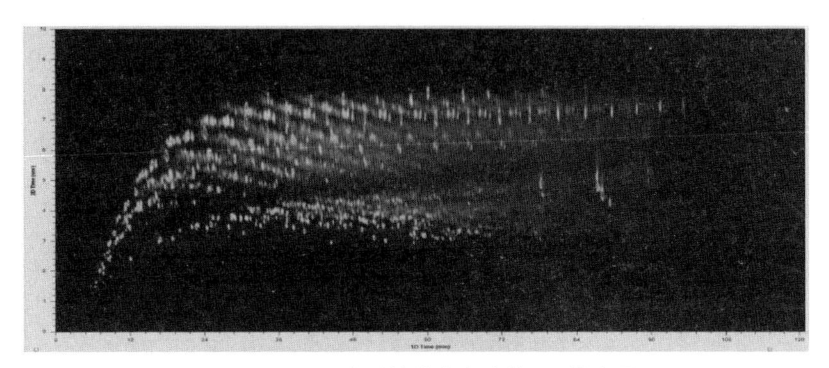

图 5-6 反正交系统分离汽油的 2D 轮廓图

Ryan 等研究了¹D 色谱柱极性的改变对分离的影响，主要目的是预测 2D 分离空间中 GC×GC 峰的位置。通过将不同长度的极性和弱极性色谱柱进行组合，系统地改变了¹D 色谱柱极性，同时保持色谱柱的总长度不变。然后将¹D 柱和极性或非极性的²D 色谱柱连接在一起。测试了 17 个组分的标准混合物并对 GC×GC 的 2D 轮廓图进行分析后，发现当两根色谱柱极性差异度最大时可以最大限度地利用 2D 分离空间。当¹D 色谱柱的极性接近²D 色谱柱时，分离空间的利用率显著下降，直到所有分析物呈对角线布置在分离空间中，此时两根色谱柱完全相同。当使用 BPX-5 色谱柱(¹D)和同样的色谱柱作为²D 结合时，也获得了相同的结果。Cordero 等研究了²D 色谱柱的选择对 GC×GC 分离的影响，结果表明使用非极性固定相的¹D 色谱柱提供了最正交的体系。即使在²D 中使用了适度正交的色谱柱固定相，但是在¹D 中使用极性固定相将会造成分离空间利用率的下降。

5.4.1.3 预测模型

如果能够借助数学模型，就可以对分离进行有效优化，并确立最佳的固定相，可以大大简化色谱柱固定相的优化过程。研究人员已经开发了一些预测模型来帮助优化 GC×GC 分离以及固定相的选择。其中，部分模型基于 Kovats 或 GC×GC 保留数据的保留指数来进行计算。例如，Dorman 等使用计算得到的热力学保留指数，建立了一个模型来预测和优化 GC×GC 分离。该模型将 GC×GC 分离模拟成一个涉及许多变量的函数。模型的输入数据为每个分析物在两个不同温度下在每种固定相上的调整保留时间。该模型可以对 GC×GC 中的变量进行优化。Harynuk 等建立了一个热力学参数模型用于预测化合物在不同固定相上和不同载气中的保留时间。研究得出结论，如果能精确地模拟热力学过程，就可以直接预测分析物的保留时间，且与操作条件无关。Seeley 等建立了一个溶剂化参数模型来预测 GC×GC 色谱图中化合物的相对保留，并利用这个模型筛选了 50 种固定相来找到最好的 GC×GC 固定相系统，将像 FAMEs 这样的有机酯从石油碳氢化合物中完全分离出来。模型能够正确预测聚(甲基三氟丙基硅氧烷)(强极性)与聚(二甲基二苯基硅氧烷)(中等极性)的色谱柱固定相组合，并可以将 FAMEs 从碳氢化合物中完全分离。这项研究还发现，这个固定相组合与传统认为最好的 GC×GC 分离需要采用极性差别最大化的两根色谱柱的理论相反。研究认为应该选择能充分利用分析物和样品基质的溶解度特性差异的固定相。

5.4.2 规格

对于色谱柱规格的优化，通常包括柱长、内径和固定相膜厚。优化时主要取决于分析目标，如分析时间、峰容量($^{1}n_c$，$^{2}n_c$)、载样量和线性范围等，以及 GC×GC 分析的要求，主要为每个^{1}D 峰必须调制 3—5 次，即^{2}D 分离必须足够短，以防止峰迂回。

GC×GC 中，^{1}D 色谱柱通常较长，典型尺寸为 15～30 m×0.25 mm(内径)，膜厚 0.25～1.0 μm。^{2}D 色谱柱中的分离必须很快，这样才能做到在比调制周期短的时间内完成，以防止峰迂回的发生。因此，^{2}D 通常使用短而窄的色谱柱，通常为 0.5～1.5 m×0.1～0.25 mm(内径)和 0.1～0.25 μm 膜厚。延长^{1}D 柱长可以使^{1}D 分离效果更好，但同时会在^{2}D 产生压缩，导致^{2}D 分离变差；而延长^{2}D 色谱柱，虽然^{2}D 分离变好，但同时要求更长的调制周期，这样反过来又破坏^{1}D 的分离效果。因为过长的调制周期会导致原来^{1}D 分开的物质又在调制器重新混合，从而影响^{1}D 分离效果，所以一般会选择“正好”的调制周期。也就是说，在总体分析时间恒定的情况下，如果极力提高^{2}D 分离，就会损害^{1}D 分离；而为了提高^{1}D 分辨率，就必须牺牲^{2}D 的分离。所以，很多时候需要根据样品的情况和具体分析需求，再综合考虑^{1}D 和^{2}D 的分离效果进行优化并最终确定色谱柱长。采用热调制器的 GC×GC 方法中，如果检测器处于标准大气压下，^{2}D 色谱柱通常选择比^{1}D 色谱柱更小的内径，例如^{1}D 色谱柱 0.25 mm，^{2}D 色谱柱 0.18 mm 或 0.10 mm，更有利于^{2}D 分离和流量匹配；如果检测器处于真空，也可以选择和^{1}D 色谱柱同样内径的^{2}D 色谱柱。而在阀调制中，^{2}D 色谱柱一般选择和^{1}D 色谱柱相同或更大的内径(一般阀调制的检测器都处于大气压下)，比如^{1}D 色谱柱 0.10 mm，^{2}D 色谱柱 0.25 mm。

Adahchour 等在^{2}D 使用 0.5 m×0.05 mm(内径)柱，膜厚 0.05 μm，而不是常用的 0.1 mm(内径)，膜厚 0.1 μm 色谱柱，进行了快速的 2D 分离，时间缩短了 75%，而分辨率并没有下降。然而，这样的色谱柱容易过载，而且不容易购买。理论上，短、内径窄、固定相液膜较薄的色谱柱可以降低分析物的馏出温度，可用于分析挥发性较差和对热较不稳定的化合物，也可以使用热稳定性较差的固定相。这一类色谱柱最大的优点在于可以在高载气流速下提供较高的分离效率(塔板高度小)，从而可以进行快速而有效的分离。但是此类色谱柱通常具有较高的压降、较低的载样量，线性范围较窄。在 GC×GC 中，当^{2}D 色谱柱过载时会出现一系列问题。这种情况经常发生在热调制器上，在捕集期间由于区域压缩而产生。即使^{1}D 色谱柱未过载，聚焦后的^{1}D 谱带的浓度效应也可能导致^{2}D 色谱柱过载。由于过载峰较宽，将会导致^{2}D 峰容量超负荷，会占用很大一部分有限的^{2}D 分离空间。Harynuk 等研究了^{2}D 色谱柱内径对^{2}D 峰宽的影响。研究使用了 30 m×0. 25 mm×0.25 μm膜厚的非极性柱作为^{1}D，一系列长为 1 m，直径为 0.1 至 0.32 mm 的^{2}D 色谱柱，其相比保持恒定，在相同体积流量和升温程序条件下，将不同浓度的正构烷烃(C5～C13)进样，结果显示两个维度均过载，但 0. 1 mm^{2}D 柱更严重。

研究表明，当优先考虑分析速度而不是分辨率时，应首选薄膜^{1}D 柱和窄孔径的^{2}D 柱。当高分辨率比分析速度更重要，样品浓度范围较广，要求方法线性范围较宽时，最好选择膜厚较厚的^{1}D 柱和内径较大的^{2}D 柱。在分析速度和分辨率之间也可以采用折中方案，例如内径 0.25 mm，膜厚 0.25—0.5 μm 的^{1}D 色谱柱与内径 150 μm，膜厚 0.1 μm 的^{2}D 色谱柱。

5.5　载气流量

载气流量在常规的 1DGC 分析中是非常重要的参数，而大多数 GC×GC 分离是从优化后的 1DGC 方法演变而来的，尤其是载气流量，因此在 GC×GC 分析中，其作用更加关键。特定的载气都有最佳流量，一般分析时都接近最佳流量以获得最好的分离效率。但是，当^{2}D 色谱柱内径比^{1}D 色谱柱小，后者的载气压力远高于 1DGC 分离。因此^{1}D 柱的扩散系数和最佳流速远低于 1DGC。在 GC×GC 分析中，如果条件允许，在^{1}D 上一般会选用稍微小一点的流量以增加峰宽，便于增加调制器切割次数，更有利于保持原来^{1}D 的分离效果。当然，GC×GC 总的分析时间也会相应增加。

Beens 等建立了一个 Excel 表格用于计算 GC×GC-FID 和 GC-MS 两根

色谱柱的柱效，以帮助优化载气流速和色谱柱尺寸选择，并得出以下结论：

(1) GC×GC 中两个维度的最佳线速度完全不同；

(2) ^{1}D 的最佳线速度较低；

(3) 采用内径较宽的色谱柱系统在同一分析时间可以提供更好的分离。

因此，在优化 GC×GC 分离时，建议两个维度的色谱柱线速度都最好接近其最佳线速度，主要通过使用两个具有相同内径的色谱柱实现。由此可见，使用内径较窄的^{2}D 柱可能远远达不到最佳条件。

大多数 GC×GC 应用均在^{2}D 中使用比^{1}D 色谱柱内径更小的色谱柱，而通常在^{1}D 中采用最佳或接近最佳线速度的线速度，而且比^{2}D 中最佳线速度高得多。Tranchida 等介绍了优化 GC×GC 中载气线速度的各种方法：(1) 降低初始压力，从而降低两个维度上的线速度，这导致了保留时间增加，^{1}D 分辨率降低和馏出温度上升；(2) 使用较长的^{2}D 色谱柱，这将增加^{2}D 保留时间并导致^{1}D 中获得的分离效果下降，因为需要使用更长的调制周期；(3) 使用更宽的(内径 0.15～0.18 mm)^{2}D 柱，这可能会导致两个维度均在接近最佳速度的条件下运行。也可以在调制器前使用分流管，称之为“分流式”GC×GC。分流的想法最初由 Phillips 提出，使用 T 形接头连接两个分析柱，从而使约三分之一的^{1}D 色谱柱馏出物分流。Tranchida 等的分流 GC×GC 系统可以在两个维度分别独立调节载气线速度，系统将一根 30 m×0.25 mm(内径)的^{1}D 色谱柱连接至 1 m×0.10 mm(内径)的^{2}D 色谱柱和 0.3 m×0.10 mm(内径)的一段无涂层毛细管通过 Y 压接器连接在一起。^{2}D 色谱柱通过冷阱型调制器，而未涂层毛细管连接手动分流阀。这种设计使得只需调节分流阀，就可以优化^{2}D 气流。对鱼肝油 FAMEs 的分析测试了这一设计，^{1}D 色谱柱和^{2}D 色谱柱的线速度分别为 35.3 和 333.2 cm/s，其中^{1}D 的线速度接近最佳值，而^{2}D 远未达到最佳线速度。尽管色谱图结构良好(C14～C22 族类分离模式很明显)，但 2D 分离空间利用率不高。沿 y 轴的 C16 族化合物宽度为 0.688 s，C22 族化合物宽度为 1.176 s。同时，如图 5-6(A)，化合物 2 和 3 还存在共馏出现象。通过调节分流阀改变^{2}D 线速度，^{1}D 和^{2}D 线速度分别为 35.4 和 213.5 cm/s。这时色谱图结构不变，而 C16 和 C22 族化合物的宽度分别增加到 1.104 s(增加 60%)和 1.728 s(增加 47%)。此外，共馏出的色谱峰分离程度得到了提升，如图 5-7(B)所示。色谱图中分离空间利用率从为 22.3%上升至 32%。

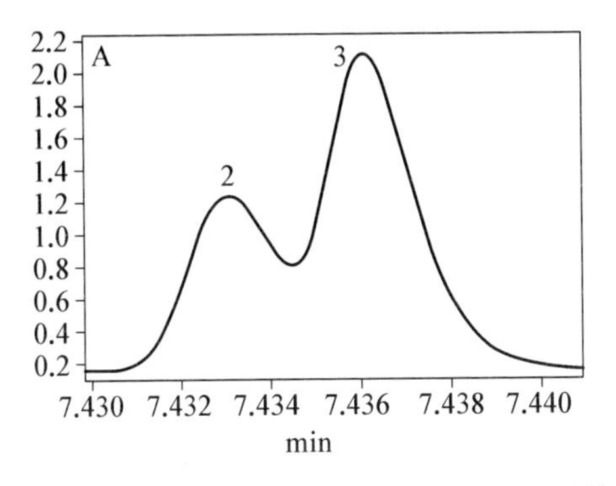

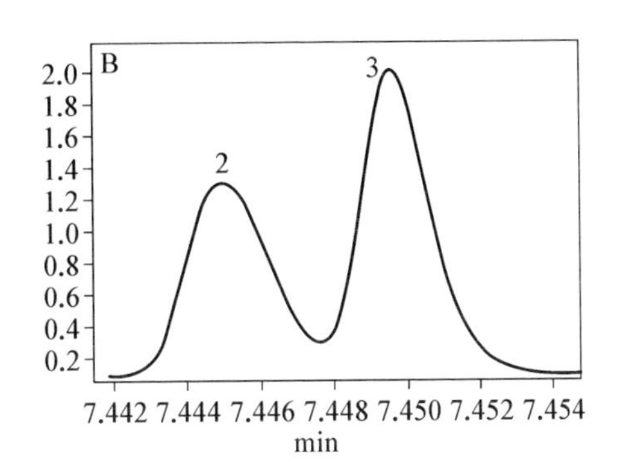

图 5-7 单调制的原始 GC×GC 色谱图

A:传统模式下的化合物 2 和 3,B:35∶65 分流模式下的化合物 2 和 3。

GC×GC 中两个维度载气流量优化的另一种方法采用停流 GC×GC。在此系统中,^{1}D 载气通过一个六通阀可以短暂停止流动,而^{2}D 色谱柱的载气由辅助气源提供。在^{1}D 内定期停止载气流动使得^{2}D 分离时间增加,而不需要增加^{1}D 调制周期的长度,因此由^{1}D 色谱柱提供的分离得到了保持。在该系统中,^{1}D 柱和^{2}D 柱可以同时在最佳流量条件下分析,而^{2}D 不需要使用短/窄柱。停流接口后还可以再设置冷阱型调制器。停流式 GC×GC 与传统 GC×GC 相比,分辨率更好,特别是对于较早馏出的化合物。之后,此系统又得到了进一步的改进,不再在载气流路中使用六通阀,而是通过在两根色谱柱连接处施加压力脉冲使气流停止。产生的脉冲导致^{2}D 载气线速度升高,可以使用较长的^{2}D 色谱柱进行补偿。由于在^{1}D 进行停流操作时,不需要较长的调制周期,因此停流系统的优点得到了保留,气动停留设计可更好地保留^{1}D 的分辨率,由压力脉冲导致的额外的谱带压缩也提高了^{2}D 的分辨率。停流式 GC×GC 的主要缺点在于装置较为复杂,并且分析时间较长。

5.6 升温程序

升温程序优化是影响所有 GC×GC 分离的一个重要因素。升温速率对于 GC×GC 分离的优化非常关键,而且在优化过程中,修改这一参数不需要调整系统硬件,可以直接在软件上设置,所以在实践中常通过改变升温速率来完成优化过程。通过调整和优化升温速率,可以增加 2D 分离空间的利用率。一般来说,对于柱温箱升温速率,可以借鉴著名的“10 ℃定律”,即升温速率乘以^{1}D 死时间约等于 10 ℃。这样不仅可以保证最佳的^{1}D 分离度,也可以让同一类化合物在合适的时间从[1]D色谱柱馏出进入[2]D,有相似的[2]D保留时间。这样这一类化合物在2D空间上的排列就是一条水平线,可以最大化地利用2D分离空间。

图5-8为模拟GC×GC的两个维度在不同升温程序条件下,化合物的2D轮廓图。在图5-8(A)中,两个维度都是等温操作,分析物分布在对角线周围。在这种情况下,分析物的挥发性是决定保留的主要因素,因此两个维度上的保留时间相互关联。保持[1]D恒温的同时线性提高[2]D温度会使低沸点分析物从[1]D中提前馏出,然后在[2]D温度较低时到达[2]D色谱柱。相反的,高沸点分析物在[2]D柱温度较高时进入[2]D柱中。因此,[2]D温度升高可补偿运行过程中分析物挥发性的降低,将图5-8(A)中对角线图案旋转为图5-8(B)中的水平图。

在图5-8(C)中,[1]D温度线性上升,而[2]D保持恒温。图5-8(A)中的对角线图案向上弯曲。通过在两个维度线性升温,两个维度的保留时间完全独立。因此峰在较小的区域内分布良好,并且在这两个维度的保留时间互相独立(图5-8(D))。此模拟与实际结果接近。

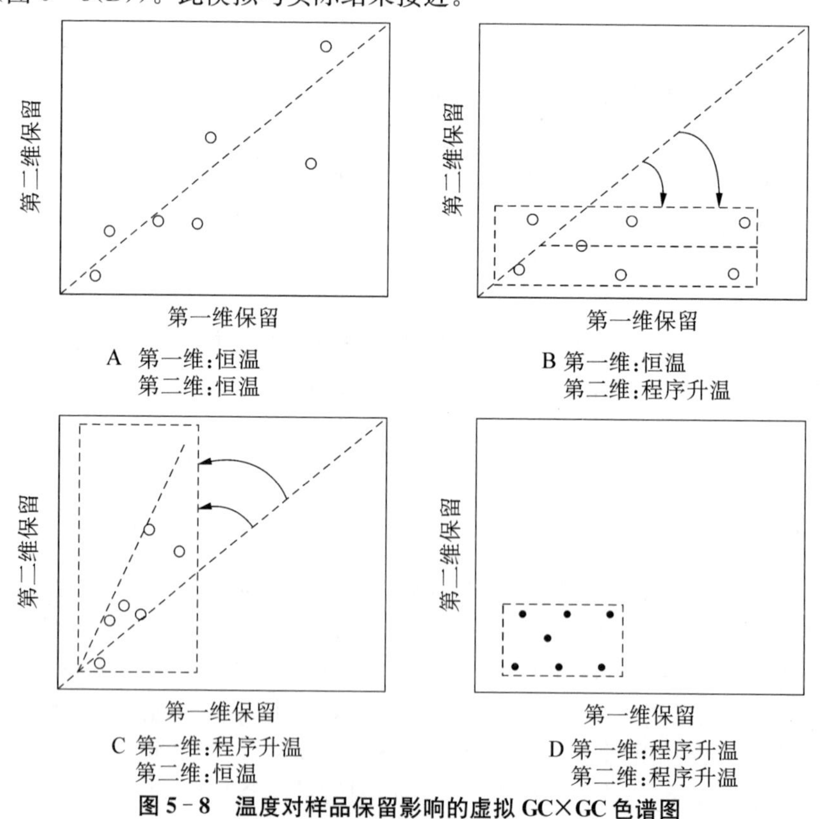

图5-8 温度对样品保留影响的虚拟GC×GC色谱图

如图5-9所示，当提高升温速率时，每个组分在^{1}D的保留时间会减小，但综合起来的效果会导致其在^{2}D分离时的温度升高，这样每个周期内不同物质在^{2}D上产生压缩，^{2}D分离效果变差。与之相反，如果降低升温速率，^{1}D保留时间延长，但综合效果是其在^{2}D分离时的温度降低，从而使^{2}D分离效果提高，每个周期内不同物质被拉开。通过调整升温速率可以对各个组分进行拉伸或者压缩，最优的效果是同一调制周期内的峰尽量分开，同时尽量避免出现峰迂回现象。

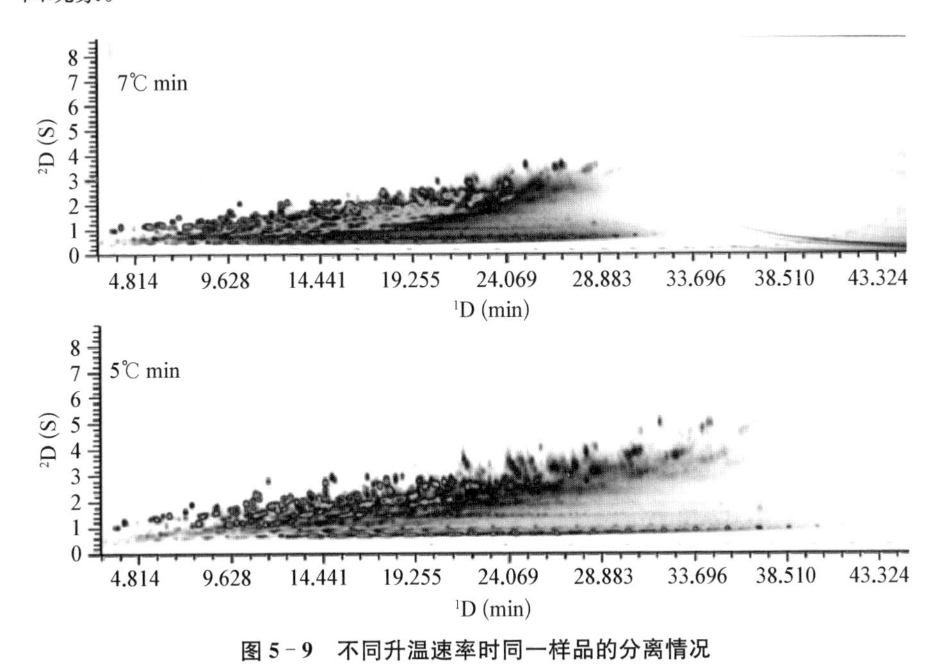

图5-9 不同升温速率时同一样品的分离情况

GC×GC系统可以使用一个或两个独立的柱温箱，使用两个独立的柱温箱时系统的灵活性较高。使用一个柱温箱主要存在两个限制：(1) 最高工作温度受热稳定性较差的色谱柱的最高使用温度限制；(2) ^{2}D分析温度取决于^{1}D馏出温度。一般来说，GC×GC中的升温速率相当慢(1～5 ℃/min)，以在^{1}D内产生相对较宽的峰，从而允许每个峰能调制重建峰所需要的3～4次。然而，过慢的升温速率会对灵敏度产生不利影响并引起峰迂回现象。当使用两个独立的柱温箱时，^{1}D色谱柱在主柱温箱中，^{2}D色谱柱置于第二个独立柱温箱中。^{2}D色谱柱通常以与^{1}D相同的速率升温，但是温度高20～30 ℃，这样可以避免峰迂回效应。双柱温箱设置还可以用于调节选择性。在第二个柱温箱中放置第三根色谱柱时，还可以用于双检测器的设置。

Chow 等研制了新型^{2}D 程序升温系统，与使用两个柱温箱的 GC×GC 系统相比，^2n 和 R_{s,D^2} 更好，对柴油样品的分析结果显示 2D 分离空间的利用率更高，且与多种调制器和检测器均具有较好的相容性。

5.7 检测器

检测器是 GC×GC 系统的另一个重要组成部分。理想情况下，检测器不应对 GC×GC 色谱分离的结果产生影响，不可引起额外的谱带展宽，能够测量极快的^{2}D 峰轮廓。一般来说，用于定量的 GC×GC 检测器采集频率应达到 100 Hz，产生的^{2}D 峰峰底宽为 100 ms。而超快速 GC×GC 使用 50 μm 内径的窄气相色谱柱作为^{2}D 时，产生约 25 ms 宽的峰。为了获得可靠且重复性好的峰面积测定结果，需要至少沿峰（峰底宽 $w_b=4\sigma$）采集 10 个数据点，即每个峰标准偏差约三个数据点。在这种情况下，检测器采集数据的频率应至少达到 50 Hz。

能够用于 GC×GC 的检测器除了内体积小、时间常数低外，还必须具有高采集速率的特点。因此，氢火焰离子化检测器（FID）是目前 GC×GC 中使用最广泛的检测器，然后是飞行时间质谱仪（ToF MS），某些元素选择性检测器，如微电子捕获检测器（μ-ECD）、氮化学发光检测器（NCD）、硫化学发光检测器（SCD）、氮磷探测器（NPD）、原子发射探测器（AED）和小型脉冲放电检测器（MPDD）也在 GC×GC 中有一定的应用。

5.7.1 氢火焰离子化检测器

在所有检测器中，通用的 FID 峰展宽最小，离子化和采集快。FID 采集速率高达 500 Hz，对于从^{2}D 色谱柱中馏出的非常窄的 GC×GC 色谱峰的检测足够快。因此，FID 是第一个在 GC×GC 中使用的检测器。FID 不仅采集速率高，在低碳含量范围（pg/s）时灵敏度也相当好，线性动态范围很宽，可达到七个数量级。此外，FID 坚固耐用、非常稳定、操作方便、可靠性好，是用于定量分析的理想检测器。缺乏选择性和结构信息是这个检测器的主要缺点。

5.7.2 质谱

质谱（MS）是最强大的 GC×GC 检测器之一，既可以用作通用检测器（全扫描模式)，也可以用作选择检测器(选择性离子监测模式等)。MS 能够鉴别结构，相当于为系统增加了一个额外的维度。GC×GC 与 MS 联用的方法于1999 年首次报道。MS 在 GC×GC 中的应用主要受数据采集速度的限制。飞行时间质谱(ToF MS)是最常见的 GC×GC 检测器，部分研究采用了高分辨 ToF MS(HRToF MS)，而四极杆质谱(qMS)使用范围略小。

5.7.2.1 四极杆质谱

尽管 qMS 的扫描速度很慢，只有 2.43 全扫描质谱/s，Frysinger 和 Gains 使用 qMS 与 GC×GC 联用来分析船用柴油。在使用 GC×GC-qMS 时，需要降低 GC×GC 分析速度以获得至少 1 s 的 ^{2}D 峰宽。即使这样，对 1 s 宽的峰进行采样的次数仍然严重不足。虽然每峰采集的数据点数量不足以进行正确的峰重建或定量，但仍可进行定性分析。Shellie 和 Marriott 在选择离子监测(SIM)模式下数据采集频率为 8.33 Hz 的情况下采用 GC×GC 分离对映体。他们利用真空出口，促进扩散系数增加，提升组分挥发性。随后，他们再次使用 GC×GC-qMS 进行了人参中挥发性组分的分析。为了获得较高的扫描速率(20 Hz)，扫描范围缩小至 41～228.5 m/z。每个峰采集了 4 个数据点，已经足够进行定性分析。使用 qMS 结合 GC×GC 进行定量分析的首个例子由 Debonneville 和 Chaintreau 报道。其在 SIM 模式下使用 qMS，获得了 30.7 Hz 的采集率，足以进行定量分析。但是，这样的采集频率仍然不足以正确重建较窄的 GC×GC 峰(80～200 ms)。此外，SIM 模式仅可用于靶向分析。Adahchour 等使用快速扫描 qMS(岛津 QP2010)进行了定性和定量研究，该检测器的扫描速度高达 10 000 amu/s，使用 95 amu 的质量范围，可达到 GC×GC 所需的 50 Hz 数据采集频率。进行可靠定量需要数据点数量为 7 个以上，此时采集速率为 33 Hz，可以在较窄的质量范围(200 amu)时实现。如果需要更大的质量范围，可使用分时设置 50～100 amu 的质量范围，而不显著降低分析性能。对于质量范围有限的应用，如 100～200 amu，快速扫描 qMS 是最佳选择，然而，对于复杂样品、非靶向和宽质量范围内分析，ToF MS 更为优越。Purcaro 等报告了一项专注于评估快速扫描 qMS 仪器(岛津 QP2010 Ultra)与 GC×GC 联用的研究。检测器扫描速度为 20 000 amu/s，扫描频率为 50 Hz，使用 290 amu 质量范围(40～330 m/z)，通过分析香水过敏原进行了系统性能的评估。这项研究是第一个使用标准 GC×GC-qMS 系统进行真正的全扫描定量研究，每个峰采集了超过 15 个数据点，使峰重建更加可靠。

5.7.2.2 飞行时间质谱

ToF MS 的主要特点是在极短的时间内，能够对离子源产生的每个离子脉冲生成完整的的质谱。ToF MS 数据采集速率快速，高达每秒 500 张质谱图，每 100 ms 的峰进行 50 次采集，因此可以进行可靠的峰重建和定量分析。2000 年，Van Deursen 等第一次使用 GC×GC-ToF MS。为了限制创建的数据文件的大小(这是当时的主要问题)，同时获得足够的数据点和良好的灵敏度，使用了 50 Hz 的采集速率。2003 年，LECO 公司推出了一套完整的 GC×GC-ToF MS 仪器，完全集成的软件可进行系统控制和数据处理。从那以后，因为对分析物定性的需求越来越大，而且由于 GC×GC 分析的样品的复杂性，ToF MS 的应用越来越广泛，并被认为是首选的 GC×GC 检测器。据报道，1999—2010 年，共有超过 200 篇论文使用了 GC×GC-MS，其中 80%以上使用了 ToF MS，约 16%使用了 qMS。

5.7.2.3 高分辨率飞行时间质谱

近年来，HR ToF MS 已用于与 GC×GC 的联用。这一检测系统通常在较低的数据采集速率(20～25 Hz)下运行，具有更窄的动态范围。然而，其灵敏度远大于 qMS 和单位分辨率 ToF MS 检测器，产生的 2D 色谱图包含更详细的信息。HR ToF MS 的另一个优势是能够从测定的精确分子离子质量准确地计算元素组成。即使 HR ToF MS 数据采集速率低于最佳数据采集速率，但其对新化学物质的发现，对非常复杂的样本进行详细的族类分析具有非常重要的意义。目前，已有成功使用 GC×GC-HR ToF MS 研究各种复杂样品组成的报道。

5.8 定性和定量分析方法

5.8.1 靶向分析

靶向分析是指对已知的分析物进行鉴别和定量，是色谱分析中最常见的一类分析模式，目的是检测样品中一系列有限数量的事先指定的目标化合物。在靶向分析时，通常已经知道目标分析物的保留时间，而且已有用于定性和定量分析的参考标准物质。使用 GC×GC 进行靶向分析的方法与常规 GC 相同。然而在一些应用中，必须使用 GC×GC 才能将目标分析物从样品基质或其他高浓度的分析物中分离出来。

正是由于使用 GC×GC 可以将分析物从基质中分离出来，许多研究人员已经利用这一技术来减少样品制备步骤。许多 1DGC 的靶向分析方法需要大量的净化和分离步骤将目标分析物与其他分析物和基质干扰分开，而 GC×GC 方法则无需这些步骤即可进行分析。例如，van der Lee 等对复杂动物饲料基质中的 106 种农药和污染物进行了靶向分析，只需要经过简单的提取然后通过凝胶渗透色谱和固相萃取进行净化，而不需要对样品进行进一步的分离。由 Hoh 等开发的 GC×GC 方法用于鱼油中的环境污染物分析，只需要使用凝胶渗透色谱法对样品进行净化。Tobias 等无需像 1DGC 分离方法那样进行大量的净化，采用 GC×GC 和燃烧-同位素比值质谱法联用即可在复杂尿样基质中检测合成睾丸激素。

用 GC×GC 进行靶向分析时，对于属于大范围的化合物类别的分析物非常有效。进行靶向分析时，常采用对于某些分析物有选择性的方法，例如 SIM 模式下的 GC-MS、GC-MS/MS 和 LC-MS/MS。采用这些方法是因为它们对目标分析物在所需灵敏度水平上具有选择性。由于这些方法需要选择某一离子或离子对，无法对其他化合物进行筛选。如果采用全扫描模式，则可以测定其他分析物，但是通常灵敏度会降低。而 GC×GC 可以对不同类别的分析物进行分析。Hoh 等开发了一个 GC×GC 方法，仅使用这一方法就可以同时对几类持久性有机污染物进行定量，包括多氯二苯并对二噁英/二苯并呋喃、多氯联苯(PCBs)、有机氯农药(OCPs)、多溴联苯醚(PBDEs)和卤化天然产物。Muscalu 等建立的 GC×GC 方法，使用微电子捕获检测器(μ-ECD)对 PCBs、OCPs 和氯苯进行常规测量。Matamoros 等采用 GC×GC 法，对河水中的几种类型的分析物进行定量，包括药品、塑化剂、个人护理产品、酸性除草剂、三嗪类、有机磷化合物、苯脲类、有机氯杀虫剂、多环芳烃(PAHs)、苯并噻唑和苯并三唑。van der Lee 等建立的 GC×GC 方法，对动物饲料中的 106 种杀虫剂和污染物可以进行准确定量。

5.8.2 定量分析

早期的 GC×GC 研究主要集中于定性分析。由于当时缺乏合适的数据处理方法，定量分析的研究较少。此外，由于分析物的响应存在于多重调制峰中，GC×GC 中的定量分析比 1DGC 更为复杂。在早期的报道中，Beens 等通过与 1DGC 的比较，证明 GC×GC 可以进行定量分析。对含有烷烃和环烷烃的测试混合物的分析结果显示，两种方法的定量结果相近，平均相对偏差为0.71%，平均相对标准偏差为0.92%。文献中采用的定量方法主要有三种，包括三维(3D)色谱图中峰体积的积分，每个调制峰的峰面积(或高度)的加和和化学计量学方法。

采用3D图中的峰体积进行定量时，峰附近的背景也可以从峰体积中减去。除了对3D色谱图进行积分外，也可以采用调制峰的面积(或高度)加和法，大多数商业化的定量软件也使用这种方法。Hyoetylainen等比较了这两种方法(峰体积和调制峰面积总和)的定量结果，其结果一致。

通常，GC×GC定量需要将所有调制峰的峰面积加和，工作量大，有时还需要进行手动积分。而Amador-Munoz和Marriott介绍了一种新的定量方法，采用选定调制峰进行面积加和。他们仅仅加和了某几个调制峰的峰面积，例如PAHs的某2个或3个主要色谱峰，就获得了准确的定量结果。Kallio和Hyotylainen还介绍了一种定量方法，有助于减少调制峰面积加和的工作量。由于用于GC×GC的大多数调制器可以有效地将分析物转移到^{2}D，1DGC的峰面积应与调制峰面积之和相同。Kallio和Hyotylainen证明了GC×GC中的校准曲线可利用1DGC获得，只要标准品在1DGC中可以分离，而分析物可以采用GC×GC分离，并且浓度高于1DGC的检出限。

由于GC×GC产生的数据较大，分析和定量也需要很多时间，很多学者开始研究采用化学计量学方法来简化数据分析。化学计量学方法，如主成分分析(PCA)和成分判别分析(PCDA)，可用于寻找样本之间相似和不同之处，也可用于去卷积和定量分析，如广义秩湮灭法(GRAM)、平行因子分析(PARAFAC)等。化学计量学校准技术也可用于GC×GC，例如主成分回归(PCR)、偏最小二乘法(PLS)和多线性偏最小二乘法(NPLS)等。

目前，已有很多使用GRAM方法进行去卷积和定量分析的研究报道。通过比较从样品和标准物质获得的多维数据集，可以获得分析物的浓度、纯净的色谱和质谱数据。因为这种方法可以对共馏出的组分进行去卷积，因此定量时不需要将峰完全分离开来。但是，GRAM要求分析物的响应是线性的，而且峰形状不随浓度而发生变化。Fraga等已成功使用该方法定量低浓度的分析物，他们证明使用GRAM可以将信噪比从4.8提高到14，因为该技术有效地过滤掉了噪声。

PARAFAC也是一种化学计量学技术，可用于去卷积和定量分析。这种技术是对PCA的改进，可应用于三阶或更多阶的数据。通过三线性分解，可解析单个组分并进行定量。van Mispelaar等用这种方法来估计香水样品中几种化合物的浓度。调整PARAFAC算法(PARAFAC2)可以处理某一维度的保留时间漂移。

NPLS 是 PLS 的一种改进方法，可以用于更高阶的数据集。使用这一技术可以建立 GC×GC 数据的回归模型。van Mispelaar 等比较了积分（调制峰总和）和多元分析，包括 PARAFAC、PARAFAC2 和 NPLS 的定量结果。与多元分析相比，积分方法给出的结果更加准确，但需要耗费大量时间。通过将数据组织成矩阵并进行多元分析，大大减少了数据分析的时间。

5.8.3 非靶向分析

除了能够同时定量许多类别的分析物，GC×GC 也可对样品中的未知组分进行筛选，即可以进行非靶向分析，应用领域主要包括环境、法医学、食品和香料等。例如，Gomez 等使用 GC×GC 检测废水中的几种目标分析物，包括个人护理产品、多环芳烃和杀虫剂。除了靶向分析外，他们还发现了新的污染物。Hoh 等也使用这一技术建立了一种方法，可以对各种环境污染物进行分析。

GC×GC 是非靶向分析的理想技术，因为它可以生成结构化色谱图，并具有峰容量高的特点，可以分离复杂基质中的诸多分析物。因此，与 1DGC 相比，GC×GC 通常可以更好地识别未知分析物。Lojzova 等使用 GC×GC 进行非靶向分析，以鉴别薯片中含氮杂环化合物，结果表明使用 GC×GC 能够识别 44 个分析物，而使用 1DGC 仅可以鉴别出 13 种分析物。

为了更好地识别未知分析物，GC×GC 通常与质谱联用，定性时可以通过解析电子轰击质谱，或与质谱数据库进行比较。即便如此，未知物的识别仍然是一项烦琐的工作，时常需要手动搜索 3D 色谱图来寻找未知物，工作量巨大。因此，研究的重点在于将大量的数据分析自动化。非靶向分析的第一步通常是去卷积和质谱数据库搜索，可以采用软件自动进行。下一步是去掉不需要的搜索结果，包括样品基质中的峰、匹配度不高或是不感兴趣的分析物。最后一步是验证结果并获得最终的定性结果。验证结果可以通过比较来完成，如参考物的保留时间、保留指数和质谱等。在 GC 中，通常用保留指数进行分析物的鉴定。因为保留指数的计算已经有了明确的规定，也已经建立了很多数据库，因此如何将这些值转化应用到 GC×GC 领域就显得极为重要。但是在 GC×GC 中，单一化合物的响应也由几个调制峰组成，即使测定 ^{1}D 保留指数也不容易。估算保留时间的一种方法是利用调制峰中最高信号的一个峰的保留时间。当然，也有报道可以将调制峰转化为函数从而重建成一个单一的峰，其顶点处即为保留时间。测定 ^{2}D 的保留指数则更为复杂。由于 ^{2}D 的分离在几秒钟内就完成，这一分离通常被认为是在恒温条件下进行的。但是，由于^{1}D分离是在程序升温条件下进行的，随着^{1}D的分离进行，^{2}D恒温分离的温度会逐渐升高。为了计算分析物在^{2}D上的保留指数，必须在调制过程中发生的每个温度条件下，测量参考物的保留时间。这一要求可以通过不断进样标准物质，在多个恒温条件下分析标准物质，或通过数学模型来预测保留时间等方法来实现。

在复杂基质中，可能存在的化合物数量可以从几百到几千个。如果要筛选每个可能的峰，以确定是否为目标化合物的话相当耗费时间。因此，Hilton等建立了一种可用于室内灰尘中环境污染物的快速筛选的方法。他们在用于辅助鉴别化合物的软件中写了一段脚本，包括一些类别的化合物，如PAHs、增塑剂、含卤化合物和硝基化合物，可以通过比较质谱数据和寻找分子离子和离子聚集模式，来过滤整个表格，从而找到目标峰。虽然这一方法限制了分析物的搜索种类，但是可以将需要鉴别的分析物限定到最可能是环境污染物的化合物。

Kallio等也建立了一个辅助峰排序的计算机程序来进行非靶向分析。研究比较了自动搜索与手动搜索两种方式。其中，自动搜索由一个C++计算机程序实现，可从一个峰表中搜索数据，用一定的标准减少可能的化合物，如参考物在数据库中质谱的相似性、信噪比、保留时间等指标。与手动方法相比，自动搜索进行数据处理和鉴别的速度更快，但是手动搜索更为准确。

5.8.4 族类分析

在族类分析中，通常关注的不是单个的化合物，而且一类化合物的集合(称为族类)。在很多复杂样品中，性质类似的化合物组分极多而且具有很强的相关性，分析每个化合物就变得非常繁琐且没有必要。这种化合物的集合一般是具有相同的化学性质，比如带有同样的化学基团，或带有相同数量的芳香环，或者有特定构型的双键等等。此分析模式最终目的是以这种族类为对象进行分析，测定其总含量或分析其整体影响。

在GC×GC中，由于采用两根不同固定相色谱柱的组合，可以实现对样品进行沸点和极性两个性质的分离。在GC×GC谱图中，同系物(具有类似化学性质但碳链长度有差异)物质由于沸点范围分布较广，会沿着一维时间(按沸点分离)排列成具有一定二维宽度(按极性分离)的条带。不同的条带代表不同性质的族类物质，从而形成所谓的结构化谱图，使得GC×GC可进行族类分离，此时分析的目标为化合物的族类而不是单一组分，而这样的分析在1DGC

分析中是很难实现的。Vendeurve 等观察到，采用 GC×GC 进行族类分析时，与其他方法进行的单一种类的分析相比，可以提供更多、更详细的信息。

即使有结构化的色谱图，进行复杂基质中化合物的族类分析仍然存在一定困难。Welthagen 等提出了 5 条选择规则以辅助将未知化合物进行分组，包括两个维度的保留规律和质谱裂解方式。在石油化工中，由于不可能鉴别每一个组分，因此族类分析显得尤为重要。Blomberg 等使用了族类分析来表征复杂石油混合物，并实现了单、双和三芳烃与饱和烃的分离。结构化的色谱图使人们能够快速地看到加氢前后样品的差别，因为加氢后不再存在烯烃和硫化合物。Vendeuvre 等将石化样品中的中间馏分分为不同的种类，而且根据其碳原子数进行了分类。基于族类分析，可获得每一族类的宏观性质，如质量、粘度或十六烷值等，可以获得更多汽油成分的物理化学性质。

族类分析中的定量分析可以提供一些关键信息。例如，Reddy 等测量了烯烃化合物的总峰体积与所有化合物的总峰体积的比值，以确定原油中是否存在钻井液污染。Frysinger 等使用峰体积定量了芳香族化合物的总量。van de Weghe 等圈定了一些族类的化合物，并在选定区域内计算峰面积，来定量测定石油中的碳氢化合物。这一基于化合物种类的定量分析可帮助评估石油污染土壤的毒性。

5.8.5 指纹图谱

在许多分析应用中，并不需要识别特定的分析物或其族类，只需要确定样品之间是否相似或存在差别。比如某两个样品表观上具有显著的差异，如两个来自相邻油井的原油样品，两种不同产地出产的红酒，不同季节采摘的茶叶，健康人群和患病人群的血液样本等，而需要找出哪些化学成分影响或者导致了这些差异。在这些例子中，最终目的是找出影响样品表观差异的关键化学成分(目标物组分或者族类，称为标志物)，从而深入了解其化学机理或成因，进而对未知样品进行性质预判或鉴别。要实现这一目的，最直观的方法是分析样品中所有化学成分并对其性质进行关联比较，但这样的方法工作量巨大，实际上根本无法开展。更有效的方法是将样品的整个谱图视为一种"指纹图谱"，并将其中的"指纹特征"和表观性状进行统计关联，从而得到标志物。指纹图谱分析在许多领域中已经得到了应用，包括石油化工、法医学、环境、食品和香料以及代谢组学等。对于指纹图谱的分析，高峰容量是非常必要的。因为整个色谱图都会用于分析和比较，每一个峰都可能存在潜在的相关性。

如果可以分离更多的色谱峰，就可以获得更好的指纹图谱。

在进行指纹图谱分析时，保留时间的稳定性非常重要。因为很多样品都是用这一参数来进行比较的，即使样品之间的保留时间只有微小的偏差，都可能使整个数据失去意义。此外，在GC×GC的任一维度都有可能发生保留时间的偏移。目前，商业仪器的进步降低了保留时间的漂移，也已有很多研究报道了校正保留时间漂移的算法和校正保留时间漂移进行峰对齐的方法，还有在样品中加入标准物来校正两个维度保留时间漂移的方法。

样品指纹图谱的相似性和差异性可通过视觉观察或化学计量学方法确定。Frysinger等在法医学应用中，使用视觉方法来鉴别不同可燃性液体在火灾碎片中的差别。他们使用一种简单的“闪烁”方法来区分色谱图中的最小差异。“闪烁”方法需要在计算机上交替快速放映色谱图，可区分样品的色谱峰。这种方法可以快速识别在纵火案中使用的可燃液体。Cardeal等通过简单的3D色谱图的可视化来确定巴西甘蔗酒老化的工艺和木材类型。

尽管可视化方法易于实现，但许多指纹分析仍需依靠化学计量学来提取信息。Groeger等采用偏最小二乘判别分析(PLSDA)确定了不同品牌卷烟之间的差异。McGregor等使用GC×GC指纹图谱分析和PCA评分图比较了不同天然气制造厂的煤焦油。他们通过采用这种方法，能够确定不同地点的样本之间的差异，甚至可以鉴别来源。

5.9 小结

如今，GC×GC已成为一种成熟的技术，与传统的1DGC分离方法相比有许多优点。然而，为了充分发挥GC×GC技术的潜力，其方法开发并不像常规1DGC那样简单。与1DGC相比，GC×GC需要优化的参数更多，如调制器、色谱柱组合等。方法开发的复杂性还来自不同色谱柱连接在一起，对^{1}D的任何更改，如色谱柱、流速、调制、柱温箱升温速率等因素不仅会影响所在维度的分离，而且会影响^{2}D中的分离，因此不能简单地分别进行优化。此外，GC×GC的方法开发和优化还受到诸多限制，如调制器的调制周期和每根色谱柱的最高使用温度等。尽管如此，GC×GC可以提供结构化的色谱图和较高的峰容量，从而获得更多的有用信息，因此如果能够了解参数之间复杂的相互作用并对GC×GC方法进行恰当的优化，GC×GC强大的分离能力将在定性和定量分析方面得到更广泛的应用。

6 GC×GC 在食品分析中的应用

6.1 背景

人们每天都需要摄入食物，包括直接来源于自然界的食品，也包括经过加工和烹饪后再食用的食品。食品中的组分既包含无机成分，如水和矿物质，又包括有机成分，如脂肪、糖、蛋白质、维生素、芳香物质等。除了天然组分，食品中还会含有外源性化合物，如来自包装材料、食品加工和农药等过程的各类化合物。

食品分析的主要目的包括：加工过程的控制、营养成分的评定、挥发性芳香成分的分析、有益和有害物质的检测等。食品化学工作者致力于开发新的有效的分析方法，能对食品中的常量组分进行定性和定量分析，而且其准确性和灵敏度也能够满足微量组分检测的要求。由于食品中大部分组分都将被人体吸收，因此饮食与人体健康息息相关。世界各国都对食品安全制定了十分严格的标准，食品分析方法的开发和验证必须符合法律、法规和标准要求，这些要求通常由政府官方组织制定，如中国食品药品监督管理局、美国食品药品监督管理局等。

经典的毛细管柱气相色谱(GC)能满足组分简单的食品样品分析要求，但当遇到组分复杂的样品时，由于峰容量的限制，传统的 GC 往往不能完全分离食品中不同组分，这些未分开的混合物共馏出，影响了目标组分的准确定性和定量。全二维气相色谱(GC×GC)由于采用正交的分离原理，大大提高了色谱峰容量，很好地满足了多组分分析的需求，解决了食品分析中色谱峰共馏出的问题。以下小节将对 GC×GC 在典型食品中化合物分析中的应用进行详细阐述。

6.2 脂肪酸的分析

脂肪酸(fatty acid,FA)是油脂的主要成分,广泛存在于动植物体内,是人类重要的食物来源。

FA一般分为饱和脂肪酸和不饱和脂肪酸两种,其中不饱和脂肪酸包括单不饱和脂肪酸(MUFA)和多不饱和脂肪酸(PUFA)。单不饱和脂肪酸只含有一个双键(一般在C9和C10之间),而多不饱和脂肪酸含有多个双键。不饱和脂肪酸在室温下一般是液体,主要存在于植物油中,如花生油、大豆油、玉米油、菜籽油、鱼油等。而饱和脂肪酸在室温下一般是固体,主要存在于动物性油脂(除了鱼油)中,如牛油、猪油等。

有一部分不饱和脂肪酸是人体自身无法合成的,必须从外部摄取,也被称为必需脂肪酸。必需脂肪酸均为不饱和脂肪酸,如亚油酸(LA)和α-亚麻酸(ALA)。亚油酸代谢生成γ-亚麻酸(伽马亚麻酸)和花生四烯酸。而γ-亚麻酸、花生四烯酸也属于ω-6系列的不饱和脂肪酸。因此,通常将亚油酸称为ω-6系列不饱和脂肪酸的母体。α-亚麻酸经过人体自身机能代谢生成二十碳五烯酸(EPA)和二十二碳六烯酸(DHA),而二十碳五烯酸(EPA)和二十二碳六烯酸(DHA)也属于ω-3系列的多不饱和脂肪酸。因此,通常将α-亚麻酸称为ω-3系列多不饱和脂肪酸的母体。必需脂肪酸是人体细胞组成成分,同时还是前列腺素合成的活性物质。

由于脂肪酸种类繁多,一般按照碳链长度和双键位置来简化命名。字母C后面的数字代表碳链长度,冒号后面的数字代表双键数目,n或ω加数字代表双键所在的位置(从羧基算起)。比如油酸(oleic acid)是十八碳一烯酸,分子式为$CH_3(CH_2)_7CH=CH(CH_2)_7COOH$,简写为C18∶1n9或C18∶1ω9。

几乎所有的脂肪酸在自然界都以酯类形式存在,因此对于油脂类物质中脂肪酸的分析本质上为测定其酯类的组成和含量。传统GC主要针对脂肪酸甲酯(FAMEs)进行测定,但由于种类繁多,分离困难,一直以来都是分析化学和食品化学领域中的一个难点。

6.2.1 族类分离

图6-1为采用GC-FID方法,30 m长的聚甲基硅氧烷毛细管色谱柱分析鱼肝油中FAMEs的色谱图。图中,沿着保留时间轴(x轴)分布的色谱峰不到50个,

其中标记的为已识别的 FAMEs 组分。从色谱图中可以看到，与偶数碳 FAMEs 相比，奇数碳 FAMEs 组分含量很低，有的甚至识别不出来(如 C19 组分)。

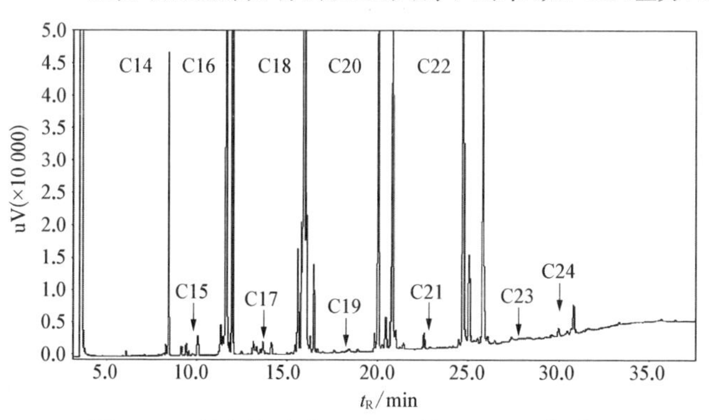

图 6-1 鳕鱼肝油中 FAMEs 的 GC-FID 色谱图

对于同样的样品，采用 GC×GC 可以分离出来的 FAMEs 数目可以达到数百个之多(图 6-2)。FAMEs 组分分布在二维(2D)空间平面上，揭示的鱼肝油组分信息比 1DGC 要丰富得多。在图 6-2 中可以看到 C10～C13，C19 大约有 25 个峰，C23 大约有 10 个峰，而这些色谱峰在一维(1D)色谱图上是完全看不到的(图 6-1)。在 FAMEs 谱带下方还可以观察到一系列烷烃组分(在极性的第二维(^{2}D)色谱柱上出峰时间早于 FAMEs)，这些烷烃组分在 1D 色谱图中也没有被检测到。

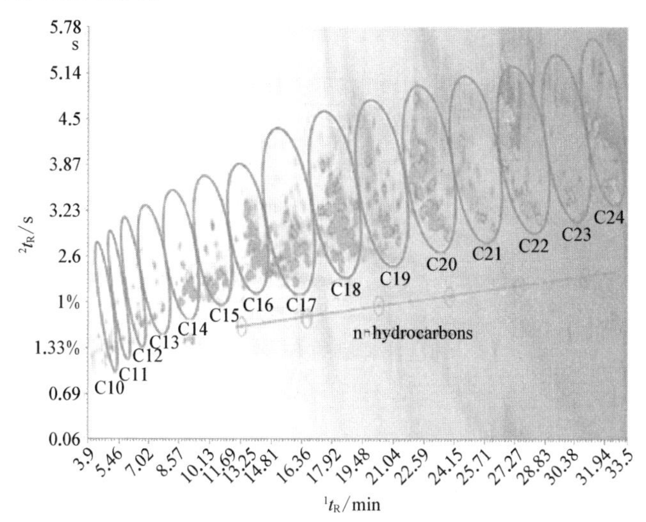

图 6-2 鳕鱼肝油中 FAMEs 的 GC×GC 色谱图

GC×GC用于油脂分析的结果揭示了这类物质组成的复杂性，方法的高灵敏度使得原本在1DGC中难以检测到的微量组分在GC×GC中被检出（如含奇数碳的FAMEs），而采用热调制器和正交的色谱柱系统对鲱鱼油衍生的FAMEs的分析，实现了族类分离，有助于复杂组分的定性。2001年，Geus等首次报道了利用GC×GC技术进行脂肪酸分析（图6-3），突出了GC×GC的高灵敏度和族类分离的优势。在图6-3中可以看到，尽管存在峰迂回效应，C16：0组分碰到了^{1}D轴，但是绝大多数组分还是得到了很好的分离。几个在传统1DGC中几乎检测不到的奇数碳的脂肪酸在2D图中十分明显。FAMES C19在0～3个双键数范围内，可以根据它们在2D轮廓图中的具体位置进行定性。

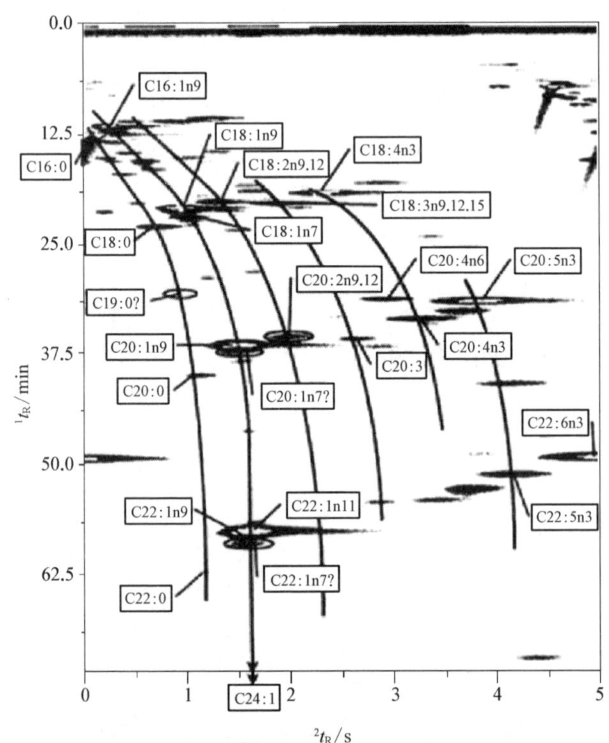

图6-3　鲱鱼油样品的GC×GC-FID色谱图

（峰鉴别结果基于标准品和同系物的馏出谱带）

在GC×GC 2D分析平面上，具有相同碳原子数的FAMEs往往以簇的形式聚集于特定的位置，而具有相同双键数的FAMEs则沿着不同的曲线排列。因此，对于体系组成复杂的橄榄油、鱼油等，在没有标准品的情况下，可以利用FAMEs的族类分离模式对FAMEs组分进行鉴别。

意大利 Messina 大学的 Luigi Mondello 教授团队早在 2003 年就对薄荷油中 59 种不同的 FAMEs 进行了 GC×GC 分析(图 6－4)。通过测定不同饱和度的脂肪酸族类在正正交和反正交色谱柱系统的 GC×GC 色谱图上的分布情况，并对相同双键数不同碳链长度的 FAMEs 在谱图上的位置进行指数函数拟合分析，获得了很好的拟合结果。

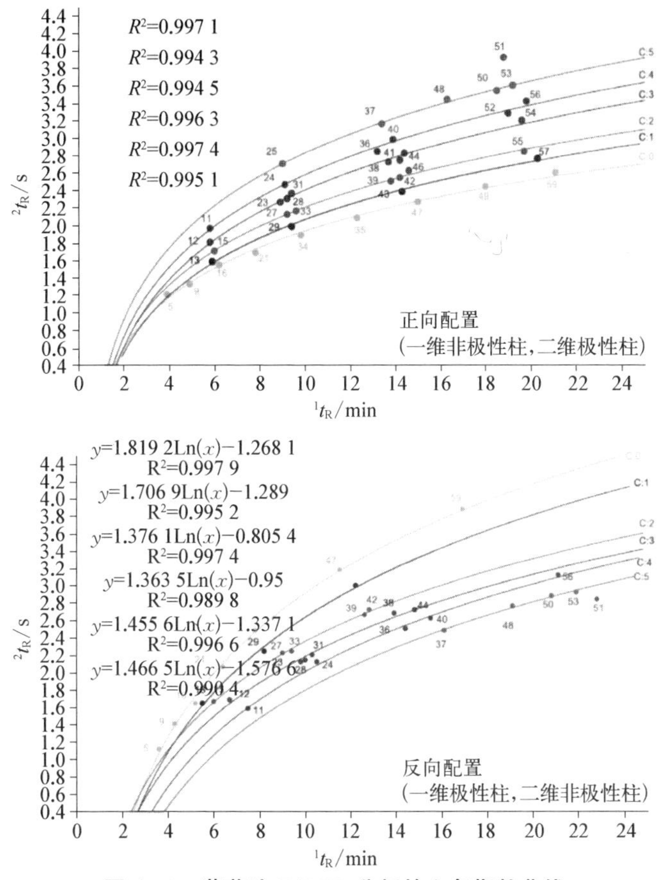

图 6－4　薄荷油 FAMEs 分析的六条指数曲线

(含有相同双键数目(0～5)的 FAMEs 为一组) 峰鉴别结果：5) C14:0;9) C15:0;11) C16:4ω1;12) C16:3ω4;13) C16:1ω7;15) C16:2ω4;16) C16:0;21) C17:0;23) C18:3ω6;24) C18:4ω3;25) C18:5ω3;27) C18:2ω6;28) C18:3ω4;29) C18:1ω9;31) C18:3ω3;33) C18:2ω4;34) C18:0;35) C19:0;36) C20:4ω6;37) C20:5ω3;38) C20:3ω6;39) C20:2ω6;40) C20:4ω3;41) C20:3ω4;42) C20:2ω4;43) C20:1ω9;44) C20:3ω3;46) C20:2ω3;47) C20:0;48) C21:5ω3;49) C21:0;50) C22:5ω6;51) C22:6ω3;52) C22:4ω6;53) C22:5ω3;54) C22:3ω4;55) C22:2ω6;56) C22:4ω3;57) C22:1ω9;59) C22:0

对于反正交色谱柱系统(¹D 为极性色谱柱,²D 为非极性色谱柱),不饱和度越高(双键越多),在 2D 色谱图上分布越靠下。而对于正正交色谱柱系统(¹D 为非极性色谱柱,²D 为极性色谱柱)来说,则正好相反。

类似的应用还包括鱼肝油的分析,Mondello 等发现具有相同双键数或相同 ω 值的 FAMEs 分别沿着斜线分布。在图 6-5 中,对具有相同双键数的化合物划斜线,同样对具有相同 ω 值化合物划斜线,可以对斜线交点处的化合物进行鉴别。标准化合物的分析也验证了这样的馏出模式,在其他 FAMEs 组(C16、C18 等)中也存在。

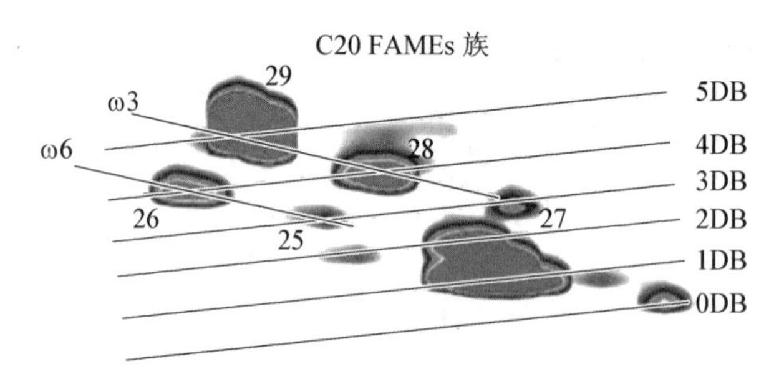

图 6-5　鳕鱼肝油 FAMEs2D 轮廓图中 C20 部分的放大图
(图中线的交点可以鉴别出五个标有数字的峰)

使用 GC×GC 分析 FAMEs 在此技术发展早期就已经出现,体现了脂肪酸分析领域对新方法的需求。在 GC×GC 方法中,采用两种不同极性色谱柱的分离特性,在横坐标上可以以碳链长度分离,在纵坐标上则以双键数目分离,从而实现脂肪酸甲酯的族类分离,大大提高了分析效率和可靠性。

6.2.2　离子液体色谱柱

2014 年,Dettmer 等通过实验发现离子液体(ionic liquid,IL)色谱柱对 FAMEs 的分离有很好的效果。实验采用了不同的升温程序,研究了 7 种商业化 IL 色谱柱对 FAMEs 的分离效果,发现 37 种 FAMEs 在 IL85 色谱柱上可以实现基线分离。此后,很多学者开始尝试使用 IL 色谱柱配合 GC×GC 进行 FAMEs 的检测。2018 年,澳大利亚 Monash 大学的 Philip Marriott 教授团队使用雪景科技的固态热调制器 SSM1800,搭配不同类型的 IL 色谱柱,对 FAMEs 进行分析。研究测试了几种不同的搭配方案,并得到了分离度最大的最优方案。尽管 IL 色谱柱都是极性的,但是不同商业代号的 IL 色谱柱之间仍存在较大的极性差别。研究结果显示,采用不同极性固定相组合可达到正交性分离，最佳分离组合中采用强极性的 IL 色谱柱为^{1}D，低极性的 IL 色谱柱为^{2}D。采用惰性(inertia，i)色谱柱 IL111i 作为^{1}D 时，随着^{2}D 色谱柱极性的降低，FAMEs 的分离度逐渐增加。IL60 和 IL59 色谱柱极性与聚乙二醇为固定相的 WAX 柱相当，是极性最小的 IL 色谱柱，两种色谱柱固定相相同，唯一的区别是 IL60 色谱柱固定相经过了改性处理。采用 IL111i(^{1}D)和 IL59(^{2}D)色谱柱系统对以下 FAMEs 组分有很好的分离效果：C15∶0/C14∶1；C16∶0/C15∶1；C18∶0/C17∶1；C20∶0/C18∶2c 和 C18∶2t；C21∶0/C20∶1 和 C18∶3n6；C22∶0/C20：2，而这些组分对在^{1}D 色谱柱上是共馏出的。这一色谱柱系统对不饱和脂肪酸的几何异构体和位置异构体同时也具有非常好的分离作用(图 6－6)。图 6－6(c)使用的是惰性柱，图 6－6(d)使用的是非惰性柱，从图中可以看到非惰性柱有很大的柱流失，因此建议选择惰性柱。

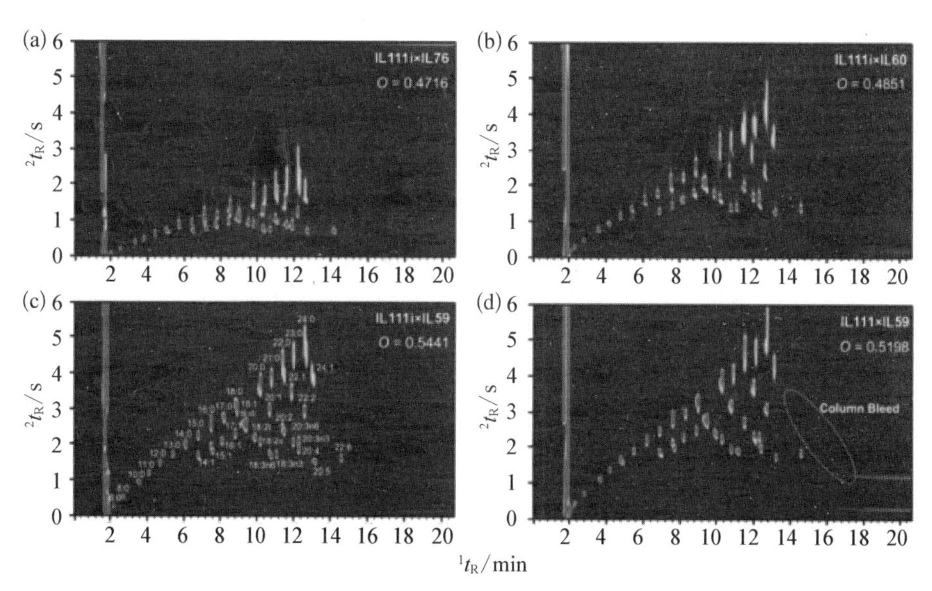

图 6－6 使用 IL111i 作为^{1}D，IL76(a)，IL60(b)和 IL59(c)作为^{2}D 柱时，37 个 FAMEs 混合物的 2D 轮廓图。(d)为传统的 IL111 和 IL59 色谱柱系统用于比较

该研究中，IL111i(^{1}D)和 IL59(^{2}D)色谱柱系统对黄油、人造黄油和菜籽油实际样品分析结果也令人非常满意(图 6－7)。

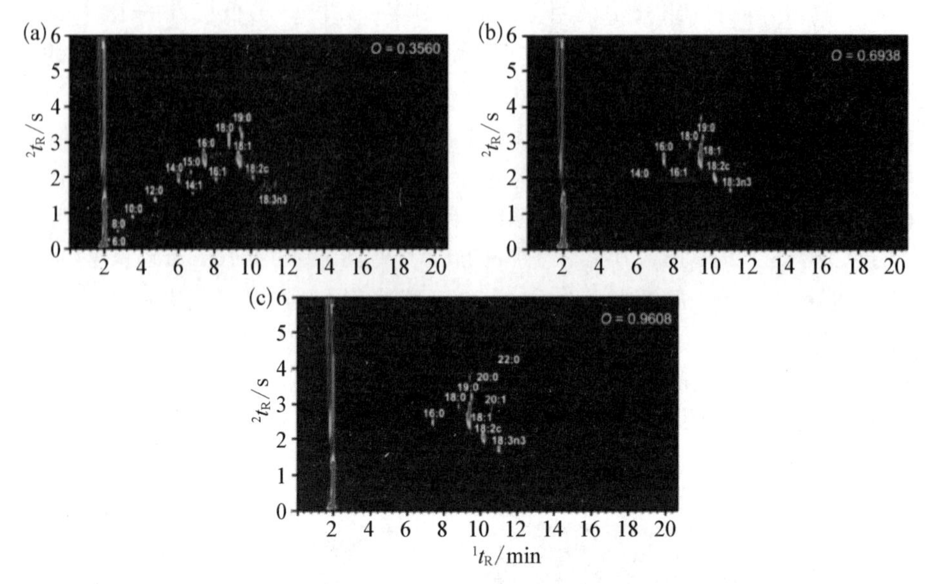

图 6－7　使用 IL111i 和 IL59 色谱柱系统分析黄油(a)、人造黄油(b)和菜籽油(c)的 2D 轮廓图。其中 C19：0 为内标，加入所有样品中

此外，研究对固态热调制器的性能也进行了测定，对鱼油样品中的 FAMEs 进行了平行测定，主要成分的 2D 保留时间的相对标准偏差均不超过 1%，证明了固态热调制技术的稳定性和可靠性。

6.2.3　GC×GC-ToF MS

GC×GC 结合质谱(MS)检测器在食品挥发性组分分析领域一直是一个非常强大的分析工具。GC×GC 的^{2}D 为高速度的色谱分离，被分析组分沿着 2D 时间轴被分离，而 MS 检测器将组分离子化所产生的碎片沿质量轴分开，因此 GC×GC 与 MS 联用的分离产生了三个维度的分离效果。飞行时间质谱(ToF MS)由于具有很高的数据采集频率，特别适合检测 GC×GC 中非常窄的色谱峰，这一技术最早应用于石油化工，后来逐渐扩展到食品领域应用。

目前，已有使用 GC×GC-ToF MS 用于羊毛脂分析的报道。羊毛脂作为一种上光剂，在食品加工产品中有检出。羊毛脂是一个复杂的混合物体系，包含高分子量的脂肪族和类固醇类化合物(酯类、双酯类和羟基酯类)、高分子量的酸、游离脂肪醇和脂肪酸。在研究了各种衍生方法和色谱柱组合后，确定了两步化的衍生方案：酸官能团的甲基衍生化和醇基团的硅烷化衍生。热稳定性好的色谱柱适合用于低挥发性衍生物的测定，因此最好的色谱柱系统为非极色谱性和极性色谱柱的组合。MS 检测器的质谱采集频率为 50 Hz，因为一般来说要想得到准确完整的 GC×GC 色谱峰，要求检测器每秒至少采集 50 个数据点，如果采集速度低于这一要求将导致被分析组分定量不准、保留时间重复性差。GC×GC-ToF MS 的总离子流图和三个选择离子流图如图 6-8 所示，色谱图中被分析物以水平分布谱带的形式出现，有几个在^{1}D 中无法分开的化合物在^{2}D 中得到了分离。在碎片谱图中可以发现，属于同一化合物族群的二元醇、FAMEs、羟基酸和脂肪醇在谱图中呈有序分布的状态。此研究采用 LECO 公司 Pegasus Ⅱ TOF 系统去卷积软件。即使一个^{1}D 色谱峰被切割成 4～5 个片段，不同化合物产生的峰片段数量仍是十分可观的。谱库相似度匹配一般来说需要大于 800 才可以接受。在这个研究中具有可接受相似度的脂类组分数量只有 30 个，而研究人员给出的解释是 MS 谱库中包含的高分子量和奇数链长的化合物谱图信息是不完整的，而且 MS 检测器在高质量端的谱图质量差，离子强度有明显下降，例如羊毛脂中的主要成分胆固醇谱图匹配相似度为 896，定性效果较好，但是其质谱中 m/z 458 离子的强度是标准谱库中的$\frac{1}{4}$。

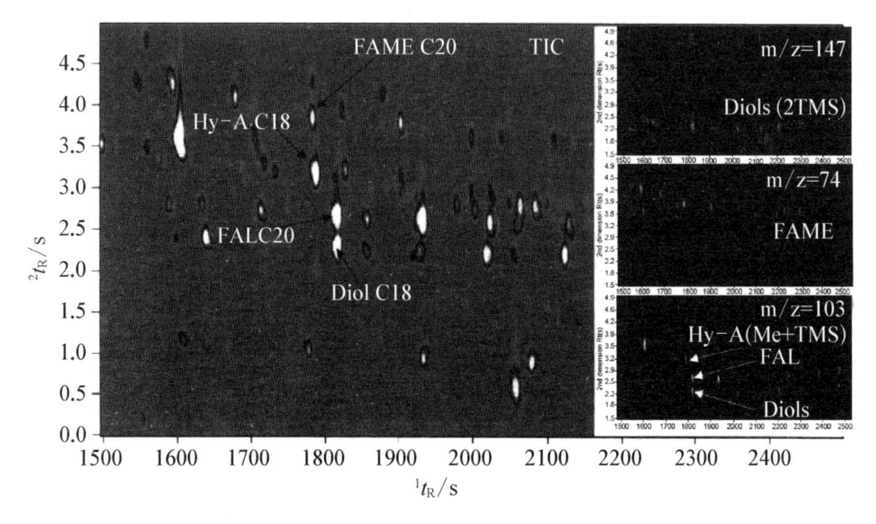

图 6-8 甲基化和烷基化羊毛脂样品的 GC×GC-ToF MS 总离子流 2D 轮廓图的扩大图(左)以及 m/z147,74,103 的选择离子流图(右,从上到下)

图中缩写：Hy-A 为羟基酸；FAL 为脂肪醇；ME 为甲基衍生物；TMS 为三甲基硅烷基衍生物

6.3 食品风味分析

食品的风味对消费者是否选择某种食物和接受程度等方面起着至关重要的作用。某一食品的气味取决于如种类、产地、加工方式、保存条件等诸多因素。挥发性化合物作为食品香气的来源，通过确定其在食品中的种类、数量和形成方式，可以为评价和提高食品风味质量、产品分类鉴别、指导原料的生产、加工和利用提供重要的特征信息。

GC×GC 结合 MS 检测技术可以最大限度地提供样品中气味化合物的信息。例如，Adahchour 等将 GC×GC 结合快速扫描的四极杆 MS(qMS，岛津 MS-QP2010)应用于橄榄油中风味成分的分析。MS 检测器的扫描速度必须达到 10 000 amu/s 才能在有限的质量范围(95 amu)内勉强满足每秒采集 50 张质谱的需要。qMS 与 ToF MS 相比价格低廉很多，所以很多研究者尝试将其应用于 GC×GC 分析中，并对该系统的可行性进行了评定。在橄榄油的分析应用中，qMS 的扫描频率设定在 33 Hz，质量数范围为 50～245 m/z，但 33 Hz的扫描频率对于 GC×GC 中比较窄的色谱峰宽(50～100 ms)略显不足。橄榄油提取物中的 GC×GC-qMS 全扫描色谱图如图 6-9(b)所示，图中可看到提取物中包含很多浓度高低不同的组分，采用 GC-qMS 法无法准确测定此复杂体系中低含量组分，如图 6-9(a)所示，3-辛烯-2-酮和苯甲醇重叠在一起完全分不开，采用谱库检索时显示此重叠峰为醇(如图 6-9(g)和(g′)所示)。在 qMS 前端采用更强大分离技术 GC×GC 可以解决这些分离定性问题，如图6-9(c)和(f)所示，目标风味组分与醇和其他含量不高的组分实现了完全分离。3-辛烯-2-酮的谱库匹配度高达 98%(图 6-9(h)和(h′))。尽管作者声称风味组分色谱峰必须采集 12 个数据点才可以保证峰形不失真，但是对于 3-辛烯-2-酮的定量测定还是采用了选择离子方式，选择了离子 m/z 111进行定量监测。

食品工业中测定复杂体系中关键性的异嗅物质是非常困难的。Adahchour 等比对了 GC×GC-ToF MS 和 GC-ToF MS 两种手段测定乳制品提取物中两种嗅味物质，包括 3-甲硫基丙醛和葫芦巴内酯的结果。其中，GC×GC-ToF MS 所实现的三维分离手段很好地解决了两种嗅味物质的定性和定量问题，而 GC-ToF MS 对于存在高浓度干扰的情况下，无法分离两种低含量的组分。

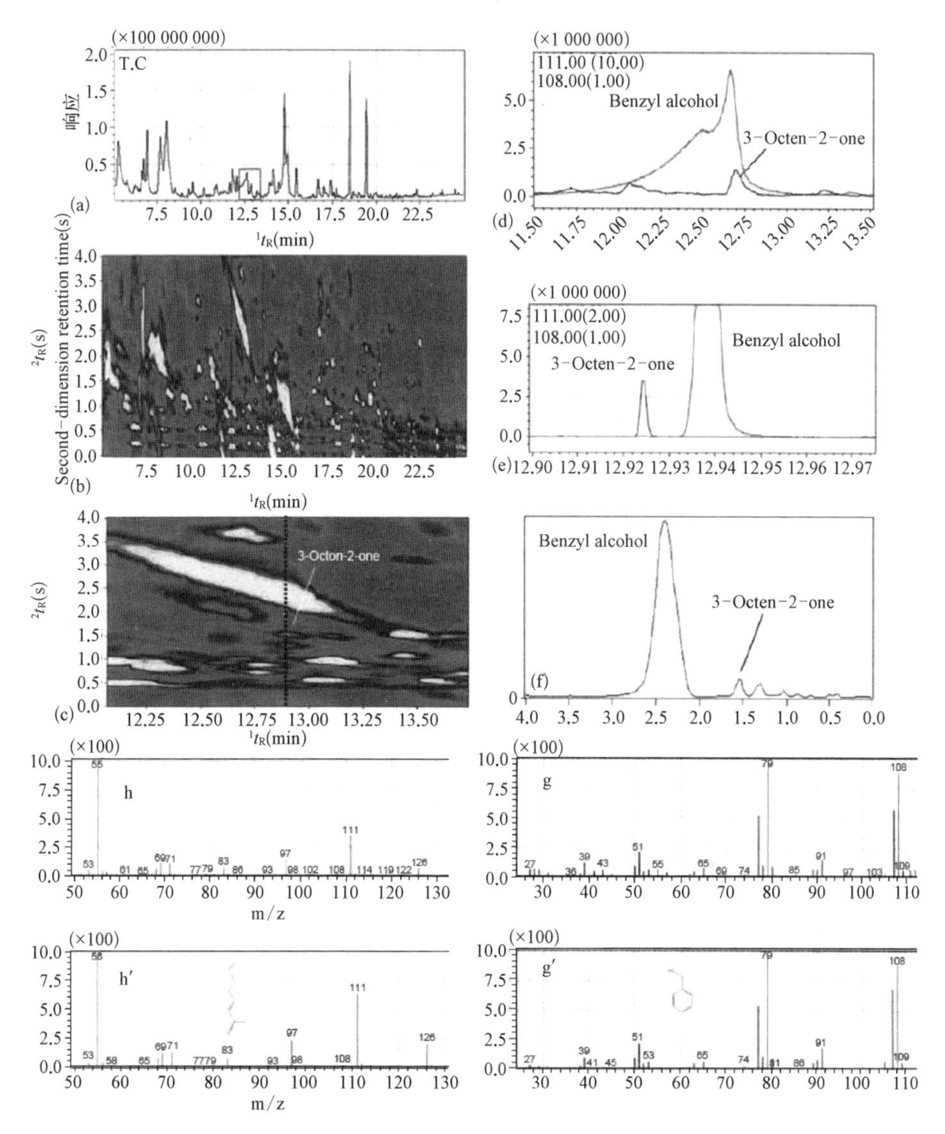

图 6-9　橄榄油提取物的(a) GC-qMS 和(b) GC×GC-qMS 总离子流图(m/z 50～245)；(c) (b)中标注区域的扩大图；(d)和(e)分别为(a)中标注区域调制前和调制后的 m/z108 和 111 选择离子流图；(f) (c)中虚线部分的 2D 色谱图；(g) (a)中两个化合物峰的质谱图；(h) (b)中 3-辛烯-2-酮的质谱图；(g′)和(h′)为相应的谱库质谱图

GC×GC 方法的优化是一个反复试错的过程，常用的色谱柱组合为：^{1}D 使用非极性色谱柱，^{2}D 采用极性色谱柱。通常认为这一组合可以达到正交的分离效果。在实际的分析应用中，这种正交组合有时并不是最佳的选择，其他类型的色谱柱系统也能达到好的效果。在食品风味分析领域中，最主要的目的是实现在单位时间内最多组分的分离或目标化合物的分离。Adahchour 等在采用 GC×GC-FID 和 GC×GC-ToF MS 测定橄榄油和香草精油的实验中对这个观点进行了阐述。在采用 GC×GC-ToF MS 测定精油中的目标化合物时，作者认为反正交色谱柱系统能够分离出更多的化合物。然而在风味分析应用中不管采用哪种柱系统，都没有观察到化合物出现族群分布的样式。尽管 GC×GC 有更强大的分离能力，但仍然不能解决所有目标物的分离问题。香草精油提取过程中必需使用的溶剂丙二醇布满了整个色谱图，覆盖了多个目标分析物(如图 6-10 左图)，此时利用 ToF MS 选择离子监测的能力，成功解决了四种风味化合物的定性问题，如图 6-10 右图所示。采用 GC×GC-FID 对这四种微量风味组分进行定量测定时，方法检出限(3 倍信噪比)为 5～10 pg。

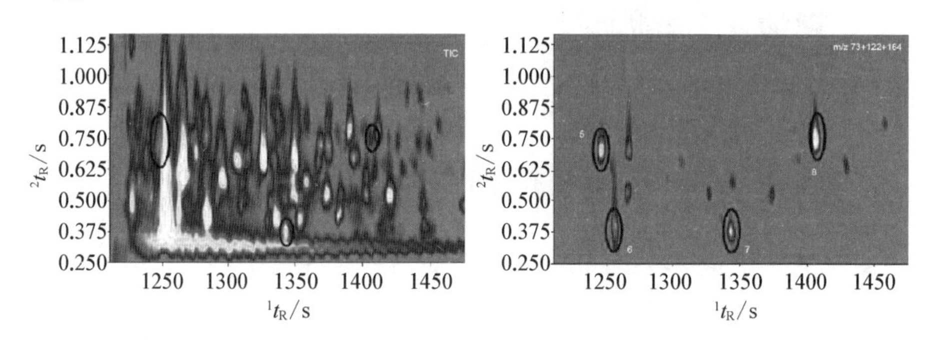

图 6-10　香草提取物 GC×GC-ToF MS 色谱图中丙二醇区域的放大图

(左)总离子流图；(右)离子 m/z 73，122 和 164 相结合的选择离子色谱图。其中：5 为苯甲酸乙酯；6 为 2-甲基丁酸；7 为戊酸；8 为 2-乙酸苯乙酯

GC×GC-O-MS 系统还被用于高盐稀态发酵中国酱油中风味物质的分析。不同酱油样品中一共检出 195 种香气活性物质，其中 55 种香味稀释值在 8 以上并存在于所有样品中。这些香气活性物质可以分成 6 个主要的气味类型：熟土豆味、焦糖味/甜味、烧烤味/烤坚果味、辣味/烧灼味、水果味和臭味。其中，熟土豆味是高盐稀态酱油最具有特征性的气味类型，而不同样品间的气味差异主要由焦糖味、烧烤味、辣味、臭味等气味类型的不同比例搭配决定，水果味对其贡献最小。研究还发现，通过将所有气味活性物质的影响进行加和而得到的评价结果和样品感官评价结果之间存在某些差异，而这可能是由于不同气味之间的协同作用或掩蔽作用，对此还需要更加深入的研究。

咖啡是继茶之后全世界最流行的饮料。烘焙后的咖啡豆具有特殊的香味，目前已有大量试验进行了咖啡豆特殊香味的组成成分的研究。烘焙后的咖啡豆中含有的挥发性组分比原豆更加复杂，其挥发性成分中包含数百个不同浓度的组分。Ryan 等采用 GC×GC 与快速扫描 qMS(MS-QP2010)和 ToF MS(Pegasus Ⅲ)结合，分析了咖啡豆中的挥发性成分。研究采用固相微萃取技术(SPME)提取挥发成分，但并没有采用常见的非极性和极性色谱柱组合，而是采用反正交色谱柱系统，即极性色谱柱为^{1}D，非极性色谱柱为^{2}D。图 6－11 为具体分析结果的色谱图，从中可以看到有数千个色谱峰分布在整个色谱图区域中，体现了阿拉比卡咖啡豆香味的复杂性。

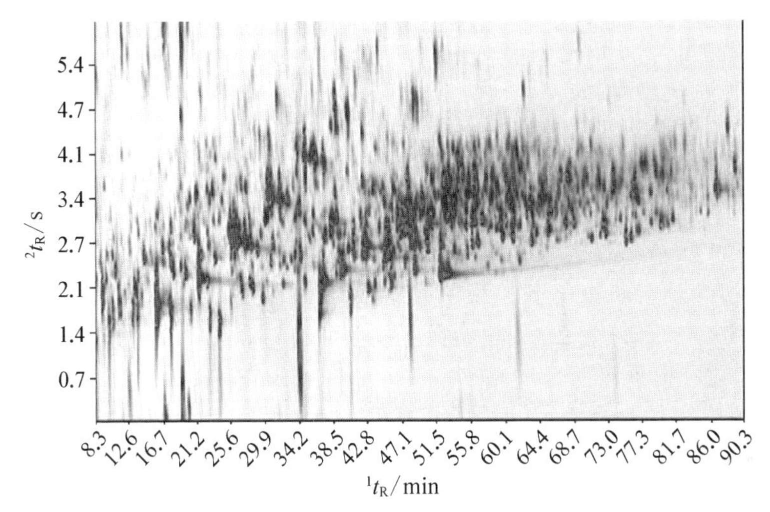

图 6－11　烘焙阿拉比卡咖啡豆挥发物的 SPME-GC×GC-qMS 分析结果

在图 6－11 中可以观察到族类分布模式。^{2}D 的分离原理是依据化合物的沸点而进行分离，咖啡中众所周知的香味物质吡嗪与其他化合物实现了分离，而在 1DGC 中这些物质是互相重叠的。吡嗪类物质依据碳原子取代程度的不同，如二甲基吡嗪和乙基吡嗪，在色谱图中呈现一条明显的水平谱带分布。

尽管研究中获得了高质量的质谱图，可以依据其中十分相似的质谱分子碎片对吡嗪类的化合物进行定性，但是对阳性峰的定性仍然需要结合额外的信息进行辅助判断，比如线性保留指数(LRI)和 2D 轮廓图中吡嗪的位置，而这些信息在 GC-qMS 分析中是无法获得的。qMS 正常扫描的质量数范围是 40～400 amu，扫描速度是每秒 20 张质谱，这一速度虽然能够满足色谱峰定性的要求，但是对于整个色谱峰形的准确构建和呈现却是不够的。

ToF MS 在 41～415 amu 质量数范围内可以达到每秒获得 100 个质谱数据的扫描速度，总离子流色谱图可以用 LECO 公司的 ChromTOF 软件自动处理。

在 GC×GC 分析中，经过调制后产生了非常狭窄的峰切片，到达检测器时，切片的宽度可以窄到仅有 50 ms。这就要求检测器响应速度要快、数据获得容量大且死体积小，因此检测器的操作条件需要仔细优化。在测定咖啡顶空空气中芳香成分的研究中结合了 GC×GC 快速分离速度，研究人员对氮磷检测器（NPD）的参数进行了细致的评定。检测器的数据采集频率设为 100 Hz，而其气流调节则要兼顾到色谱峰形、宽度和高度。用 GC×GC-NPD 与 GC×GC-ToF MS 两种技术手段对咖啡豆顶空空气固相微萃取提取成分进行了比较测定。NPD 检测器对含有氮原子的化合物，如吡啶和吡嗪等，有选择性的响应，灵敏度高。对于在 GC×GC 分离后仍然不能够与基质干扰组分分开的目标化合物，采用具有选择性响应并且灵敏度高的检测器是一个非常成功的应用示例。

具有对映体选择能力的色谱柱在 GC×GC 中较少使用。有研究报道采用^{1}D 色谱柱是手性毛细管柱，^{2}D 色谱柱采用 50%苯基聚亚苯基硅氧烷微孔柱，FID 检测器分析草莓固相微萃取提取物中挥发成分时，左旋异构体(-)2，5-二甲基-4-羟基-3[2H]-呋喃酮可以很好地与样品中其他组分分离。中国农业科学院茶叶研究所通过 GC×GC－ToF MS 分离并定量了武夷岩茶中的 24 对挥发性手性化合物，并识别了 7 个气味化合物，其中对武夷岩茶香味起到极大作用的有 4 个。

Cardeal 等采用顶空-固相微萃取法（HS-SPME）处理 13 个不同的胡椒品种，同时采用 GC×GC-qMS 和 GC×GC-ToF MS 法测定顶空气体中的成分。在线性保留指数（LRI）信息辅助下共识别了 309 种化合物。研究发现聚乙二醇固定相的^{2}D 色谱柱对 LRI 的影响比较大，LRI 的变化最大达到了 30 个单位数值。Rochat 等采用 HS-SPME-GC×GC-ToF MS 测定烤牛肉的香味成分。在 GC×GC-ToF MS 谱图上共发现了超过 4 700 种待确认的化合物，并定性了其中 70 多种含硫化合物。

GC×GC-ToF MS 还可用于测定不同产地蜂蜜样品中的挥发性成分。非极性×极性色谱柱系统在 19 min 内将蜂蜜的挥发性成分进行了很好的分离。ChromaTOF 软件对 GC×GC 色谱柱后馏出的重叠组分进行了去卷积。根据质谱谱图的不同，GC×GC-ToF MS 实现了对保留时间相差仅 10 ms 的化合物的定性，较好地弥补了 1DGC 分离的不足。ToF 的高速度质谱全谱采集能力使得质谱图没有偏移，即经过色谱分离后质谱图模式没有改变，从而可以采用去卷积算法正确判定色谱峰。自动峰处理可以识别超过 3 000 个色谱峰，然后再经过设定筛选条件删去一些峰，包括：(1) 谱库搜索匹配度低于 800 的；(2) 信噪比低于 300 的；(3)1DGC 保留指数范围不满足的，最终定性了 164 个组分。

GC×GC 技术在酒类分析中也有应用。Shao 和 Marriott 两人采用 HS-SPME-GC×GC-FID 测定了葡萄酒中芳香成分，2-和 3-甲基取代丁醇异构体、乙酸丁酯、丁酸及它的乙酯化合物。实验中^{1}D 采用双手性柱，一截短的厚膜柱用来捕集更多的挥发性组分(实验中采用 LMCS)，而一根中等极性的小孔柱用于^{2}D 分离，成功分离了位置异构体(如 3-甲基丁醇和 2-甲基丁醇)和旋光对映体(如(R)-2-甲基丁醇和(S)-2-甲基丁醇)，对芳香气味有影响的挥发性化合物与样品中干扰组分完全分离。

同时，基于 GC×GC-MS 提供的海量挥发物信息，通过多元统计分析等化学计量学手段，还可以追溯食品的来源，进行分类分级等。

食品的产地对其挥发物的组成和含量影响很大。基于 GC×GC 强大的分离能力，可以获得食品的风味信息，并作为产地鉴定的依据，已在葡萄酒、海鲜、果蔬等样品中已经得到了广泛的应用。Song 等开发了采用 GC×GC-ToF MS 和最小二乘判别分析(PLS-DA)训练模型，来区分中国两个不同地区的浓香型白酒。研究中的变异解释和预测能力值分别为 0.988 和 0.982，可以有效地区分白酒的不同产地。Carlin 等使用 GC×GC-ToF MS 和多元统计分析对意大利两个气泡酒产区葡萄酒中的挥发性化合物进行了全面表征，并筛选了 196 个标志物，实现了对产地的鉴别。Lubinska-szczyge 等采用 GC×GC-ToF MS 对两个不同的苦瓜品种实现了区分。

同样，不同种类的食物中气味化合物的种类和含量也不同。Rosso 等利用 GC×GC-ToF MS 构建二维指纹图谱，成功地对榛子的种类和地理来源进行了分类，这一方法也可用于甜橙等。使用 HS-GC×GC-FID 分析四种可食用坚果和种子(花生、杏仁、榛子和葵花子)中挥发性组分后，可以对每种食品基质建立参考模板，不仅可以实现样品的分类，还可以识别不同的烘烤条件。Welke 等成功地使用 GC×GC-ToF MS 与统计分析结合，根据原产葡萄品种中的潜在标记物来区分葡萄酒的种类。Zhang 等也利用 GC×GC-ToF MS 研究了绿茶、乌龙茶和红茶等 33 种茶叶样品中挥发性化合物的差异，采用偏最小二乘回归(PLSR)判别分析和层次聚类分析等对这些样品进行了分类后发现差异显著，证明了 GC×GC-ToF MS 结合多元变量数据分析可以区分茶叶种类和同一种茶的不同等级。

对于食品加工方式对挥发性化合物的影响也已有文献报道。武夷岩茶产自福建闽北地区，历史悠久，以其特有的“岩韵”（岩骨花香）闻名于世。目前对于武夷岩茶的香气分析已多有报道，认为其中重要风味物质与品种和产地条件的差异密切相关。另外，不同的加工条件对武夷岩茶的风味也具有较大影响。北京工商大学的宋焕禄团队利用多种分析和感官方法对不同焙火温度下武夷岩茶茶叶中的呈香物质进行了详细分析和评价，特别是利用该团队开发的全二维气质嗅闻双模式切换系统（Switchable GC/GC×GC-O-MS），对样品进行分析，结合嗅闻检测，一共得到 97 种呈香物质，主要为醇类、醛酮类、酯类、杂环类和萜烯类化合物。总体来说，虽然不同焙火温度下，武夷岩茶都展现出特有的风味。但其特征性的“岩韵”只能在适当的温度下产生，在低温下无法生成相应的呈香物质，而过高的温度则会破坏某些关键组分。该研究的结果有助于进一步了解武夷岩茶的风味形成机理，并对加工工艺和条件进行优化指导，不断提高当地茶叶产品的品质。GC×GC-O-MS 对两种不同处理方式的西瓜汁（新鲜和热处理后）进行了风味物质的鉴定后，一共得到 130 和 140 种物质，其中 36 和 38 种在嗅闻仪上被嗅闻到，其中大部分为醛、醇、酮和酯类物质。另外，该研究第一次在西瓜汁中发现 2,6-二甲基-5-庚烯醛为呈香物质，由于其含量很低且与附近出峰的其他物质共流出，故在以往的 GC-MS 或 GC-O 分析中都没有找到。通过不同方法的分析验证和统计处理，根据特征性的风味物质的种类和含量，对新鲜西瓜汁与经过热处理后的西瓜汁进行区分，有助于深入了解不同食品处理手段对其风味的影响并进行改进。

6.4 农药残留的分析

食品在生产加工、包装运输以及储存过程中极易受到有害物质污染，其中食品中各种农药、杀菌剂残留的分析一直是研究的热点。传统 1DGC 在分离复杂样品基质中微量成分时往往存在以下问题：无论如何优化调节色谱柱的参数，如固定相性质、液膜厚度、载气流速和程序升温模式等，总会有微量组分与食品基质中的干扰无法分离，此时即使采用 MS 检测器，共馏出的目标化合物的质谱图因有干扰的存在而无法与谱库信息正确匹配。而 GC×GC 技术具有较高的分离能力，成功地实现了 1DGC 不能完成的定性和定量分析。

6.4.1 质谱检测器

向蔬菜提取物中添加农药，采用 GC×GC-ToF MS 分析可以获得可靠的定性结果。胡萝卜提取物的 2D 色谱图中有数百种化合物得到了分离，其中浓度较高的分别是十六酸和硬脂酸，毒虫畏浓度大约为 10 pg/μL，且没有杂质干扰(图 6－12(A))，所获得的质谱图也较为纯净(图 6－12(C))。对比之下，经过传统 1DGC 分离的毒虫畏质谱图中，则因为有干扰离子的存在无法正确匹配定性，如图 6－12(B)、(D)和(E)所示。

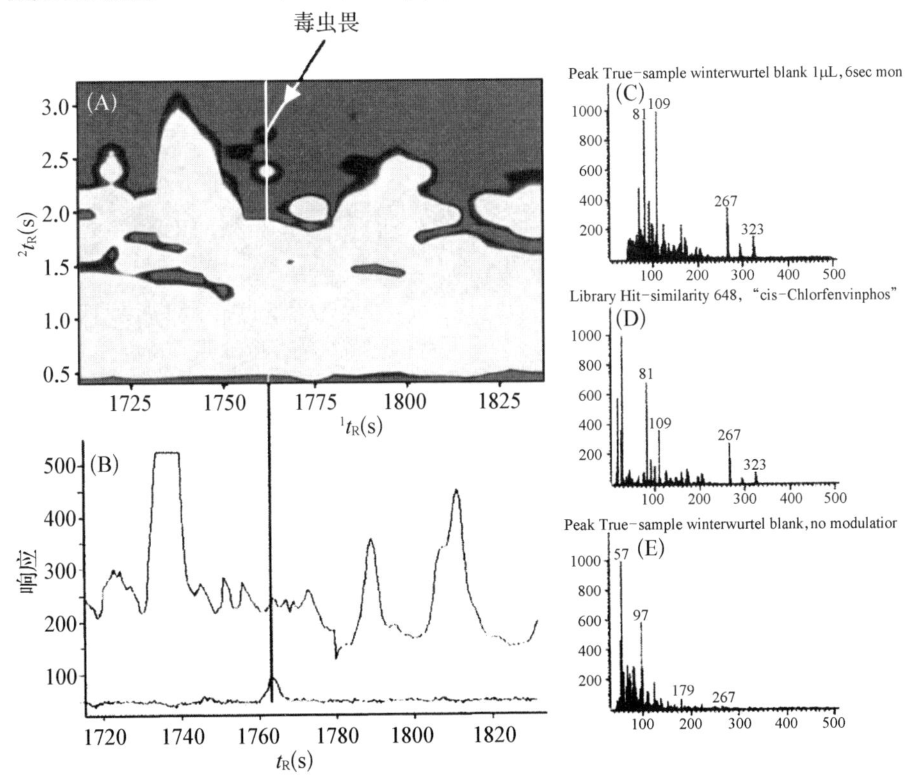

图 6－12 胡萝卜提取物的 GC×GC-ToF MS 和 1DGC-ToF MS 分析结果

(A) GC×GC-ToF MS 分析结果 2D 轮廓图的放大图；(B) 同一区域的 1DGC-ToF MS 图；上面为总离子流图(调整范围至 1%)；下面为 m/z323 的选择离子流图；(C) 2D 分离后的质谱图，显示毒虫畏特征 m/z 值。(D) 毒虫畏数据库质谱图。(E)1D GC-MS 分析后的质谱图。

用于农药残留分析的色谱柱系统一般选择常规的 5%苯基－95%-二甲基

聚硅氧烷(30 m×0.25 mm(内径)×0.25 μm(膜厚))作为^{1}D 色谱柱,根据农药的挥发性进行分离,选择极性稍强的色谱柱作为^{2}D 色谱柱使用,固定液一般为 50%苯基 50%二甲基聚硅氧烷,长度可以从 1 m 到 30 m,根据组分极性不同进行分离。非极性×极性色谱柱系统的正交分离效果,使得被分析组分在 GC×GC 色谱图中呈现相对合理的分布。Buah-Kwofie 等采用配置了冷阱型调制器的 GC×GC-ToF MS 分析测定含脂肪生物组织中的 18 种有机氯农药,采用的色谱柱系统为 Restek Rxi－5Sil MS(30 m×0.25 mm(内径)×0.25 μm(膜厚))和 Rxi－17Sil MS (1.1 m×0.25 mm(内径)× 0.25 μm(膜厚))。样品前处理采用 QuEChERS 方法,并从回收率、检出限、线性和精密度对整个方法进行了评价。在所有的样品组织中,18 种目标组分平均回收率在 69%～102%,相对标准偏差小于 10%,检出限在 0.1 ng/g～2.0 ng/g。方法适用于实际样品的分析。

GC×GC-ToF MS 分析手段可分析的化合物组分范围非常广泛。例如,可以同时分析绿茶营养食品中 423 种农药异构体和代谢物,可以测定水中超过 162 种农药。GC×GC-ToF MS 还可以进行靶向和非靶向的分离和定性,一次 GC×GC-ToF MS 分析可以获得 5 000～10 000 个化合物,对这些农药的定性可以通过质谱数据库(如 NIST、EPA、NIH 质谱数据库等)比对、保留时间比对等方法实现。但是搜索比对过程费时费力还存在一定缺陷,最主要的是缺少能够快速准确处理所有信息的软件。

6.4.2 选择性检测器

除了通用型的质谱检测器,具有选择性响应的检测器也被用于和 GC×GC 结合进行农药残留分析,如微电子捕获检测器(μECD)、氮磷检测器(NPD)和火焰光度检测器(FPD)等。

Khummueng 等采用 GC×GC-NPD 方法测定了蔬菜样品中的 9 种杀菌剂残留。此研究对 NPD 的氢气、氮气和空气进行了调节优化以满足 GC×GC 分离后变窄的色谱峰,能够产生足够高的响应信号,同时还优化了各种不同色谱柱系统和升温程序。研究采用外标法定量,在 0.001～25.00 mg/L 浓度范围内除了异菌脲因为分析过程产生降解产物,线性相关系数只有0.990,其余 8 种杀菌剂相关系数均大于 0.998。方法检出限和定量限分别为 74 ng/L 和 246 ng/L,日间和日内精密度分别为 2%和 8%。

GC×GC-μECD 方法用于鱼肝油提取物中多氯联苯的测定时,采用了多氯联苯标准品进行外标法定量,根据标准品在 GC×GC 色谱图中的分布进行定性。此外该方法还被用于测定食品(包括鱼油、蔬菜和牛奶)提取物中的多氯联苯、二苯并呋喃和联苯。

Liu 等采用 GC×GC-FPD 技术测定食品样品基质中的 16 种有机磷农药。在¹D 色谱柱上 3 对不能分离的有机磷农药经过 GC×GC 分析后可以达到分离,色谱柱系统为 DB－5×DB－1701,调制周期为 4 s,调制器温度为 50 ℃,线性范围在 5 mg/L～1 000 mg/L 内,线性相关系数均可大于 0.999,检出限在 1.6～5.6 mg/L,在实际食品样品中检出的 6 种有机磷农药浓度范围在 0.79～5.12 mg/L。

氮化学发光检测器(NCD)与 GC×GC 结合的分离技术可以测定肉和蔬菜样品中致畸致癌化合物亚硝胺。GC×GC-NCD 方法对含氮化合物具有高度选择性和高响应灵敏度,检测器对组分的响应只与分子中含有的氮原子有关,而与分子结构和官能团没有关系,因此使用此方法进行定量测定比质谱检测器方便容易得多。

相对于通用型检测器 MS,采用选择性检测器的优点是在分析复杂基质中特定类别的目标化合物时,检测器只对某一类物质有响应,而存在于基质中大量干扰物不产生信号响应,因此不干扰目标化合物的测定。由此可见,对于特定样品中某一类目标化合物的测定,使用选择性检测器更为合适。

6.5 矿物油的分析

矿物油作为复杂的碳氢化合物,主要包括直链、支链烷烃,烷基取代的环烷烃(MOSH)以及烷基取代的芳香烃(MOAH)。一般情况下,食品级的白油(液体石蜡)基本全是 MOSH,而工业级的矿物油中除了含有很高含量的 MOSH 外,还有 15%～35%的 MOAH。针对矿物油的动物毒性评估显示,MOSH 毒性主要体现在其具有生物蓄积性,而 MOAH 可能具有基因毒性和致癌性。碳数大于 C16 的 MOSH 能够在肠系膜淋巴结和肝部蓄积,并可形成肉芽肿。而 MOAH 可致突变,特别是包含多于三个苯环的多环 MOAH 具有致癌性,如皮肤上皮肿瘤。因此,相对于 MOSH,MOAH 对人群的健康影响更加受到关注。

食品从原料种植到最终成为餐桌上的食物经历了许多环节,其中每个环节都有可能遭到矿物油的污染。如粮食种植和晾晒在被矿物油污染的土壤中,种植和保存过程中喷洒农药杀虫剂带来的矿物油残留,食品加工过程中引入,食品包装材料中矿物油向食品中的迁移带来的污染等。

食用油加工机械会用到食品级润滑油,食品包装材料也会接触到润滑油等。因此食用油中或多或少会有 MOSH 的存在。2018 年,中国国家食品安全风险评估中心研究人员以婴幼儿主要消费食品为研究对象,开展了中国婴幼儿(0～36 个月)食品中矿物油暴露的风险评估,得到品牌忠实人群(0～6 个月婴儿、7～12 月较大婴儿和 13～36 个月儿童)高暴露水平(P95)的暴露限值分别为 43.90、53.97 和 102.81。0～6 个月和 7～12 月两个组别的暴露限值均小于 100,因此婴幼童(0～6 个月婴儿和 7～12 月较大婴儿)食品中矿物油暴露的健康风险特别值得关注。

食品中矿物油的分析面临很大的挑战,矿物油本身就是一类范围较宽的烃类混合物,现有分离方法很难将矿物油与不是矿物油的烃分开。部分食品中存在一些天然的烯烃,如角鲨烯和胡萝卜素,食用油中还有它们的异构体,以及油萃取过程中甾醇脱氢生成的甾烯,这些物质都会干扰食品中 MOAH 的分析,橄榄油和棕榈油以及含有这些油的食品分析过程中来源于非矿物油烃的干扰更加显著。食品中矿物油分析一般采用 GC-FID 法,考虑到基质干扰,一般会在样品 GC 分析之前先进行预处理,样品提取液通过硅胶填充的 HPLC 柱,通过停流技术,采集食品提取液中含有矿物油的一段流出物注入 GC 中进行分析。这种预分离虽然能除去食品中其他组分,但是实际操作起来并不理想,因为矿物油烃组分复杂,在预分离柱上流出范围宽,难以避免地将一部分干扰测定的组分带入 GC 分析。有研究人员在 HPLC 预分离之前采用溴化或者环氧化处理,试图通过改变干扰组分烯烃的极性,以达到改善分离效果的目的,但这样仍不能完全避免干扰组分。

GC×GC,特别是与 MS 或 ToF MS 联用,已经越来越多地用于对食品中矿物油分析时,HPLC-GC-FID 的补充方法,更是确定 HPLC-GC-FID 分析结果最有效的方法。但是,仅靠 GC×GC 是无法完全分离 MOSH 和 MOAH 的。因此,在 GC×GC 之前,通常使用 HPLC 或 SPE 进行预分离或前处理。HPLC-GC×GC 可以在线自动地运行并对 MOSH 和 MOAH 进行定量,提高了分析效率,也降低了样品污染的风险。

图6－13显示了 MOAH 分析中干扰组分在 GC×GC 色谱图中的位置。此研究采用的是反正交色谱柱系统,^{1}D 色谱柱采用 50%苯基聚硅氧烷固定相,^{2}D 色谱柱为非极性色谱柱。图 6－13 中下方的图为环氧化处理后榛子油中的 MOAH,在图中可以明显看到 3 个区域,包括信号较密集的区域(1)、信号较弱的位于右边的区域(2)和位于上方的区域(3),这三个区域中包含了诸多分离得很好的斑点。图 6－13 中上方的图来自矿物油混合物中 MOAH 的分析,图中三个干扰区域分别为:(1) 为烷基化双环芳烃(主要是萘系物)的区域,(2) 位于双环芳香烃和三环芳香烃之间,(3) 位于单环芳香烃和双环芳烃

之间。在这种反正交色谱柱系统中，极性和环数随着图中高度的增加而减少，意味着区域(3)所包含的物质极性相对较低，相应的，区域(1)和(2)中的干扰物极性更大一些。

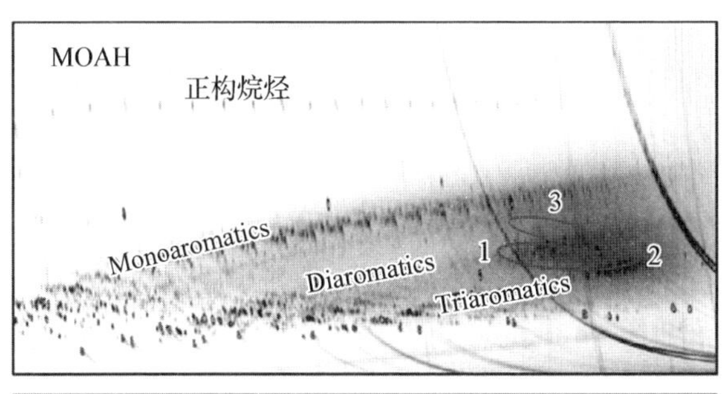

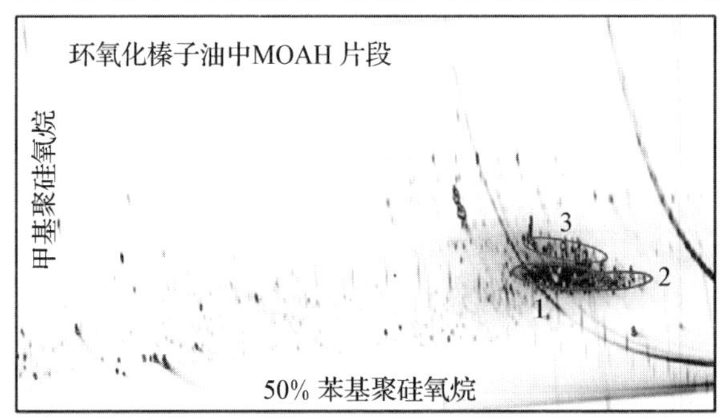

图 6-13 GC×GC-FID 中 MOAH 的干扰：环氧化榛子油(下图)和来自矿物油混合物的 MOAH 部分的干扰物质(上图)

图 6-14 为精制的经环氧化处理的榛子油更详细的分析。图中左侧为 HPLC-GC-FID 分析谱图，右侧为 HPLC-GC×GC-FID 谱图。MOSH 组分的 HPLC-GC-FID 色谱图显示其主要包含奇数个碳的正构烷烃。在所示的衰减下，这些峰位于一个驼峰上，而驼峰太窄，不像典型的 MOSH 驼峰。但是这个驼峰位于一个低而宽的驼峰上，可能有一些少量的 MOSH。GC×GC-FID 分析谱图更为清晰。含量高信号强(过载)的奇数正构烷烃以及下面的一排信号(烯烃)属于榛子油中的蜡类。因此在 HPLC-GC 中，这个窄的主要驼峰应该来源于未彻底分离的天然化合物。然而其中也应该包含较弱的 MOSH 信号，比如甾烷和藿烷，因为这两种物质都含有多环结构，分布在图中低处位置，被广泛地用作确定是否含有矿物油烃的标志物。多支链的异构烷烃位于正构烷烃上方，而烷基化环戊烷和环己烷位于正构烷烃下方，分为偶数和奇数碳同类物，采用条形标记。在环烷烃的同一行，有一个强烈的信号，接着是另外两个信号，信号之间的间隔对应两个碳原子，这些信号应

该来源于榛子。最后，在背景中有一些没分开物质弱的信号云，可能是天然产物烃和 MOSH 的混合物。在 MOSH 组分中，在甾烷稍下处有一个由不同组分组成的圆圈，这个圆圈处于 MOAH 的区域(3)(以虚线表示的细圆圈标记)上部稍偏左的位置。较早和较高的馏出位置，说明此类结构的相关化合物极性较低。位置略低于甾烷和馏出稍晚表明，单不饱和甾烯是甾烷醇脱水引起的。

在 MOAH 组分的 HPLC-GC-FID 色谱图(图 6-14(左))中，驼峰，尤其是斜坡上的驼峰，与 MOSH 的驼峰非常吻合，表明其为 MOAH。然而，驼峰也落在了干扰物质的保留窗口，并且具有干扰物质的典型峰宽。在 GC×GC-FID 图中(图 6-14(右))，可以看到一个弱的烷基苯云，从左边延伸到区域(3)。还有一种更弱的烷基化萘云。因此，少量的 MOSH 可能伴随着更少的 MOAH。HPLC-GC-FID 无法对矿物碳氢化合物进行清晰的解析。而 GC×GC-FID 分析结果显示，天然碳氢化合物中 MOSH 的比例很小，在 MOAH 组分中，图 6-13 中已经显示的三个干扰占主导地位。

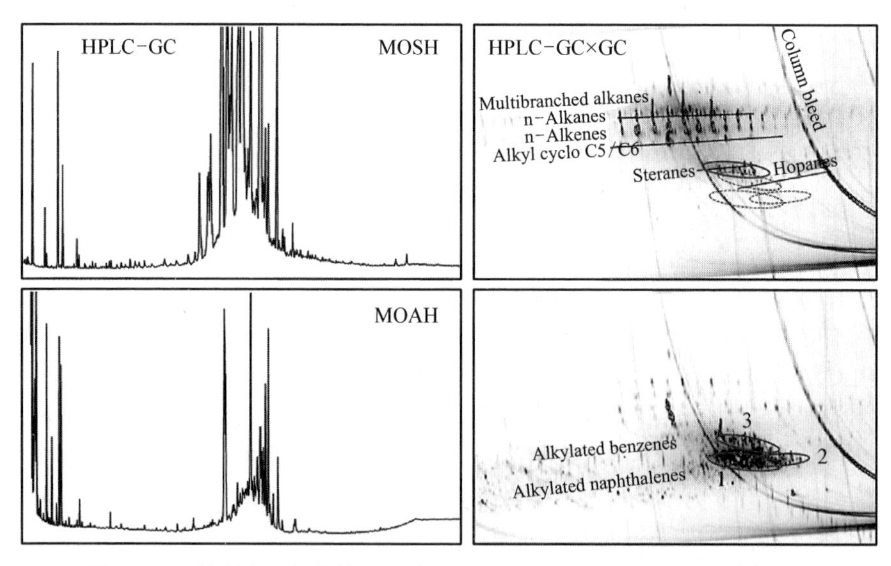

图 6-14　精制和环氧化榛子油的 MOSH(上图)和 MOAH 部分(下图)的 HPLC-GC-FID 色谱图(左)和 GC×GC-FID 图(右)的截图

6.6 食品接触材料

在对食品进行包装和存放时，食品接触材料中的化学物质有可能会迁移到食品中从而对食品造成污染，并对人体健康造成潜在的危害。食品接触材料安全性评估的前提是，通常只有分子量小于1 000 Da的化合物才有可能参与人体代谢，这些物质能够释放到食品中并对人体健康产生影响。对于未知的或者未做评定的物质，检测限的确定可以定为食品常规检出限 10 mg/kg，或者定为遗传毒性化合物的毒理学关注阈值(TTC)——0.15 mg/p/d。食品常规检出限来源已久，且受限于当时所能使用的分析方法。而欧洲食品安全局(EFSA)在判断是否安全时，完全依赖于 TTC。即如果一个人平均一天消耗包含某一污染物的食品 150 g，按照 TTC 遗传毒性化合物的暴露量折算成食品中的含量是 1 mg/kg，仅为常规检出限的$\frac{1}{10}$。有些物质的迁移是可以预测的，因为它们在食品接触材料的生产过程中被使用或者按照已知的方式发生了反应。然而还有很多反应产物或者生产过程中非有意添加的物质(NIAS)是无法预料的。这类物质在食品接触材料中的量以及可能迁移到食品中的量尚缺乏合理的预测依据。而食品中所有组分都应该能够被检测到，这其中包括许多无法事先预料到的化合物，这就要求采用分析能力强且具有可行性的方法，而目前尚没有能够实现这一目标的色谱方法和检测器。迁移量分析的特别之处在于，许多具有相似结构或官能团的化合物的潜在毒性也相似，从而在进行风险评估时这类物质可以被归为一组，例如低聚物材料或是同一物质与不同材料反应后的系列产物等。

采用 GC 和 LC 均可进行食品接触材料中化合物的迁移量分析。GC 用于食品接触材料分析的优势在于大多数食品接触材料都是非极性或中等极性的，如果能够鉴别低分子量化合物的种类，那么大分子量的化合物就很容易鉴别，因为这些化合物常具有相同或类似的结构。而 GC×GC 具有强大的分离定性和定量能力，在食品接触材料领域，特别是矿物油的分析中，应用广泛。本书将分类介绍 GC×GC 在食品接触材料分析中的应用案例。

6.6.1 回收纸和纸板

回收纸和纸板主要用于制作干性食品如大米、意大利面等的储存包装。

当食品在大气环境中长期储存时,包装材料中的物质可以通过挥发和冷凝过程转移到食品中。现有研究表明这些污染物均不来源于天然的纤维,而是来源于回收材料中残留的油墨、胶粘剂和污染物等化学物质。

图 6-15 为回收纸板正己烷/乙醇(1∶1,v/v)提取物的 GC×GC-FID 色谱图。^{1}D 色谱柱的固定相为 50%苯基甲基聚硅氧烷(15 m×0.25 mm(内径)),^{2}D 色谱柱的固定相为二甲基聚硅氧烷(2.5 m×0.15 mm(内径))。假设食品和纸板质量比为 10∶1,迁移的物质在食品中的浓度可达到常规检测限(10 mg/kg)。因此每一个看起来比 n-C24(标记为“24”)更明显可见的斑点如果对应的物质被证实是有毒的,那么就需要考虑其潜在危害性。

图 6-15 中的 GC×GC 色谱图非常复杂,分布着非常多的斑点,由此可以看出 GC×GC 具有较强的分离能力。在传统 GC 分析中,矿物烃过载溢出并挤占了所有其他物质的分布空间。如果需要质谱检测器在检出限附近检出这些物质,那么就必须对样品增加预分离过程来移除烃类物质,才可能分离其他成分,例如采用 HPLC×GC 进行分离。

仅碳原子数目不同的同类物质(如正构烷烃)在 GC×GC 色谱图中以一定间隔形成大致水平的线。在图 6-15 中,正构烷烃的响应信号以一根实线相连。在下方正烷基环戊烷和正烷基环己烷形成一行(以虚线相连)。此外,采用 GC×GC 还可以推断和定性其他物质。例如,在这个试验中烷烃分支的存在减少了物质在^{1}D 中的保留时间(向左移动),随着在^{2}D 色谱柱中馏出温度的降低,化合物在^{2}D 分离中的保留时间增加(向上移动),如图 6-15 中倾斜的一行点从正构烷烃的高度开始(2-和 3-甲基正构烷烃)向上倾斜到左边,说明存在相同碳原子数的异构烷烃(支链数上升),其中^{1}D 保留时间的差异对应一个碳原子。在正构烷烃下面同样可以看到类似成行倾斜分布的同类物质,如从烷基环烷烃开始的。

谱图中央下方有一行,包含的点有 C18 醇和 C20 醇(18ol 和 20ol),主要是氧化烷烃类。这一行信号点的出现并没有以固定间隔分布,意味着这些物质并不是纸板纤维包含的氧化烃,而是外来的,可能来源于矿物或者聚合物。月桂酸异丙酯(IPL)和棕榈酸 2-乙基己酯(16-Eh)酯类化合物分布在这一行的最顶端,同时还包含酮类和醛类。与上述化合物不同的是以环状呈现的一组,二异丙基萘异构体呈簇状分布。壬基酚和邻苯二甲酸二异壬酯也会形成类似的簇状分布,但是并没有出现在这一提取液的 GC×GC 图谱中。

在图谱的底部出现的是大部分极性化合物。由于^{2}D 色谱柱为非极性固定相,因此不仅高度氧化物质,如三乙酸甘油酯和 TAC 出现在底部,二苯甲酮(BP)、蒽醌(Aon)、双酚 A(BPA)和非烷基化多环芳烃也均分布在底部。

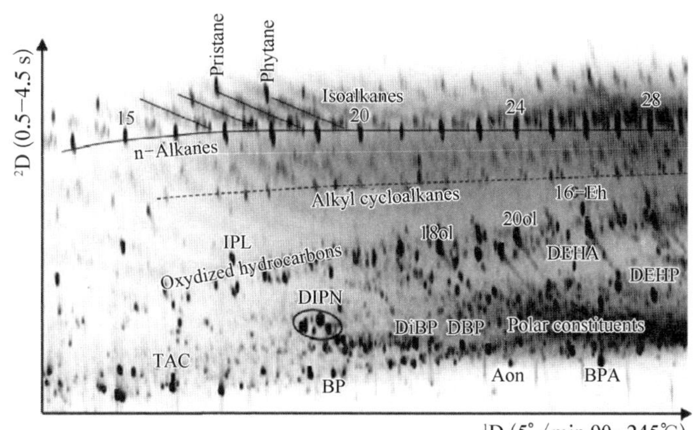

图 6-15 回收纸板提取物的 GC×GC-FID 分析结果

鉴别结果：15,20,24,28 为正构烷烃；TAC 为三乙酸甘油酯；IPL，月桂酸异丙酯；DIPN，二异丙基萘；BP，二苯甲酮；18ol，1-十八醇；20ol，1-二十醇；DiBP，邻苯二甲酸二(2-乙基己基)酯；DBP，邻苯二甲酸二正丁酯；16-Eh，棕榈酸乙基己酯；DEHA，己二酸二(2-乙基己酯)；Aon，蒽醌；BPA，双酚 A；DEHP，邻苯二甲酸二(2-乙基己酯)。

6.6.2 聚烯烃类

从塑料中迁移出来的物质可分为低聚物和其他物质，如添加剂、加工助剂、催化剂残留以及上述物质的反应产物。低聚物通常为具有相同结构的聚合物，但是 GC×GC 分析结果显示其实际上更为复杂，还会有反应产物产生，如形成环状化合物、生产中有意添加的化学物、单体中存在的杂质等。

在常规 1DGC 中，我们通常看到的是一堆色谱峰，然而采用 GC×GC 分析，可以在色谱图上看到各种类型的低聚物。图 6-16 中上图是无添加剂的聚乙烯(PE)颗粒的正己烷提取物的 GC×GC 色谱图。通过衰减调节，直至所关注的具有遗传毒性化合物在毒理学关注阈值(TTC，0.15 mg/p/d)浓度时正好可以观察到。按照食品和塑料质量比为 100∶1 从薄膜中迁移到食品中的量，而每人每天消耗 150 g 食物折算后的日均暴露量为 0.1 mg/kg 塑料。

研究使用与图 6-15 相同的色谱柱系统，含有支链的饱和烃位于顶部，其构成非常复杂。图中略低的是带有末端双键的烯烃，其组成比饱和烃简单，主要点之间的距离相差一个碳原子，表明它们的组成方式与饱和烃不同，因为其包含的物质具有奇数个碳原子，而没有单独的乙烯官能团。烷基环己烷在稍低位置形成一排有规律重复的信号点，这些点来源于含有偶数碳的物质，暗示了还存在第三种形成方式。在这些行之间，还有一些不是很强烈的信号，它们的分布

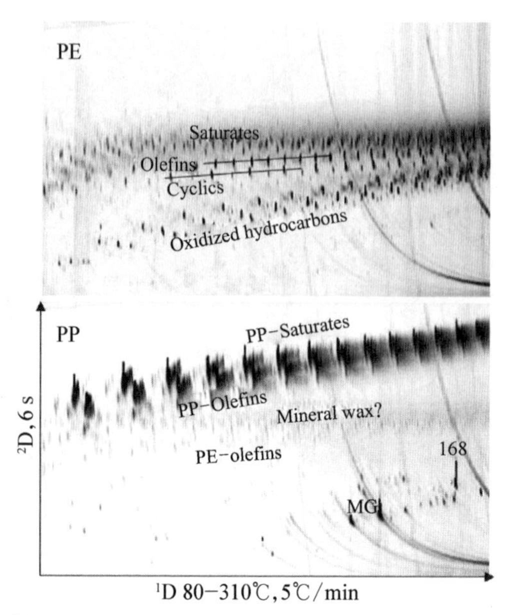

图 6－16　聚乙烯(PE)和聚丙烯(PP)的正己烷提取物的 GC×GC-FID 2D 轮廓图

MG:单脂肪酸甘油酯;168:Irgafos 168。

位置并不完全在中间,即不是奇数类似物。

氧化烃的极性更强,位于碳氢化合物的下方。氧化官能团与尺寸更大的烷基部分结合,点的高度随着^{1}D 保留时间的增加而形成倾斜带。与图 6－15所示的再生纸板相比,PE 塑料提取物的 GC×GC 色谱图显示更强的规律性。主要包括三排主要的点,每一排保留时间差对应于两个碳原子。如果这些化合物是在聚合物生产之后形成的,例如烯烃低聚物,类似于这些的结构并不明显。而在一排排不同寡聚体下方,几乎没有观察到任何其他物质。

图 6－16 中下方是 PP 颗粒的正己烷提取物的 GC×GC-FID 图。这张图中有两行信号簇,间隔对应的是 3 个碳原子。两行中的信号簇有相同的模式。稍低处是不太强的烯烃信号,PP 寡聚物由于其密集的支化而使其带向倾斜。图中还有一条由弱的信号组成的水平谱带,间距相当于一个碳原子,这些信号可能来源于矿物蜡。下方还有一排信号点,两个碳原子重复间隔,假设其来源于不饱和的 PE 低聚物,这个 PE 可能是人为添加的,因为丙烯中添加的乙烯单体不可能形成自己的低聚物。

低聚物的下方还有一些不规则分布的信号,两个主要的点为单棕榈酸甘油酯和单硬脂酸酯(MG),另一个是巴斯夫抗氧化剂 Irgafos 168(168)。

回收的 PP 塑料是不能用于食品包装的。图 6－17 显示了回收 PP 塑料正己烷提取物的GC×GC-FID斑点图。色谱柱配置和分析条件与图6-15相同，衰减10倍后高于图6-15和图6-16。图中的斑点表示塑料中浓度超过1 mg/kg的信号，斑点大小与信号积分值成正比。图谱中包括主要的PP低聚物（大多数是饱和的），不同类型的PE低聚物，在同样的高度还有一团没分开的物质，可能来源于矿物烃。氧化烃谱带中有低聚物，但是主要是一些不规则分布的其他物质（与图6-16对比）。图中用圆圈标注的是增塑剂苯二甲酸二异壬酯（DINP），邻苯二甲酸二异癸酯（DIDP）和1,2-环己烷二甲酸二异壬酯（DINCH），呈簇状分布，说明GC×GC对异构体进行分组的容易程度。GC×GC采用可视化的方式，显示了回收PP塑料作为食品接触材料存在的潜在问题：回收品中容易包含很多值得关注的物质，而这些物质可能存在毒性。与回收纸和纸板一样，对所有有害物质进行鉴别和评估是不现实的，不同的回收材料含有的有害组分也不同。

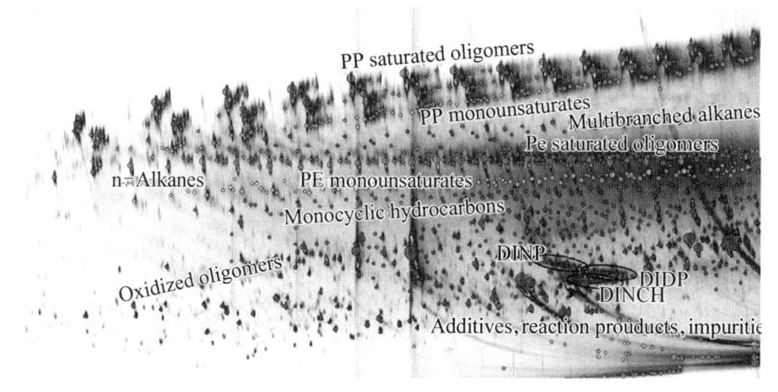

图6-17　回收PP材料的正己烷提取物的GC×GC-FID灯泡图

6.6.3　橡胶

图6-18中，以天然/丁苯橡胶提取物为例，说明无论样品中存在的成分过载多么严重，如矿物油，主要是矿物油饱和烃（MOSH），使用GC×GC仍然可以获得较好的分析结果。在传统1DGC测定中，矿物烃馏出的区域过载和共馏出现象严重，导致无法进行定性和定量分析。而在GC×GC分析中，在1DGC柱温区间馏出的极性较大的组分仍然可以进行识别和鉴别，这一原理也同样适用于游离棕榈酸和硬脂酸的超载和拖尾峰（图6-18中FA16和FA18）的分析。虽然矿物碳氢化合物严重过载，仍能观察到GC×GC分析的优势。

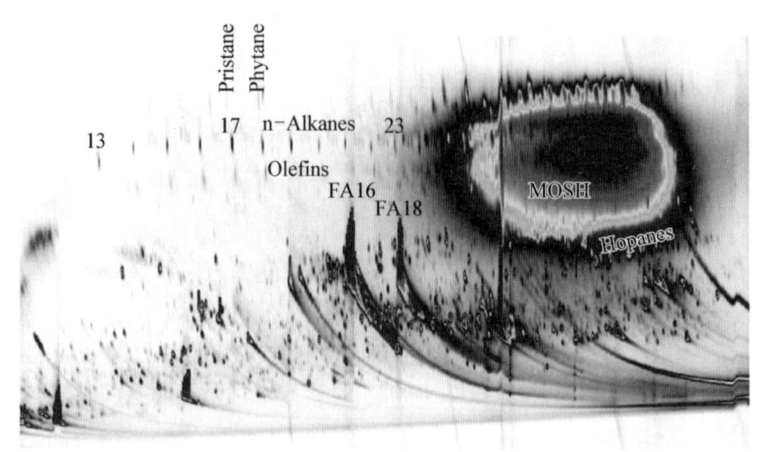

图 6-18　橡胶的正己烷提取物的 GC×GC-FID 2D 轮廓图

MOSH：矿物油饱和碳氢化合物；FA：脂肪酸。

6.6.4　酚醛树脂

酚醛树脂由苯酚类化合物制成，如苯酚、甲酚或叔丁基苯酚等，甲醛在苯环的邻位和/或对位添加羟甲基（"甲醇"）基团。甲酚也会形成键，使酚类物质凝结。这一过程主要是通过失水，形成亚甲基桥，二聚体为双酚 F 型的双酚化合物（如图 6-19 所示）。

酚醛树脂作为交联剂可用于调节柔韧性，用于各种类型的涂料，包括食品罐的涂层。由于酚醛树脂混合物体系的复杂性，其成分分析颇具挑战性。GC×GC 技术用于酚醛树脂分析不但可以提高分辨率，还可以在识别出一些化合物后对不同类别的化合物有一个整体的认识。图 6-19 展示的只是最简单的一种热固性酚醛树脂，GC×GC 技术还有用于更复杂树脂的分析研究。

此研究采用的是正正交色谱柱系统，即非极性色谱柱×极性色谱柱。^{1}D 色谱柱的固定相为二甲基硅氧烷（30 m×0.25 mm（内径）），^{1}D 色谱柱的固定相为 50%苯基聚硅氧烷（1.5 m×0.1 mm（内径））。选择苯基固定相一方面是因为其热稳定性较好，另外一方面是可以通过芳基环之间强烈的相互作用提高分离选择性。分析所用的仪器配置为双级冷喷调制器，由于重新加热过程较慢，因此^{2}D 分离会发生谱带展宽现象。调制周期为 6 s，而样品采用硅烷化衍生处理。

图 6-19 为 GC×GC 的分析结果，谱图中由一定数量的酚（P 或者 PmP）和甲酚类化合物组成。例如，甲酚的两个异构体（PM，邻位和对位，水平实线

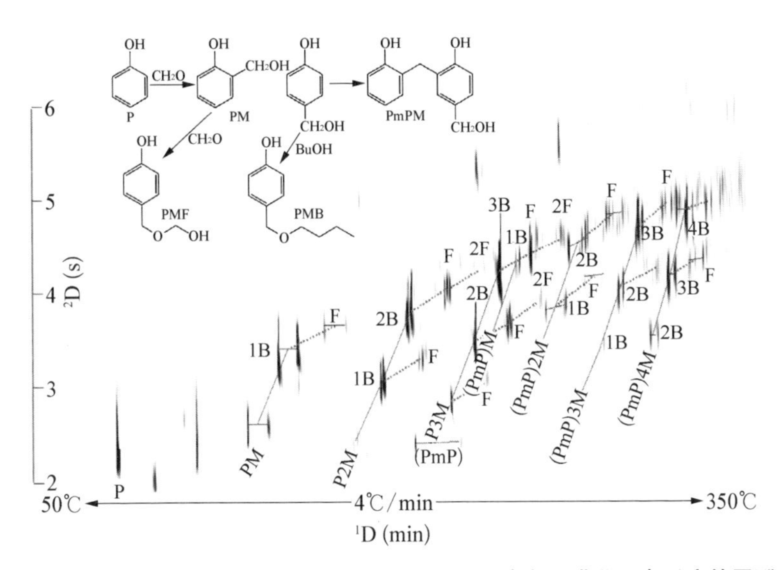

图 6-19 以苯酚和亚甲基桥为原料,加入可与丁醇或甲醛进一步反应的甲酚,经甲酰化后,得到的最简单的甲缩醛的 GC×GC-FID 图谱

P 代表苯酚,m 代表亚甲基键。例如,PmP 由两种具有亚甲基键的苯酚组成,即双酚 F。m 代表甲酚,B 代表丁基(在甲酚上),F 代表加入甲酚中的甲醛,即半甲醛。

连接)。这两个异构体经过硅烷化反应后由于极性较低,分布在谱图的左下方位置。由于丁基醚比硅烷化醚极性更强,两个丁基化产物(PM,1B)保留时间在非极性的^{1}D 色谱柱上略微增加,但在^{2}D 色谱柱上明显增加。

半缩醛(F)有较弱的信号。有少量带两个甲酚基的非丁基苯酚(P2M),但更多的是带一个或两个丁醇或甲醛,在图中同一类型化合物均位于同一区域。P3M 类化合物与双酚类(PmP)有部分重叠。在 2D 图中,不符合上述排列的组分十分明显。因此,在评估混合物的毒性时,可以关注这一类化合物。对于此酚醛树脂样品,外来成分在所有其他成分之上形成 3 个峰,十分明显,它们在苯基环境中极性较高。而在传统 1DGC 中,这些外来成分很容易被忽略掉。

综合以上案例分析,相对于传统 1DGC,将 GC×GC 应用于食品接触材料迁移量分析有以下几个主要优势。

(1) 高分辨率。GC×GC 在传统毛细管 GC 高分辨率的基础上,在^{2}D 上增加了具有中等分辨率的快速 GC,从而可以获得色谱目前可达到的最佳分辨率。而食品接触材料迁移的复杂性对分离系统的分辨率有较高的需求。

(2) 高灵敏度。^{1}D 分离后重新聚焦的溶质谱带,在^{2}D 上会略微展宽,会产生至少高 10 倍的尖峰，这也意味着灵敏度会高出大约 10 倍。FID 可以检出 0.01 ng 物质的信号。例如，进样量为 1 mL 时样品浓度为 10 mg/L，并在标准 EI-MS 中提供清晰的质谱图。由于纸张和纸板等提取物的检测限应在 0.1 mg/kg 的范围内，GC×GC 对提取物进行分析时，可以减少或无需进行再浓缩。

(3) 族类分析。在 GC×GC 色谱图中，相关组分在图中分布通常系统有序，如在不饱和状态、分支、取代或链长等方面有变化的物质。以固定间隔或同分异构体簇，可能在一个色谱图中重复出现几次，从而有助于相关物质的鉴定。而这些物质在食品接触材料中很常见，例如低聚物、异构体、具有相同结构单元的反应产物，因此在鉴定时只需要鉴定几个化合物就可以对整个谱图进行鉴别。

(4) 安全性评估。由于食品接触材料通常含有许多功能相同的物质，因此必须对它们进行分组和归纳，以便进行安全性评估。而这一目标在采用 GC×GC 分析时较易实现，因为在 GC×GC 色谱图中的区域可以整合在一起。

(5) 外来组分识别。对于不符合分布规律的物质，即结构不同于其他组分的物质，在 GC×GC 色谱图中很容易进行识别。

(6) 样品无需预分离。GC×GC 可以避免/减少样品预分离处理步骤。食品接触材料的提取物，特别是塑料的提取物，通常以低聚物为主，产生一个很多重叠的色谱峰峰簇。当需要分析少量的其他组分时，通常需要进行样品预分离，如除去聚烯烃中的烃类化合物。如分析聚烯烃或回收纸板时，可以通过 HPLC×GC 技术实现预分离(即在 GC 分析期间，在 HPLC 停流情况下将几个连续的 HPLC 流出片段转移到 GC 中)，但采用 GC×GC 分析无需上述步骤也可达到相同的效果。

(7) 过载峰。一些食品接触材料中含有大量的增塑剂，这些物质在传统 GC 中严重过载。过载后形成的宽峰使这一保留窗口成为其他次要化合物的检测盲区，即在过载宽峰区域无法识别到其他化合物。而在 GC×GC 中，这样的检测盲区得到了大大的限制。从 ^{1}D 馏出的次要化合物与该主要化合物可能在 ^{2}D 得到分离，即在 2D 色谱图中位于主信号的上方或下方。

(8) 峰积分。在 1DGC 中，由于无法确定基线，难以对未分离组分准确积分，特别是矿物烃或聚烯烃低聚物的分析。而在 GC×GC 中，在每个 2D 色谱图中基线是确定的。

6.7 小结

截至目前，有很多与食品组分相关的信息还没有得到研究和探索，一部分原因是食品基质的复杂性超过了传统 1DGC 的分析能力。食品中污染物残留的分析同样也面对基质干扰、传统色谱分离能力有限的问题。对于食品科学领域的研究者来说，采用新的更强大的分析技术来提高人们对食品中挥发性成分的认知是非常必要的。GC×GC 与 MS 检测器的结合，提供了三个分离维度，包括挥发性、极性和质谱，实现了食品分析对方法选择性的要求，同时，这一方法也满足了峰容量增加的要求和分析速度的要求。如果考虑单位时间内可分离的峰的数量，其速度与快速 GC 相当。GC×GC-MS 是解决当前食品分析面临的复杂基质问题最有力的工具，然而因为人们对这一新方法分析能力所持的怀疑态度和高昂的仪器设备投入费用，其在食品领域的分析应用仍然受到了限制。FID 检测器和对某类化合物有选择性响应的检测器，如 ECD、FPD 和 NPD 等，在解决某些/某类化合物的分析方面更具有针对性，相比于质谱检测器，设备成本投入也较低。过去 GC×GC 多采用冷阱型调制器，这种调制器在使用过程中消耗大量的液氮和二氧化碳，导致运行成本的增加，而固态热调制器和阀调制器的运行成本相对较低，将来还需要研发稳定性更好、应用范围更广的调制器。GC×GC 软件开发的滞后也限制了此项技术的应用和推广，因此，未来开发出能够有效处理 GC×GC 分析过程中产生的大量数据，并能够进行自动定性和定量分析的软件，势必也将推动此技术在食品分析化学领域的推广和应用。

7

GC×GC 在代谢组学中的应用

7.1 背景

随着 GC×GC 技术的逐渐成熟，该技术还开始应用于新兴的代谢组学领域。代谢组学是 20 世纪 90 年代中期发展出来的一门新兴学科，也是系统生物学中一个快速发展的领域。作为功能基因组的一部分，代谢分析揭示了基因、转录组和蛋白质组向表型的转化，以及环境对这一过程的影响。将代谢组的变化描述为外部或内部变化的函数，可以增强人们对发育、疾病、饮食、毒素、药物、压力、微生物群等如何控制生命系统的理解，因此代谢组研究与广泛的基础生物科学相关，在药物研发、分子生理学、环境科学等重要领域具有广阔的前景，也是疾病诊断、治疗和预测的新型方法。代谢组学在应用科学和工业中也有很强的研究价值。例如，代谢组学可以用于生物标志物的识别、发酵食品和饮料的生产以及新的生物合成途径和生物修复策略的开发等诸多方面。

代谢产物是指小分子量的有机（或无机）化合物（<1 500 Da），由众多生物系统内或来自宿主特异性微生物、食品营养成分、药物的生物合成和分解代谢途径产生，可以提供有关生物系统及其状态的大量信息。代谢组学的最终目标是对所有代谢产物进行整体测定和定量以寻找代谢产物类型和数量变化与生理和病理变化的相互关系和动态规律。虽然在大多数生物体中的代谢产物数量预计比基因和蛋白质低，但是由于代谢产物化学性质差别大，浓度范围宽，无法使用单一的分析技术实现全面而系统的分析。

代谢产物的数量取决于生物体和样品类型。原核生物，如大肠杆菌，含有大约 750 个代谢产物，真核系统中代谢产物的数量从大约 1 100 个（酵母）到成千上万个（人类），甚至高达数十万或几百万个（植物和真菌）。在高等生物中，多种代谢组（特定的细胞、组织、生物体液和胃肠道微生物组）共存，其代谢产物的数量和类型可能有明显差异。迄今为止，代谢数据库仅包含了所有代谢产物中的一小部分，缺少很多脂质、外源物及其代谢产物和相互代谢产生的代谢产物信息。

Fiehn 等在 2002 年发表的代谢分析的开创性评论中，将研究代谢组数量和代谢产物的鉴定程度分为四大类：

（1）靶向分析，用来测量底物、酶或酶组的产物；

（2）非靶向分析，用来定性和/或定量代谢物（如脂肪酸甲酯（FAMEs））；

（3）代谢指纹图谱，对有些个别代谢物未被识别的样本进行快速分类（如通过直接进样质谱法获得了分析结果）；

（4）代谢组学，综合分析代谢组（或其中一大部分），个别代谢产物的定性和定量分析。

代谢组学的目标是检测、定性和定量生物系统中的所有代谢产物，但是在所有组学方法中（如基因组学、转录组学、蛋白质组学），代谢组学在分析层面上最具挑战性。像 mRNA 转录产物和蛋白质，代谢产物浓度可以跨越很大的范围，从单分子到摩尔，绝对和相对浓度则视特定情况而不同。然而，与核酸和蛋白质不同的是，核酸和蛋白质这两类物质分别由 4 个和 22 个化学部分组成，而代谢组则包含了数千到数十万种独特的化学物质，因此目前尚没有一个单一的分析平台可以分离和检测样本中的所有代谢产物。根据预测，即使在广泛研究的人体代谢组中，也含有超过 11 万种代谢产物，而其中 80%以上尚未被检测到。能够推动代谢组学发展的关键包括：开发分析技术，用来检测、定性和定量未知代谢产物；开发软件工具，用来管理和处理大量代谢组学原始数据；化学计量学，用来从数据中提取信息。

目前，代谢组学中常用的仪器分析方法包括核磁共振（NMR）、气相色谱-质谱（GC-MS）和液相色谱-质谱联用技术（LC-MS）等，其他方法还包括毛细管电泳 CE-MS 和红外/拉曼光谱。所有这些方法都可以用于诸多代谢产物的分析，但是每种方法在检测限、通量、灵敏度、干扰和所提供的信息种类等方面都各有优缺点。此外，只有将分析平台和样品前处理技术相结合，才能获得最大的代谢组覆盖率。

在代谢组学中，质谱（MS）分辨率高，可以对样品中大量代谢产物进行快速分析，是一种最通用的分析方法。在基于 MS 的联用技术中，GC-MS 在代谢组学中已得到了广泛应用。尽管传统 1DGC 已经为各种分析目标提供了足够的分辨率，但仍无法解析生物样品提取物中的大量组分，常常面临样品复杂基质的挑战。GC×GC 具有优异的分离能力、峰容量、灵敏度，特别适合于复杂样品中低分子量分析物的靶向和非靶向分析。大多数与代谢组学相关的 GC×GC

研究都采用常规色谱柱系统，其中^1D为 30 m×0.25 mm(内径)×0.25 μm(膜厚)的非极性色谱柱，^2D为 1～2 m×0.1 mm×0.1 μm 的中等极性色谱柱。但是，极性×非极性色谱柱系统有时可以更好地利用二维(2D)分离空间，采用大孔径的色谱柱作为^2D，虽然会降低峰容量，但具有更高的负载能力。

7.2 代谢组学研究过程

代谢组学研究分为样品采集和制备、衍生化、色谱分析、数据处理和生物信息学分析和研究流程(图 7－1)。此外，方法优化、验证和质量控制也非常重要。完整的实验设计依赖于各种参数的合理设置。每组所需的样品数量则取决于生物体。代谢组越复杂多变，需要的样品数量越多。但是，如果控制了某一/某些特定因素(如年龄、性别等)或对同一个人和/或受试者进行了时序实验，就可以减少所需样本数量。

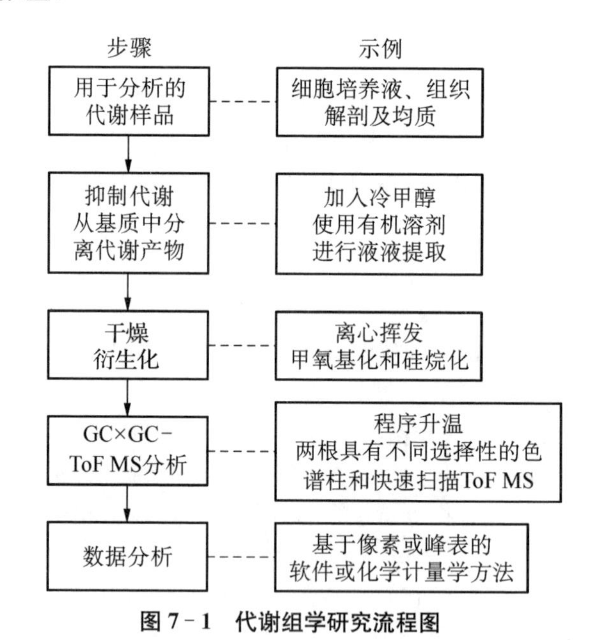

图 7－1　代谢组学研究流程图

7.2.1 样品制备

由于不同种类的样品，如培养细胞、组织、尿液等，都可以进行代谢组学研究，因此在样品制备过程中，必须尽量减少人为因素造成的影响，以保持代谢产物组成不变。通常采用标准化的淬灭、萃取和衍生化方法。淬灭用于降低或完全抑制酶活性，可通过在液氮中冷冻、酸处理或使用甲醇冷缓冲溶液来完成。后续代谢产物的提取可以根据实验方案进行。对于靶向分析，通常采用通用的提取方法，而非靶向分析则要优化提取方法以检测尽可能多的代谢产物。

不同化学物质的萃取效率和固体或半固体样品的不均匀性对代谢组学的分析均会产生显著影响。因此，优化取样和样品制备方法非常重要。组织标本，如脑、肾、肝、肌肉等，需要进行均质化，采用机械或化学方式裂解细胞壁，然后进行溶剂萃取以释放和提取细胞内的代谢产物。由于血清和血浆中蛋白质含量较高，蛋白必须在提取过程中沉淀析出。尿液需要用尿素酶处理，因为高浓度的尿素不利于 GC-MS 分析。不同的液体摄入量会影响尿液样品中代谢产物组成的比较，因此有时需要根据肌酐浓度调整样品体积。

7.2.2 衍生化

只有极少数代谢产物是天然可挥发的，如醇、酯、单萜等。大多数代谢产物需要进行衍生化，以符合 GC 分析的要求。目前，对于特定种类的代谢产物，已经建立了多种衍生化方法，例如用于氨基和/或有机酸的氯甲酸烷基酯，或用于脂肪酸的酯化反应。甲氧化和硅烷化（使用三甲基硅烷（TMS）或叔丁基二甲基硅烷（TBDMS）等衍生化试剂）适用于不同种类生物样品中全部代谢产物的衍生化反应。其中，硅烷化是最适合非靶向分析的衍生化方法，可以修饰多种官能团，包括羟基、羧酸、胺、酰胺、亚胺、硫醇和磷酸酯等。衍生后的产物极性降低，挥发性增强并且更加热稳定，但是衍生化试剂和衍生产物易水解，因此所有样品在衍生反应前必须彻底干燥。

两步衍生化也是一种常用方法，通过甲/乙氧化形成包含羰基的稳定衍生物，然后进行三甲基硅烷化。首先，将甲氧胺盐酸盐溶于非质子极性溶剂，如吡啶，其中甲氧胺试剂主要与代谢组学样品中的酮基，主要是碳水化合物反应。甲氧基化有助于增加含酮代谢物的挥发性，同时打开碳水化合物的环状结构，稳定开链形式，并在随后的硅烷化反应中，保护半缩醛碳水化合物的分子内转化。碳水化合物的 α 和 β-异构体的展开，会产生两个色谱峰与其相对应。虽然每种碳水化合物产生两个峰，会使分离更加复杂，但可以成为标准加入法（将分析物的标准物质加入样品基质）鉴别碳水化合物的重要工具，因为两个甲氧胺衍生物之间的比例为常数。在衍生化的第二步，三甲基氯硅烷（TMCS）催化硅烷化试剂双（三甲基硅基）三氟乙酰胺（BSTFA），用 TMS 基团取代反应氢原子。此反应增加了代谢物的挥发性，消除了可能存在的氢键点，同时也增加了热稳定性。羟基、羧基和胺官能团是这一步衍生化反应的主要目标，而胺的 TMS 反应是三者中最慢的。

衍生化反应后，单个代谢产物可由一个或更多的峰表示。除了甲氧基胺的 $E-Z$ 异构可能产生两个信号外，部分硅烷化可能导致某些代谢产物(例如氨基酸)形成许多峰。此外，还可能发生位阻、降解或重排反应。

7.2.3 GC×GC 分析

GC×GC 可以分离大部分复杂代谢产物衍生物的混合物。在传统 1DGC 中，例如典型代谢组学中使用的 20 m×0.18 mm(内径)色谱柱在 45 min 的分离时间内，峰容量通常可达到约 500，而代谢组样本的复杂性要求必须采用各种方法使峰容量得到最大化。其中，增加第二个色谱维度是一个非常有效的方法。GC×GC 中，通过热调制系统连接的第二根色谱柱可提供额外的化学选择性，显著提高了代谢产物分离的峰容量。例如，GC×GC 分离中的峰容量约为 5 000，即两个维度峰容量的乘积，其中一般 ^{1}D 峰容量约为 500，^{2}D 峰容量约为 10。在相同的总运行时间内，GC×GC 峰容量是 1DGC 峰容量的 10 倍。

GC×GC 中的热调制提供了实时的热进样系统，其中 ^{1}D 色谱柱的馏出物被低温捕集和热解吸(即进样)到 ^{2}D 色谱柱上，而没有任何损失。由于 ^{2}D 的峰宽度很窄，通常为 50～200 ms，因此在 GC×GC 分离中常采用 ToF MS 作为检测器。GC×GC-ToF MS 分离中，数据采集频率为 100～500 张质谱图/s，即使对第二根色谱柱中馏出的最窄的色谱峰(峰底宽 30 ms)，都足以进行采样。

7.2.4 数据处理

数据处理的主要目的是将 GC×GC 的实验数据转换为可用信息。在任何靶向或非靶向分析前，都必须对数据进行预处理。对于某一特定实验，数据分析也是决定实验是否成功的重要因素之一。预处理通常包括去除数据中噪声和干扰。对于 GC×GC-ToF MS 数据，基线校正和保留时间对齐也尤为重要。

基线校正主要用于降低数据中的低频噪声，移除色谱柱固定相流失造成的基线漂移，也可以校正背景离子化和/或低频检测器变化。如果能够通过实验产生合适的空白色谱图(仅代表背景)，就可以从样品色谱图中扣除空白色谱图，这是进行基线校正的一个较为简单的方法。另一个简单的算法是使用多项式最小二乘法拟合数据中的单个或所有色谱图，产生模拟的空白色谱图。更为复杂和准确的基线校正方法则可以通过检测峰边缘，拟合每个峰各自的基线。用线性最小二乘拟合算法可扫描全部分离空间，并进行基线扣除和/或校正。

2D 峰对齐是 GC×GC 数据分析中非常重要的前处理步骤。不同样品之间的 GC×GC 色谱峰在 2D 分离空间内的偏移会影响非靶向分析。当然，如果所有样品均在合适的时间(24～36 h)内进样，同时仪器漂移较低，那么可以省略这一步骤。峰对齐所采用的通用方法可分为基于像素和基于峰表的方法。其中，基于像素的分析是指不需要进行预处理(除必需的基线校正和/或归一化外)的色谱图数据的分析，就对样品的每个数据点(即像素)进行比较。基于峰表的方法是指首先使用去卷积、峰质谱匹配、结果排列从而形成一个表格，然后对同一代谢物表格条目进行比对。

生物样本的衍生化和 GC×GC 分析，与其他非靶向数据分析技术相结合，可以在一个仪器平台上进行代谢组学分析。当然，使用其他分离方式，如 LC 或 CE 等，分析分子更大或挥发性较差的化合物，在生物通路分析或生物标志物识别等方面是互补的，也是必要的。

7.3 生物体液代谢组学研究

生物体液可以通过排泄(尿液、汗液)或分泌物(牛奶、胆汁)方式无创获取，也可以通过使用针头(血液、脑脊液、囊肿液)以侵入方式获得。迄今，使用 GC×GC 技术的代谢组学研究中使用最广泛的体液样本为尿液、血液和痰液。在血液方面，全血分析并不常见，通常采用血清或血浆作为样本。血清和血浆可以通过单独的前处理步骤从全血中分离得到。例如，凝结的血液离心后取上清液即为血清。抗凝剂，例如柠檬酸盐、EDTA 或肝素，处理血液后的液体部分即为血浆。血清和血浆是最复杂的生物体液之一，至少需要去除蛋白质后才可以进行分析。尿液虽然可以直接使用，但有时需要校准尿液浓度差异并去除尿素。

7.3.1 血液代谢组学研究

采用 GC×GC 进行的有关血清/血浆分析的研究比尿液代谢组分析要多得多。

GC×GC-ToF MS 分析从进展性晚期线粒体病小鼠模型中收集的血清和骨骼肌标本中氨基酸的研究中，^{1}D 采用相对较短的 10 m×0.18 mm×0.2 μm 低极性 Rtx-5 色谱柱，^{2}D 采用 1.50 m×0.1 mm×0.1 μm 中等极性 BPX-50 色谱柱。

与野生动物相比，携带突变型 mtDNA 解旋酶 Twinkle 的小鼠血清中大多数氨基酸含量水平较高。而在骨骼肌中，只有丝氨酸和丙氨酸水平显著升高。饲喂生酮、高脂饮食可使异常氨基酸水平正常化。

使用 GC×GC-ToF MS 和 NMR 分析 56 位乳腺癌患者的 257 份回顾性血清样本后显示，四种代谢产物标记物：谷氨酸、N-乙酰基甘氨酸、3-羟基-2-甲基丁酸和壬二酸可以用于识别早期复发乳腺癌。

Lankinen 等分析血浆样本以研究黑麦面包食用量的影响。GC×GC-ToF MS 分析共鉴定出 231 种代谢物，包括有机酸、固醇和醇等。八周内连续食用黑麦面包会导致核糖醇、吲哚乙酸和核糖酸水平升高。

GC×GC-ToF MS 在非人类灵长类动物模型中围产期窒息的研究中用于分析肝素化血液标本。与对照组动物相比，十种代谢产物存在显著差异。其中可以确认的有已知的生物标志物：乳酸和肌酐，其他代谢物，包括琥珀酸、苹果酸和花生四烯酸被鉴定为潜在标志物。GC×GC-ToF MS 分析了 48 位Ⅱ型糖尿病患者和 31 位健康对照的血浆样本，发现了五个潜在的生物标志物，包括葡萄糖（预期）、2-羟基异丁酸、亚油酸、棕榈酸和磷酸盐。

GC×GC-ToF MS 和脂质组学已用于儿童的纵向代谢组学研究中，以检测Ⅰ型糖尿病发生前血清代谢组的变化。GC×GC-ToF MS 鉴别了 419 个样本中的 75 种代谢物。患糖尿病的儿童出生时，琥珀酸血清浓度降低，脂质组不同。Oresic 等使用相同的分析技术研究了与精神分裂症和其他精神病相关的血清代谢组。

GC×GC-ToF MS 分析了常规和无菌饲养的小鼠的血清代谢组后鉴别出 185 种代谢产物。根据肠道菌群的定殖状态，观察到代谢指纹图谱的明显区别。除了血清糖、氨基酸、脂肪酸、参与能量代谢和Ⅱ期代谢的代谢物水平的变化外，还发现了微生物衍生的代谢物，如 3-羟苯基丙酸、氢肉桂酸和鼠李糖的含量增加。

GC×GC-ToF MS 不仅被用于整体代谢研究，也用于某些化合物族类的代谢物谱分析，如血浆脂肪酸谱和氨基酸分析等。Waldhier 等发现与 GC-qMS 相比，GC×GC-ToF MS 可以提高对映体的分离度，还可用于血清和尿液中游离D-和 L-氨基酸的定量。使用 γ-环糊精色谱柱（Rt-γDEXsa）和 50%苯基-50%二甲基聚硅氧烷涂布的色谱柱，可以对 20 种氨基酸对映体的氯甲酸甲酯-甲醇衍生物进行基线分离。与 GC-qMS 的单离子监测相比，GC×GC-ToF MS 明显降低了 10 种氨基酸对映体的定量限。采用此方法测量肝硬化患者和对照组的血清中氨基酸对映体的浓度，发现患病组的 D-氨基酸浓度明显增加，而 L-氨基酸的水平略有降低。

Tranchida 等使用 GC×GC 测定人血浆中脂肪酸(FA)。健康志愿者的样本用甲醇钠皂化,然后用三氟化硼-甲醇络合物酯化。使用 GC×GC 共发现超过 65 种脂肪酸,其中 36 种化合物用标准品进行了鉴别,其余 29 种化合物则通过馏出顺序进行了初步定性。

Barberis 等对 161 例肺炎和/或呼吸衰竭患者的血浆样本进行了非靶向代谢组学和脂质组学分析。研究使用 GC×GC-ToF MS,鉴别出的生物标志物可以区分 COVID-19 和非 COVID-19 患者、重症和非 COVID-19 患者,以及重症和非重症 COVID-19 患者。此外,作者还观察到宿主对病毒的反应与几种代谢、炎症和免疫系统之间的关联。同一研究小组还开展了血清的非靶向 GC×GC-ToF MS 代谢组学研究,调查了 51 名暴露于具有相似感染 COVID-19 概率环境中的医卫人员。最初,这些人员的血液分析结果为阴性,其中 24 人在接下来的 21 天内感染了 COVID-19 病毒。月桂酸单甘油酯、油酸和胆固醇可以作为预测 COVID-19 的生物标志物。这两个研究都表明了 GC×GC 具备实现 COVID-19 诊断和监测的能力。

代谢组学研究中的一个常见问题是大多数样品基质中的代谢物浓度范围很广。在^{2}D 使用内径更大的色谱柱(内径 0.32 mm),可以提升色谱柱负载能力。与传统的小内径^{2}D 色谱柱(内径 0.1 mm)相比,质量负载能力提高了十倍,但峰容量却降低了 40%。该装置分析 15 个胎牛血清标本时,较大内径的色谱柱系统使得代谢物更好洗脱,接近高丰度的化合物。

7.3.2 尿液代谢组学研究

在用于人体或动物的多种代谢样品中,尿液是一种比较理想的样品类型,其中优势有很多,一方面,每天每个人都会产生,量大易得;一方面,采样过程不是侵入式的,对患者比较友好,且易于保存;另外,尿液的前处理相对于其他种类的样品,如血液或组织,更为简单快捷,一般只需要溶剂萃取后衍生化就可以进样了。从检测和研究的效果来说,由于尿液是很多代谢产物的最终排出方式,其中的化学组成反映了体内的代谢过程,可以反映很多种疾病或身体异常情况。因此尿液是代谢组学里使用非常普遍的一类样品。

GC×GC-ToF MS 在尿液代谢组学的研究主要集中在先天性缺陷的代谢组分析上。Wojtowicz 等开发了一种自动数据处理方法检测到了可指示六种代谢缺陷,包括胸苷磷酸化酶缺乏症、甲羟戊酸尿症、霍金菌尿症(也称为 4α-羟苯基丙酮酸羟化酶缺乏症)、芳香族 L-氨基酸脱羧酶缺乏症、丙酸血症和中链脂酰辅酶 A 脱氢酶缺乏症的 21 种目标代谢物,样品在分析前,在尿液中直接进行了乙氧基化，然后用乙酸乙酯萃取。干燥后的有机相用甲醇-丙酮混合物进一步萃取，萃取物干燥后进行了三甲基硅烷化。该研究中数据可以自动化处理，GC×GC-ToF MS 对所有病理标记物进行了正确识别，比使用 GC-MS 时标记更准确。

Kouremenos 等进行五名先天性代谢缺陷患者的尿液分析时，比较了两种色谱柱系统(非极性×极性和极性×非极性)，其中极性×非极性色谱柱系统更好地利用了 2D 分离空间。在使用稳定同位素标记的内标时，GC×GC-ToF MS 可以实现对 5 种代谢物的定量分析。此外，此研究还发现了一种新型代谢产物——巴豆酰甘氨酸，可以作为线粒体 3-羟基-3-甲基戊二酰辅酶 A 合酶缺乏的诊断标记。

Vasquez 等开发了一种新的双提取方法来捉取其他尿液代谢产物，并使用 GC×GC-qMS 分析了其衍生物。第一次提取首先使用脲酶培养法去除尿素，然后使用乙酸乙酯液-液萃取提取有机酸。对剩余的水相进行第二次提取时，首先在 pH9 下用三乙胺孵育，然后用四氢呋喃递归提取。最后将两个提取步骤中的有机相合并，合并液硅烷化衍生后进行分析。与常规样品制备和 GC-qMS 分析相比，此研究虽然样品制备过程耗时更多，但通过与分辨率更高的 GC×GC-qMS 结合可以额外测定出 92 个化合物。GC×GC 方法经验证后，被用于医院中不明原因神经系统疾病儿童尿液样本的分析，得到的结果有助于了解尿酸症的形成原因和致病机理，并提供更准确的预防和诊断手段。作者认为此方法也适用于其他体液的代谢组学分析，如脑脊液、唾液和呼吸冷凝液等。

来自南非的科学家 Luiers 和 Loots 深入研究了尿液中跟肺结核(Tuberculosis，TB)相关的代谢生物标志物(主要是有机酸)。他们采用的是非常标准的代谢生物标志物分析流程：首先选取适当的患者组和控制组收集尿液，对样品进行液液溶剂萃取和衍生化(根据分析对象的不同性质，有不同的标准化方法)，再进样到 GC×GC-ToF MS 系统，然后对结果进行初步的数据预处理(峰寻找、解卷积、定性等，一般 GC×GC 数据分析软件就可以完成)，接下来是关键的统计分析过程，需要对大量的数据进行一系列处理，包括归一化、数据过滤和筛选，再应用多种生物统计学和化学计量学方法，最终得到了 12 个与肺结核患者相关的生物标志物。通过确定这些标志物，还可以推断出宿主一结核杆菌之间发生的一些特异性代谢过程。对于肺结核患者来说，特别显著的变化是异常的脂肪酸和氨基酸代谢，比如色氨酸、苯基丙氨酸和络氨酸产生了较明显的变化，这些信息有助于了解结核杆菌是如何抵抗人类体内的巨噬细胞及其他免疫攻击而成功在体内存活的，也为之后的有效治疗提供了依据。在目前的肺结核临床治疗中，无效治疗和复发的情况比例还不少，大家对其原因也了解不多。该团队的另一项工作研究了肺结核治疗差异的患者中的代谢过程，通过对经过成功治愈和未治愈患者在治疗前和治疗后的代谢物检测，筛选出了这两组患者间的差异性生物标志物，治疗失败者尿液表明，某些产物含量急剧升高，表现出长链脂肪酸β氧化异常特征，同时短链脂肪酸减少，反映了线粒体三功能蛋白有缺陷，另外一些代谢物指标表明肠道微生物群产生了一定程度的紊乱。这些信息反映了不同结核菌患者体内的免疫系统和结核菌的相互作用过程，为今后开发更有效的治疗方法及在初期针对性制定治疗策略奠定了基础。

Weinert 等德国科学家对 GC×GC-qMS 在代谢物分析中的应用效果进行了评估。由于 qMS 相对比较普及，如果可以配合 GC×GC 进行常规的代谢组学分析，无疑将极大促进这种新方法的推广。但 qMS 扫描速率偏低，灵敏度也不如 ToF MS，其性能会受到一些限制。这篇文章详细验证了高速 qMS (20 000 u/s)的信号质量，每个峰包含的数据点数量、数据重复性、长期稳定性、检测限等重要指标。最后证明 GC×GC-qMS 也是一种实用的技术，绝大部分技术指标都符合代谢组学常规分析的要求，在资源有限的情况下可以用于某些代谢组学应用。

另一个德国课题组关注了尿液中的芳香胺类物质，这些物质是广泛存在于烟草中的一类致癌物，进入吸烟者的血液后，最终聚集在膀胱并随尿液排出体外。一些证据表明芳香胺是导致膀胱癌的因素之一。这项研究采集了吸烟者和不吸烟者的尿液，进行常规的萃取和衍生化后通过 SPME 进样到 GC×GC-qMS 系统，对 16 种目标芳香胺物质进行方法优化，并对实际样品中的目标物进行定量分析。可以发现，吸烟者尿液中的芳香胺种类和含量远大于未吸烟者。

类固醇激素是人类体内非常重要的化学物质，对很多生理过程起到关键的调节作用。Bileck 等利用 GC×GC-ToF MS 检测了人类尿液中类固醇激素，并对未知物进行了定性筛查，证明了这种技术既可以完成高效的常规人体激素检测，又可以用于科研应用，阐明类固醇激素的代谢机理或发现新的类固醇物质及代谢产物。为了进一步拓展类固醇化合物名录，同一研究小组在 GC×GC-ToF MS 中使用了生物信息学保留时间预测模型，来提取对化合物定性非常重要的化合物结构信息。该模型可以在没有标准物质、质谱和保留指数数据库的情况下预测化合物的保留时间，以进行定性分析。确定最佳模型后，使用临床样品对 GC×GC-ToF MS 分析结果和模型结合，最终在新生儿尿液中鉴定出 12 种类固醇激素。

Eshima 等人使用 GC×GC-ToF MS 研究了健康女性受试者 28 天的尿液代谢产物，以建立一种个性化的方法来检测激素随时间的变化。研究将代谢产物进行了分组，包括核心组(在 7 名受试者的至少一个样品种检测到)，附属组(在 2—6 名受试者中检测到)和稀少组(仅在 1 名受试者中检测到)，将排卵期和非排卵期核心代谢产物的丰度差异进行比较。结果显示，排卵期存在 35 个核心代谢产物。基于改进的 t 统计分析后，2-戊酮、3-戊烯-2-酮、二硫化碳和丙酮具有显著性差异，可以被确定为推定排卵期的生物标志物。此项研究证明了可以将鉴定出的化学物质融合到现有的排卵期测试试纸中，以提高长期生育监测和预测疾病异常的特异性。

此外，来自英国和德国的联合研究团队对动物(鼠和猪)的尿液以及其他一些组织及血清等进行了生物标志物分析。采用 GC×GC-qMS 方法，通过标样比对和 NIST 质谱库搜索，确定了样品中的典型生物标志物。

最近，Eshima 等采用顶空固相微萃取(HS-SPME)和 GC×GC-ToF MS 相结合，解释了由于压力引起的人体尿液挥发物代谢变化的潜在机制。皮质醇是肾上腺皮质在面对压力时释放的一种糖皮质激素。尽量已有大量研究报道了皮质醇失调与精神健康和情绪障碍，如抑郁症和精神分裂症等的关联，但其潜在机制仍不清楚。此研究识别了与测量的尿总皮质醇相关的 14 种关键代谢产物，并建立了可用于预测人体游离尿皮质醇总量的模型，证明了 GC×GC 代谢组学方法可用于精神病诊断和长期精神健康监测等方面。

7.3.3 痰液代谢组学研究

痰液是肺代谢组学分析常用的样本，但其粘度高，不均匀，都会影响代谢产物分析时的回收率和重现性。为了确定在氯仿/甲醇/水提取、衍生化和 GC×GC 分析之前痰液的最佳预处理方法，Schoeman、du Preez 和 Loots 比较了四种方案，包括：(1)1∶1(v/v)痰液和 SPUTOLYSIN©(磷酸缓冲液中二硫苏糖醇的浓缩物)；(2)1∶1(v/v)痰液和 0.5M NaOH(含 20%w/vN－乙酰基-L－半胱氨酸)；(3)1∶2(v/v)痰液和 1M NaOH；(4) 痰液与 45%乙醇以 1∶2(v/v)的比例混匀均质。在前三种方法中，对混合物进行离心预处理并收集细胞颗粒以进一步提取；在第四种方法中，在 $CHCl_3/CH_3OH/H_2O$(1∶3∶1)提取和硅烷化之前保留并干燥整个匀浆体系。通过对提取效率进行分析，如提取化合物的数量和浓度、重复性、检出限和从 GC×GC 代谢组中选择的生物标志物预测的准确性，研究确定了乙醇匀浆化(第四种方法)是最好的预处理方法，只需要 250 μL 痰液就能识别 19 种肺结核代谢标志物。乙醇提取法保留了整个痰液样本，所以其产生的代谢物数量和浓度最高，大约比第二种方法高 80%。但是，此方法在结核分枝杆菌加标痰液与未加标对照组产生了明显不同的代谢图谱，通过这些代谢产物可以将结核阳性与阴性患者样本进行分类。数据表明，结核分枝杆菌分泌的代谢产物是非常重要的生物标志物，是使用典型的低细菌细胞密度(<105 个细胞/mL)的痰液标本诊断结核病的关键原因。

7.4 细胞和组织中代谢组学研究

Pasikanti 等进行了代谢足迹研究，使用 200 μL 样品并用甲醇沉淀蛋白，然后比较了致瘤性和非致瘤性尿道上皮细胞的培养基中代谢产物的差别。研究采用 LECO 公司的统计比较软件进行数据分析，其鉴别出 20 个代谢产物，包括糖、糖醇和苹果酸，这些物质在这两种细胞之间的差异很大。

通过使用脂质组学和基于 GC×GC-ToF MS 的代谢组学分析升结肠的黏膜活检样品，可进行肠易激综合征的病理生理学研究。首先，使用甲醇提取组织样品，然后进行 GC×GC-ToF MS 分析。本研究共在 GC×GC 色谱图中鉴别出 107 种代谢物并用于进一步分析。与对照组相比，观察到最显著的变化来自 2(3H)-呋喃酮，患者的上调量接近 14 倍。

Mervaala 等通过分析转基因和对照大鼠的心脏组织标本，研究了血管紧张素Ⅱ引起的心肌肥大的代谢特征。GC×GC-ToF MS 鉴别的 247 种代谢产物中，112 种存在显著差异。GC×GC-ToF MS 还可以用于分析小鼠和人脑组织中分析 L-β-甲基氨基丙氨酸。

Snyder 等在 GC×GC-ToF MS 系统中，采用 Rtx 5 和 Rtx 200 色谱柱进行 1-β-甲氨基-丙氨酸(BMAA)的分析。BMAA 被认为与神经退化性疾病相关，包括关岛帕金森痴呆综合征(PDC)与阿尔茨海默病(AD)。小鼠脑组织和人脑组织样品经提取和使用甲氧基胺盐酸盐衍生化后，脑组织中提取物的线性范围为 2.5～50 ppb，检出限为 0.7 ppb。

Ly Verdú 等使用 GC×GC-ToF MS 研究磷酸盐缓冲盐水(PBS)灌注对肝脏代谢物组成的影响，以及灌注是否构成肝脏剖面分析的一个重要试验步骤。用 PBS 灌注和不灌注的健康雄性小鼠肝脏进行分析，结果的多变量分析显示，超过 35 种代谢产物在未灌注和灌注的肝脏中有显著差异。作者观察到灌注后肝脏的 GC×GC 代谢组的变化较小，建议研究时须慎重考虑给器官和组织样本灌注，因为血液的存在会影响代谢组。

Purcaro 等对由三种吸附剂：二乙烯基苯(DVB)、碳氧体(CAR)和聚二甲基硅氧烷(PDMS)组成的五种不同固相微萃取(SPME)纤维头进行分析,以确定分析感染人类鼻病毒细胞培养物挥发性代谢物的最佳纤维头和取样条件。基于从细胞培养基中提取的 12 种挥发性和半挥发性标准物质在 43 ℃下 30 min 的标准化峰面积,确定 DVB/CAR/PDMS 三相纤维头是最佳选择,因为其产生了最高的色谱峰面积。研究通过使用中心复合设计和响应面建模进一步优化了采样方法,确定最佳条件为:时间为 15～45 min,温度为 37～50 ℃,可以获得每个单一标准物质的最高峰值强度。当在 43 ℃下取样 30 min 时,12 个标准物质中的 6 个可以产生最高峰面积,而其余 6 个则无法产生峰面积最大值,因此在所测试的实验参数下,可能无法实现定量取样。

Mal 等使用 GC×GC-ToF MS 进行了基于组织的人类结直肠癌(CRC)整体代谢组学分析,研究包括 63 例新鲜肿瘤组织样本和对应的正常组织样本。结合 GC×GC-ToF MS 和 OPLS-DA 分析结果,识别了 44 个能有效区分 CRC 组织与正常对照组的关键标志物。此外,作者还获得了位点特异性代谢紊乱及相关代谢通路的信息,为进一步研究提供了依据。

当 GC×GC 与具有相对较快扫描速率的 qMS 联合使用时,可从细胞系中鉴定出 614 种代谢物,与 GC-MS 相比有显著的改进,验证了 GC×GC-qMS 作为传统代谢组学方法的补充分析平台的可行性。

7.5 微生物代谢组学研究

微生物代谢组的评估是识别与耐药性、微生物感染的患者样本之间相关性的生物标志物的重要方法之一。初级和次级微生物代谢组的复杂性使得 GC×GC 分析所产生的数据也相应较为复杂,因此需要化学计量学方法进行处理。

7.5.1 细菌

Lidstrom 小组研究的 GC×GC-ToF MS 分析集中在扭脱甲基杆菌 AM1 (Methylobacterium extorquensAM1)。扭脱甲基杆菌 AM1 是一种兼性甲基营养菌,能够生长在单碳和多碳化合物上。2008 年,Guo 和 Lidstrom 研究了在甲醇或琥珀酸盐上生长的细胞中甲氧化和三甲基硅烷化提取物的代谢物谱。通过对细胞培养物添加不同量的标准混合物,完成了中心 C1 和多碳代谢的主要中间体的绝对定量。在 m/z 147 处进行 Fisher 比率分析可确定 36 种差异表达的代谢产物,其中 13 种是通过质谱库搜索确定的。PARAFAC GUI

进行了峰去卷积和对重建的 3D 峰计算归一化峰体积。研究将完全重叠的 3-羟基异丁酸酯和 3-羟基丁酸酯峰成功地去卷积，从而能够识别分别生长在甲醇和琥珀酸酯上的细胞之间异构体比率的差异。C1 代谢中的甲基富马酸和甲基苹果酸的浓度增加，表示存在活跃的乙醛酸酯再生循环。2009 年，Yang 等使用 LC-MS/MS 和 GC×GC-ToF MS 以及 PARAFAC 数据分析来比较参与乙胺(C2)和琥珀酸酯(C4)上生长的扭脱甲基杆菌 AM1 中央碳代谢的 39 种目标代谢产物的浓度。其中，20 种中间体的丰度发生了变化，反映了与 C2 和 C4 代谢有关的通路。对于两种方法都检测到的 7 种代谢物，研究验证了两种方法之间的一致性和定量准确性。Okubo 等测定了扭脱甲基杆菌 AM1 突变体在不存在苹果酰-CoA/β-甲基苹果酸-CoA 裂解酶或苹果酸合酶活性的情况下，在 C2 化合物上生长的能力。研究包括^{13}C 标记实验、微阵列基因表达分析、酶活性测定和代谢产物的分析。其中代谢产物的分析通过 LC-MS/MS 和 GC×GC-ToF MS 进行，使用内部开发的信号比率(S-ratio)方法检测突变体之间的差异。这项研究的主要发现之一是确定了扭脱甲基杆菌 AM1 消耗乙醛酸盐的一个额外途径，其中乙醛酸盐通过一部分丝氨酸循环与甘氨酸裂解系统结合而转变为中央代谢的中间产物。该替代通路是苹果酸合酶反应的补充，而苹果酸合酶反应是 C2 化合物上培养扭脱甲基杆菌 AM1 的瓶颈。

David 等分析了缺陷性假单胞菌(Brevundimonas diminuta)、胶质芽孢杆菌(Chryseobacterium gleum)和嗜麦芽单胞菌(Stenotrophomonas maltophilia)中脂肪酸的甲酯化衍生物，分别使用 Sherlock 微生物鉴定系统、GC×GC-FID 和 GC-MS(电子轰击离子源，正化学电离模式)。GC×GC 的选择性更强，基团种类分离更好，使得微生物中脂肪酸的分析更加完整。

Almstetter 等完成了缺乏转氢酶 UdhA 和 PntAB 的大肠杆菌的野生型与双突变株的比较代谢指纹图谱。通过将他们自己开发的保留时间校正和数据校正工具 INCA 应用于 ChromaTOF 软件创建的峰列表，获得了 48 个重要的应变区分特征列表，共鉴定出了 27 种代谢产物，主要为来自三羧酸循环的中间体。

Rees 等从四种不同培养基培养的肺炎克雷伯菌样本中检测出 365 种挥发性代谢产物，其中 36 种在所有培养基中都很常见。应用 HCA 分析后表明，微生物的代谢高度依赖于所使用的培养基，因此在进行代谢组学分析时应考虑到这一因素。

来自中国广州分析测试中心的向章敏研究员等科研团队对 5 种常见的食源性疾病病原体的挥发性代谢物进行了分析，分别是宋内志贺菌、大肠杆菌、伤寒沙门氏菌、副溶血性弧菌、金黄色葡萄球菌。使用其开发的新型 SPME 吸附材料对不同病原体培养液上方的空气进行采集富集并脱附进入 GC×GC-q-

ToF MS，新型 SPME 材料表现出更大的吸附容量和吸附效率，谱图上得到了更多的化合物。在对这些不同病原体的挥发性代谢物进行全二维分析和数据预处理后，鉴定得到了相应了几十种挥发性有机物，化合物种类相比之前的研究有所增加，而且定性准确性也显著提高。这些挥发性物质经 PCA 分析后，呈现出比较明显的分类特征。为了实现快速鉴定食物污染和病原体种类，需要准确鉴定这些食源性病原体的代谢标志物。在对这几种微生物的代谢物和对照组进行对比分析后，采用 OPLS-DA 模型，找到了差异较大的几种化合物。另外，研究还对真实食物包括牛奶、牛肉、虾和鸡肉等感染了这些食源性病原体后产生的代谢物进行了分析，证实了这几种代谢标志物确实可以反映相应病原体的代谢特征。

在之后的研究中，该团队通过比较研究暴露在不同环境下大肠杆菌的生长情况及其代谢挥发性有机物组成，揭示了微塑料颗粒（PS）和有毒有机物对微生物生长代谢的协同作用。研究发现，随着培养液中农药 DDT 浓度的逐渐增加，微生物的生长受到了抑制。这种抑制作用和外界农药的浓度呈线性关系。而加入了微塑料颗粒后，在高浓度和中等浓度有毒物环境下，微生物原先被抑制的生长有所缓解，表明微塑料颗粒对有毒化合物有一定的吸附，从而减少了一部分微生物生长的抑制作用。为了进一步阐明不同环境条件下微生物的代谢变化过程，研究采用了上述的新型 SPME 吸附萃取材料和 GC×GC-q-ToF MS 对大肠杆菌培养液释放的挥发性代谢产物进行了详细的定性鉴定和曲线分析，确定了 31 种比较关键的代谢标志物。对样品进行无监督 PCA 及有监督的 OPLS-DA 分析结果表明，不同暴露浓度下的微生物所产生的代谢产物表现出明显的差异。对这些代谢标志物和所有样本之间的聚类分析生成的热图展示了在不同暴露水平下大肠杆菌代谢物的指纹特征。该研究成果有助于进一步探索微塑料和有毒化学物质对微生物的生理和代谢过程的影响，并通过识别这些代谢标志物，加深理解这些代谢的途径和机理，为后续的环境毒理和环境修复研究提供重要参考。

7.5.2 酵母

Mohler 等比较了从葡萄糖（发酵）或乙醇（呼吸）生长的酵母细胞中分离的代谢产物提取物。在三个选择性质量通道上结合 PARAFAC 和 LECO 公司的 ChromaTOF 软件进行主成分分析（PCA），可以对 26 种区分类别的代谢物进行鉴别。使用 Fisher 比率/PARAFAC GUI 方法将同一数据中鉴别物质的数量增加了近三倍。t 检验（可信度为 95%）确定了 54 种代谢物在统计学上存在差异。Mohler 等开发了 S-ratio/PARAFAC GUI 方法，这是另一种专门用于时间间隔实验的多元分类分析工具。在酵母细胞的 24 个时间点测量中，找到了 44 个代谢产物。Humston 等使用相同的方法在阻抑和抑制条件下检测野生型和突变型酵母细胞中随时间变化的代谢物变化。在后续研究中，使用 GC×GC-ToF MS 和 LC-MS/MS 研究了在包含 5%葡萄糖的发酵合成全培养基中生长的野生型和四种突变菌株之间的代谢差异。在此研究中，代谢物水平与 RNA 数据相关，包括有统计学意义的代谢物、TCA 循环、乙醛酸循环和葡萄糖糖异生作用的途径。

Cooper 等开发了一种高通量分析技术，以定量酿酒酵母（Saccharomyces cerevisiae）缺失物中含伯胺的代谢产物。采用毛细管电泳与激光诱导荧光检测器（CE-LIF）联用，进行标记有 4-氟-7-硝基-2,1,3-苯并恶二唑（NBD-F）的细胞提取物的检测。通过加标实验和 GC×GC-ToF MS 平行定量三甲基甲硅烷基化氨基酸来定性氨基酸峰。对四个样品获得的数据进行的比较表明，通过 CE-LIF 和 GC×GC-ToF MS 测定的 13 个氨基酸中有 12 个相关（$R^2>0.7$），有 6 个 $R^2>0.9$。谷氨酰胺的相关性较低，因为 CE-LIF 并未将其与缬氨酸分开。

7.6 植物代谢组学

植物代谢组学领域已经有了一系列分析方法，其中 GC-MS 使用最为广泛，近年来也有部分研究采用了 GC×GC 方法。

2005 年，Hope 等首先优化了 GC×GC-ToF MS 分离空间以分析氨基酸和有机酸的 TMS 衍生物，然后将该方法应用于两种常见草皮样品的提取物分析。Pierce 等在整个 GC×GC-ToF MS 色谱图上使用 PCA 数据挖掘来发现罗勒、薄荷和甜叶菊中有机酸提取物之间的差异。Kusano 等使用 GC-ToF MS 和 GC×GC-ToF MS 对来自世界水稻核心资源库（WRC，亚洲水稻品种的代表）的糙米种子进行了全面的非靶向代谢产物的分析。研究首先使用 GC-ToF MS 对所有水稻品种进行了高通量分析，然后使用 GC×GC-ToF MS 对代表性样品进行了具体分析。由于 WRC 涵盖了大多数 DNA 多态性，因此代谢产物表型研究有助于了解水稻自然变种的代谢物多样性，并有助于选择具有高营养价值的水稻品种。

2007 年公布了绿藻莱茵衣藻的基因组序列后，May 等使用 GC×GC-ToF MS 代谢组学和 LC-MS“鸟枪法”蛋白质组学分析技术，并结合计算机（in-silico）基因组注释方法来表征参考条件下模型生物的分子组成。计算代谢模型揭示了新的推定基因、通路和酶促联系。

Kempa等提出了一种通量分析的工作流，该工作流结合了GC×GC-ToF MS、ChromaTOF去卷积和用于批处理数据的算法，研究了莱茵衣藻中^{13}C稳定同位素标记模式。

作为META-PHOR（代谢组学技术在植物、健康和推广方面的应用，Metabolomic Technology Applications for Plants，Health and Outreach）项目的一部分，Allwood等进行了广泛的GC-ToF MS实验，研究了瓜、西兰花和大米样品提取物的主要差异代谢产物特征，用于评估短期实验室可重复性。在研究过程中，还将传统的GC-ToF MS与GC×GC-ToF MS进行了比较。

Johanningsmeier和McFeeters建立了一种非靶向SPME与GC×GC-ToF MS分析结合的方法，用于对厌氧腐败前后的黄瓜发酵挥发物进行判别分析。他们利用了ChromaTOF软件的参考和比较功能，将包含来自每种处理方式的等体积试样的复合样品作为参考，方差分析（ANOVA）检测到了33种代谢产物在变质后浓度发生了显著变化。Risticevic和Pawliszyn分析了七种商用SPME的性能，通过对苹果匀浆进行顶空（HS）-SPME并用GC×GC-ToF MS分析挥发物，测量分析物萃取效率和灵敏度、解吸携带量和线性动态范围等参数。正如Purcaro等所报告的那样，DVB/CAR/PDMS三相涂层在提取效率上优于其他固定相，但也更容易携带苹果中的一部分代谢产物并发生分析物间置换，减少提取时间可以显著改善这两个问题，而且在这一条件下某些分析物的检测限并未变高。

近来，由Hurtado等对暴露于11种新型污染物的生菜进行了非靶向代谢组学分析。生菜叶片样品进行提取和衍生化后，采用GC×GC-ToF MS、MCR-ALS和PLS进行了分析，鉴别了受污染物暴露影响的代谢通路。共有21种代谢产物对所研究的形态学和生理参数有显著影响。

7.7 其他代谢组学分析

Hyötyläine等通过GC×GC-FID测试了四种色谱柱系统，确立了分离膳食乳衍生脂肪酸及其甲酯化衍生物的最佳条件。使用非极性的100%二甲基聚硅氧烷HP-1色谱柱，与极性细孔径（内径0.05 mm）Carbowax柱作为第二根柱联用，可获得最佳分析结果，特别是C18脂肪酸。Vlaeminck等使用GC×GC优异的分离效率来分析饲喂对照饲料和定量饲喂海藻的奶牛的牛奶脂肪酸谱。使用非极性×极性和极性×非极性色谱柱系统分离脂肪酸甲酯

(FAME),2D 轮廓图中清晰的结构有助于鉴定已知和未知化合物。

Mayadunne 等比较了两种不同的色谱柱系统,分别为低极性×极性和极性×非极性色谱柱,用于分离氨基酸的氯甲酸丙酯衍生物,使用 GC-MS、GC×GC-FID 和 GC×GC-ToF MS 对标准品进行表征。使用极性 30 m×0.25 mm×0.25 μm SolGel-WAX 和非极性 1.5 m×0.1 mm×0.1 μm BP-1 色谱柱系统,通过 GC×GC-FID 分析了葡萄酒、啤酒和蜂蜜等样品。Junge 等通过将对映体选择性 25 m×0.25 mm×0.16 μm Chirasil-L-Val 色谱柱与 3 m×0.1 mm×0. 1μm BP 色谱柱相结合的 GC×GC 方法分离了啤酒样品中的氨基酸的氯甲酸乙酯衍生物对映体。在相同的色谱柱上,还研究了氨基酸氯甲酸甲酯衍生物对映体和 N-三氟乙酰基甲酯衍生物对映体的分离,在 Chirasil-L-Val 色谱柱上获得了 N-三氟乙酰基甲酯衍生物对映体的最佳分离度,即所分析的三种衍生物中 D 和 L 对映体的 2D 保留时间之间存在最大差异。相比之下,Waldhier 等将 Rt-γDEXsa1D 色谱柱与 50%苯基-50%二甲基聚硅氧烷色谱柱结合使用,以分离氯甲酸甲酯衍生的氨基酸对映体。与其他已研究的氨基酸对映体的氟化和非氟化氯甲酸酯和酸酐衍生物相比,氯甲酸甲酯-甲醇衍生物去除生物医学样本中的肽和蛋白质后,只要在 pH 中性条件下即可进行衍生化反应,不存在不必要的消旋作用,从而可以获得最高的定量准确度。

在进一步的 GC×GC-ToF MS 研究中,Ralston-Hooper 等用 MSort 研究了水生无脊椎动物不同种群之间的代谢变化。而 Aura 等用厌氧体外结肠模型,结合整体代谢组学方法鉴别了粪便微生物群合成的新代谢产物。

7.8 数据处理

统计数据分析的先决条件是进行无偏差且可重复的数据处理。目前,主要有两种处理原始分析数据的方法,一种将原始数据转换为特定格式,通常为网络通用数据格式(NetCDF),导出以进行外部处理,另外一种使用仪器制造商的软件进行原位处理。在基于 GC×GC-ToF MS 的代谢组学研究中,对原始数据采用的主要数据处理方法包括背景校正、去卷积、峰识别、峰积分和属于同一个化合物的调制峰合并等。每个处理步骤都会影响最终数据的质量,从而影响从数据中提取到的生物学信息的价值。仪器分析得到的峰表通常包含数百至数千个特征及其信息,如^{1}D 和^{2}D 保留时间、质谱图、峰面积等。完整的代谢物谱的比较分析需要可靠且自动的数据比对,以识别每个样品中相同的代谢产物。根据应用的数据类型和分析目的,可以通过使用单变量或多变量统计信息来实现数据评估。

去卷积是一种数学运算，利用质谱信息的差异来分离重叠峰，从而提高分析分辨率。它还可以生成“纯”质谱图，以进行质谱图匹配、化合物定性和定量。目前，对 GC×GC-ToF MS 原始数据进行去卷积通常使用的有两种软件，一种是 LECO 公司的 ChromaTOF 商业软件，另一种为并行因子分析(PARAFAC)。另一软件 GC Image 的应用包括，在基于 GC×GC 的代谢组学中用于处理和构建来自不同细菌的 FAME 数据的 2D 轮廓图，以及用于乳腺癌肿瘤样品 GC×GC-HRMS 分析数据的交叉样本分析。

7.8.1 ChromaTOF 去卷积

与其他商业软件类似，ChromaTOF 最初主要用于数据采集和 1D 数据处理，后期改进后可以处理 2D 分离中的数据。ChromaTOF 进行数据处理时，可以进行真正的信号去卷积、峰识别、通过质谱匹配的^{2}D 合并、峰积分和识别(基于质谱与标准谱图的相似性)、分类、峰表编辑、定量(或半定量)、数据可视化(3D 或 2D 图)并导出。Koek 等定量评估了 ChromaTOF 软件对非靶向 GC×GC-ToF MS 数据处理的效率。研究采用 GC×GC-ToF MS 和 GC-qMS 测量了一组小鼠的肝脏标本和质控样本，并对数据处理结果进行了比较。靶向 GC-qMS 数据处理包括检查，必要时还可以进行整合的所有定量代谢物的人工校正。对于 GC×GC-ToF MS，手动建立目标表，并通过在单独的处理运行中降低质谱匹配阈值来填充样品中的缺失值。其他步骤，去卷积、峰查找、峰积分、峰识别、二维峰合并等，均可全自动进行。根据 ChromaTOF 软件确定的特定质量可以对单个峰列表条目进行定量。采用两种 GC 方法发现的 MS 对目标化合物响应的 RSD 比较结果显示，对于 70% 的分析物，使用 ChromaTOF 可以获得准确的峰面积。峰面积的不准确性主要是由于去卷积效果不佳，将^{2}D 中来自同一代谢产物的峰合并时产生了错误。考虑到数据处理方法消耗的时间，研究人员建议最好只将方法用于少于 50 个样本的研究，还需要进一步改进 ChromaTOF 去卷积算法。

7.8.2 PARAFAC

PARAFAC 算法主要用于 GC×GC-ToF MS 中三阶或以上数据中目标分析物的解析和定量。Sinha 等最早将 PARAFAC 应用于基于 GC×GC-ToF MS 的代谢组学数据。PARAFAC 从三线性分解(TLD)开始，对 Huilmo 代谢物提取物的色谱图中，三种重叠的异构单糖衍生物的异构体进行了去卷积。

最初，PARAFAC 算法是一种半自动而不是全自动的方法，需要输入特定数量的因子才能创建去卷积模型。Hoggard 和 Synovec 提出了一个解决方案，他们用交替最小二乘（ALS）方法对 TLD 启动的 PARAFAC 进行了补充。改进后的 PARAFAC 算法通过为每个样品建立一个因子模型并最大化因子数目（多因子模型），直到发生过拟合（即“分离”分析物信号），从而自动选择合适的因子数目。在同一模型中，有一个以上的因素匹配值高于用户定义的质谱阈值，则为过拟合。为了避免过多的计算时间，在使用时必须限制测试的因子的数量。

2008 年，PARAFAC 成功自动解析了不同 GC×GC-ToF MS 数据，整个过程不需要假设分析物的种类。通过单独分析所有部分，非靶向方法可用于整个色谱图。但是，处理一个样品所需的时间长达几个小时。研究在样品中加标了产生已知信号的化合物，以定性验证该方法的性能，但未见定量研究报道。

为了在原始数据中找到目标代谢产物，特别是样品之间或样品类别之间不同的代谢产物，需要使用多元分析工具，然后将去卷积方法仅用于目标区域，这一过程比常规的整个色谱图去卷积需要的时间要少得多。

2004 年开发的 DotMap 算法，通过使用加权质谱相似度来扫描所有观察到的质谱图，以快速定位其他样品组分中的目标分析物。这种点积质谱匹配算法可以在人类婴儿尿液的 GC×GC-ToF MS 原始数据的保留时间片段中找到衍生化的目标代谢物。如果受到其他成分的干扰，则可通过 TLD 启动 PARAFAC，对各个区域进行去卷积，以提供每个目标代谢产物的纯质谱图。

Pierce 等引入了两种方法来确定复杂样本类别之间的化学差异，而无需根据先验知识知道特定目标区域。首先，在 PARAFAC 去卷积之前，使用基于两个选择性质量通道（m/z 73 和 217）的 PCA 方法，以快速捕获植物样品中有机酸提取物的色谱图之间的差异。原始色谱数据被转换为低维主成分（PC），当覆盖总方差的相关部分（PC1 和 PC2）时，将保留这些原始成分并对其进行进一步评估。Mohler 等采用相似的方法，鉴别了在不同碳源上生长的酵母细胞提取物之间，可进行类别区分的 26 个代谢产物。首先将来自 m/z 73、205 和 387 的数据进行 PCA，归一化为总 TIC 后进行平均居中。然后，通过内部开发的 PARAFAC 图形用户界面（GUI）对大多数可变代谢产物进行量化。在 Pierce 等的第二种方法中，使用自动化的 Fisher 比率法作为前端工具。与 PCA 相比，Fisher 比率法区分样本中的类内变异更具优势。通过使用逐点索引方案（独立考虑分离空间中的每个点）进行特征选择以发现潜在区域，将 Fisher 比率法应用于整个 4D 数据（所有质量通道均经过扫描以提供另一个维度)具有十分重要的生物学意义。该方法通过加标实验进行了评估,并应用于孕妇和非孕妇的尿液样本中,以检测有机酸代谢产物的未知差异。

Mohler 等将 Fisher 比率算法、自动 PARAFAC GUI 和 t 检验应用于在发酵和呼吸条件下获得的生长细胞酵母代谢物的分析数据。通过使用正好在噪声水平之上的 Fisher 比率阈值,可辨别的代谢产物峰数量几乎增加了两倍。此外,Mohler 等还建立了一种 S-比率方法,专门处理酵母代谢组分析结果。

7.8.3 对齐

在许多 GC×GC-ToF MS 分析中,对于多个样品或样品类别的比较分析,必须进行准确的自动保留时间对齐,从而识别出相同的代谢产物。

靶向研究中的数据对齐非常简单,可以通过仪器软件实现。例如,为每种代谢产物预设其特征离子(m/z)和预期的保留时间窗口,以使软件能够检测所有数据文件中的目标峰,并为这些峰分配峰面积。

虽然实际处理中生成目标列表、监测操作非常耗时,但是这些方法非常准确,特别是当需要对每个目标代谢产物使用校准曲线和相应的稳定同位素标记的内标物时,例如对血清和尿液中游离的 D-氨基酸进行定量分析。

非靶向分析的对齐难度更高,必须考虑到所有实验的全部信息,以便进行后续统计分析,从而有助于检测到新的生物标记物。近年来,已开展了大量研究,以对齐 GC×GC-ToF MS 数据。2005 年,GC×GC-ToF MS 在代谢组学研究中的首次应用是肥胖和瘦小鼠脾脏组织提取物的分析,并将几种单变量分析策略应用于同一数据的分析。使用 ChromaTOF 软件中的"比较"功能,进行色谱图删减、平均程序、加权因子、t 检验和自动峰比较实现了代谢产物 GC×GC 指纹图和参考色谱图的直接比较。由于并非在所有色谱图中都能找到所有信号,因此必须将每个样品都作为参考,从而导致比较时计算量较大耗时较长。

Oh 等率先使用 ChromaTOF 软件提供的数据处理选项创建峰表,以通过 MSort 软件进行后续比对。MSort 可处理^{1}D 和^{2}D 保留时间、计算碎片质谱的线性相关性(Pearson 系数),还可通过 ChromaTOF 进行峰合并、排序指定的峰名称。最后,生成一个代表所有色谱图中所有峰的新峰表。软件对标准代谢产物混合物和掺有标准混合物的人血清样本的分析结果进行了测试。此软件的缺点在于使用用户定义的保留时间窗口,该窗口在两个保留时间维度上的固定大小都会影响软件的可靠性和效率。此外,该算法只能处理小的、线性的保留时间失真,对于较大的数据集需要相当大的计算能力。

Almstetter 等开发了一个名为 INCA 的保留时间校正和数据对齐工具,

使用 ChromaTOF 生成的峰列表，进行代谢指纹图谱的比较。方法将两个独立的线性模型拟合到一系列使用奇数脂肪酸作为参考物质的测量中，以解释^{1}D 和^{2}D 保留时间的变化。根据保留时间和 EI 产生的质谱信息，将所有峰列表中的条目对齐到一个数据矩阵中，以进行后续的多元统计分析。定量分析时，使用 m/z 73 离子的信号强度测定代谢物丰度的差异。标准添加试验验证了峰对齐的准确度，以及浓度变化在 1.1 到 4 倍之间的代谢产物的测定结果。方法可以区分突变型和野生型大肠杆菌菌株代谢组。对于关键代谢产物的定量分析，分别采用化合物特异的碎片离子和稳定同位素标记的标准物质，并使用 m/z 73 离子的积分数据来确认定量方法的差异。在后续研究中，通过加标实验生成的峰列表来验证和直接比较了 INCA 和统计比较(SC)对齐方法的性能，还通过使用代谢物特定的 m/z 离子信号强度，而非通用的 m/z 73 离子来定量并评估了 SC。研究还探索了两种算法的优势和局限性。

Wang 等提出了一个距离和质谱相关性优化(DISCO)算法来处理较大的非线性保留时间漂移。该算法可以对齐在不同实验条件下获取的数据，对添加了五个氘代半挥发性标准物质的大鼠血浆提取物进行了测试，但尚没有定量分析研究的报道。

最近，Castillo 等提出了一种称为 Guineu 的数据分析技术，用于大型 GC×GC-ToF MS 数据的处理。对于添加到 440 个血清样品中的内标物的分析，方法在 20 天内的平均定量精确度较高，相对标准偏差低于 10%。

目前，对于数据标准化、滤波、保留指数的使用以及用于化合物的种类识别，已有大量的免费开源软件。通过输入仪器供应商软件处理后的数据，MSort、INCA、DISCO 和 Guineu 等软件的输出只能达到所提供数据的质量。因此，对齐和定量可能会受到无效的去卷积、峰选取、峰合并和峰积分或信号降到预设的信噪比(S/N)阈值以下等情况的影响，从而导致数值缺失并影响后续统计分析。ChromaTOF 的另一个缺点是定量选项的不足，由于该软件无法始终将相同的特有质量分配给所有峰列表中相同的化合物，因此化合物特有的某个/某些离子无法用于外部数据对齐。

7.8.4 数据分析与验证

在进行统计分析之前，通常会对数据进行预处理，例如对数据进行归一化、转换、插补缺失值等。统计分析策略，例如单变量或多变量分析，回归和分类技术，应根据分析时的实验设置和假设进行选择。其中，无监督方法如 PCA 和有监督方法如偏最小二乘判别分析(PLS-DA)和 Fisher 比率分析是最受欢迎的多元分析方法,其他方法,如主成分判别分析(PCDA)或分层方法聚类分析(HCA)也已有了一些应用。

在大多数情况下,代谢组学数据包含的变量数多于样本数。同时测试数千个变量可能会产生 P 值较小的情况,从而导致误报。因此,必须为多个测试校正 P 值,可以通过保守校正算法来控制多重比较谬误(FWER)。校正多个比较的另一种方法是估计错误发现率(FDR)。功能列表的 FDR 定义为其中假阳性的预期相对频率。这些方法于 2006 年被引入代谢组学研究,目前已经得到了广泛应用。

关于方法验证参数,例如线性范围、定量下限(LOQ)、LOD、准确度和精密度等在代谢组学研究时均会进行测定。对于代谢指纹图谱,已采用类别预测和交叉验证(CVal)方法来降低偶然获得相关性的可能性。Almstetter 等使用最近收缩质心分类器来学习代谢特征,以验证不同的组是否分类正确。留一法交叉验证方案可用于指纹识别性能的客观评价,通过实际产生的错误率进行指纹识别准确性的预测。

7.9 定量分析

对于代谢组学中 GC×GC 定量方面,采用绝对定量的研究较少,大部分研究采用相对定量的方式。

Wachsmuth 等评估了 GC-大气压化学电离(APCI)-ToF MS、GC×GC-EI-ToF MS、GC-EI-ToF MS、GC-EI-qMS 和 GC-CI-qMS 的性能。通过使用来自不同化学类别和代谢途径的 43 种代谢产物的标准混合物和 12 种稳定的同位素标记的标准品,测定每种方法的重现性、线性范围、LOD 和 LOQ。在所比较的技术中,GC×GC-ToF MS 的性能最好,线性范围超过三个数量级,LOQ 在微摩尔范围内,LOD 在纳摩尔范围内。此外,研究还比较了来自不同大肠杆菌菌株的代谢指纹图谱的 GC-APCI-ToF MS 和 GC×GC-EI-ToF MS 数据。

7.10 小结

与 1DGC 相比,GC×GC 具有更高的色谱分离度、峰容量和检测灵敏度以及更宽的线性范围。GC×GC,特别是当与采集频率高的 ToF MS 结合时,是一个功能强大、前景广阔的代谢组学研究技术。

最初，基于 GC×GC 的代谢组学研究因缺乏适当的数据处理、对齐和分析工具而发展受阻。如今虽然已建立了多种算法，但是仍需开发能够用于从原始数据到生物学知识整个过程的自动化方法。

代谢组学的根本目的是确定生物系统中所有代谢物的绝对浓度水平。但是，许多 GC×GC 研究仍使用相对浓度而非绝对浓度来比较不同样品中的代谢物，部分原因是受到实际情况的限制，如缺乏标准物质等。由于代谢产物的回收率各不相同(取决于基质成分)，因此采用相对定量法往往有其缺陷。同时，数据验证也是必不可少的。在大多数研究中，其定量分析的线性、精密度和准确度的信息不够完善。到目前为止，GC×GC 主要用于小型代谢组学研究，其对大型样本的集中长时间处理的稳定性尚未确定。

目前，GC×GC 已越来越多地作为综合性代谢组学研究平台的一部分，与其他辅助工具如 LC-MS 和 NMR 等共同使用。未来，通过 GC×GC 与高分辨率质量分析器的结合将会进一步推动其在代谢组学未知组分鉴别等方面的应用。

8 GC×GC在环境分析中的应用

8.1 背景

大量有机化合物已用于农业、工业、家庭、医药和阻燃剂等，这些化合物在制造、使用和处理过程中会进入空气、水和土壤，从而造成环境污染。环境样品的分析非常复杂，因为样品中通常存在着大量化学和物理性质各异的化合物，浓度范围从超痕量到百分含量。随着对土壤、水和大气等环境中污染物水平予以限制的法规的颁布和实施，对环境分析技术在环境样品中有毒有害化学物质的定性和定量分析的应用提出了越来越多的需求。由于环境样品基质非常复杂，存在许多背景干扰，因此目标化合物的定量分析是一大挑战。

《斯德哥尔摩公约》根据持久性、毒性和脂肪组织中生物累积和生物放大效应，将一类化合物认定为持久性有机污染物。最初的清单包括12种持久性有机污染物，到2017年，又有16种持久性有机污染物被列入清单。人类和自然界生物不仅暴露在已知污染物中，还会暴露在已知污染物的降解产物或目前正在使用但尚未被监测的其他化学物质中。欧洲地表水中化学污染物监测分析调查显示，根据《欧洲水框架指令》建议监测的41种危险化学品中，约75%都已被准确地监测到。由于缺乏有效的分析方法或方法灵敏度不够，某些物质如短链氯化石蜡(SCCPs)、多溴二苯醚(PBDEs)、三丁基锡化合物、某些有机氯农药和多环芳烃(PAHs)等难以准确监测。除了靶向分析，环境分析还有一个难题是识别样品中存在的可能对环境有影响的非目标化合物。因此，环境分析的要求变得越来越具有挑战性，传统1DGC在复杂样品和未知物分析方面存在诸多缺陷，而GC×GC是一个有效的解决途径，不仅显著提升了分离能力和峰容量，而且简化了样品制备，缩短了总体分析时间。

与通用或选择性检测器联用的 GC×GC 方法已广泛用于多残留分析，例如不同环境基质中目标化合物的定量分析。环境分析中最经常用到的选择性检测器包括电子捕获检测器(ECD)(用于测定环境基质中有机卤素(如多氯联苯))，火焰光度检测器(FPD)(用于环境样品中含磷或硫有机污染物的测定)等，火焰离子化检测器(FID)和四极杆质谱仪(MS)作为通用型检测器，用于环境样品中不同种类化合物的测定，但是这两种检测器只能针对目标化合物进行定性定量分析。对于环境中存在的复杂组分，靶向和非靶向分析一样重要。飞行时间质谱仪(ToF MS)与 GC×GC 的联用技术能解决非目标化合物筛查的问题，如掌握水体、土壤、大气中污染物分布整体情况，排查污染物来源等。以下章节就 GC×GC 在不同环境样品分析中的应用进行介绍。

8.2 水、废水和渗滤液

水的污染来自工农业生产、城市污水排放和偶然事故泄漏等，水环境的恶化会给人体健康带来巨大风险，保护水体环境已经成为政府监管机构的重要任务。虽然目前很多化合物已经被列在监管列表中进行重点监控，但实际上使用的化合物的种类和数量远远超过目录，因此如何识别环境中新的污染物十分重要。由于水样本基质的复杂性，监测新型污染物要求使用灵敏且便于操作的方法。

8.2.1 烃类、多环芳烃和多环芳烃的衍生物

多环芳烃(PAHs)具有生物蓄积性，对动物和人体有毒害性，这类物质常在水体中检出，因此迫切需要开发具有更高灵敏度和更好分辨率的方法以获得更稳定可靠的数据。Tobiszewski 等首次报道了采用 GC×GC 分析水样中 PAHs 及其衍生物，如氧化-PAHs、硝基-PAHs 和甲基-PAHs 的研究。检测的水样来自波罗的海、当地的河流、湖泊以及饮用水。优化后的 GC×GC-ToF MS 方法可在 30 min 内分离出 43 个目标化合物。Suchomska 等开发了一种固相微萃取(SPME)-GC×GC-ToF MS 方法用于同时分析机场径流水样中的 16 种 PAHs。结果表明，䓛、菲和苯并芘是所有样品中检出最多的 PAHs。此外，除了对目标化合物进行分离和定量外，GC×GC 还可以提供更多有关径流水样中不同种类外源物质组成的信息。

为了同时可视化所有生物修复组分，Skoski 等将 GC×GC-qMS 联用技术用于类异戊二烯、甾烷、萜类、菲和甲基菲的生物降解研究中。萜类化合物是

石油中重要的生物标志物，在 1DGC 中与正构烷烃(C28～C30)共馏出。此外，甾烷与正构烷烃(C26～C29)、菲与正构烷烃(C17～C20)也存在共馏出现象，这些共馏出化合物在 GC×GC 分析中均实现了分离。研究共鉴别了 56 个化合物，包括正构烷烃和异戊二烯脂肪族烷烃(m/z 71)、藿烷(m/z 191)、甾烷(m/z217)和菲(m/z178、192、206、220)。GC×GC 还可以监测目标化合物的分布和丰度变化，有助于评价生物修复过程的效果。

8.2.2 有机卤素和杀虫剂

有些农药属于持久性污染物，大部分国家和地区都制定了法规规定了这类物质在水体特别是饮用水中的浓度限量，因此水体中这类物质的检测非常重要。第一批和第二批持久性有机污染物列表中分别有 9 种和 7 种有机氯农药(OCPs)。许多 GC×GC 研究侧重于提高方法的分辨率和准确度以满足农药监测分析低检出限的要求。

GC×GC 与高分辨率 ToF MS(HR ToF MS)相结合，已用于测定河流水样中 23 种超痕量的 OCPs。首先采用搅拌棒吸附萃取(SBSE)方法提取样品，然后直接采用热脱附进样到 GC×GC。在第一维(^{1}D)中部分或完全共馏出的一些化合物在第二维(^{2}D)得到分离或通过质谱去卷积确认。GC×GC 非常窄的质量窗口(如 0.05 Da)为准确分析提供了额外的选择性。这一方法可对化合物类别进行可视化操作，并对复杂环境样品中的次要化合物进行识别(如图 8-1 所示)。采用质谱库检索(NIST 和内部农药库)、0.05Da 窗口宽度，以及精确分子离子公式计算，GC×GC 共鉴别出 20 种非目标化合物包括 8 种农药和 1 种农药降解产物(吗啉盐、二嗪农、溴氰菊酯、西美净、敌百虫净、普立草胺、噻草胺、吡嗪卡比和五氯茴香醚)、6 种 PAHs(菲、蒽、荧蒽、芘、四环多环芳烃异构体、五环多环芳烃异构体)、3 种多氯联苯(PCBs)(二氯、四氯和六氯联苯异构体)、2 种医药/个人护理产品及其代谢物(三氯生和甲基三氯生)。

Purcaro 等采用 GC×GC 和四极杆质谱检测器联用分析饮用水中的农药。研究采用直接浸泡 SPME 法提取 28 种目标农药。色谱柱系统为 SLB-5 ms 柱与离子液体 SLB-IL59 柱联用。快速扫描质谱仪采用全扫描模式，扫描速度为 20 000 amu/s，质量范围为 50～450 m/z。每个峰需要至少采集 10 个数据点才能确保峰形完整和定量准确，因此对于宽度大于 300 ms 的峰，不存在数据点数量不够的问题。而对于比较窄的^{2}D 色谱峰，虽然使用 ToF MS 更为合适，但使用 qMS 选择离子监测模式可提高灵敏度。

GC×GC-μECD 和 GC×GC-ToF MS 系统通常用于水样中多氯联苯、有

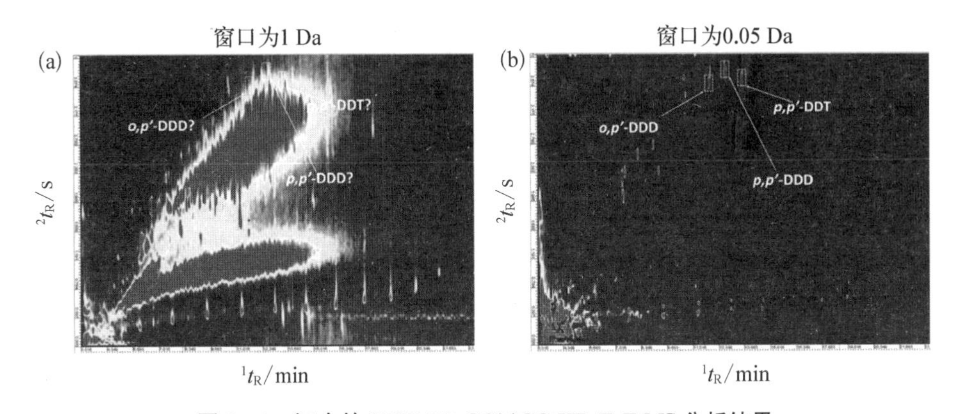

图 8-1 河水的 SBSE-TD-GC×GC-HR ToF MS 分析结果

图中仅显示 *o*,*p*-/*p*,*p*-DDD 和 p,p-DDT 分离结果(采用 m/z 235.0083 的 2D 质谱图)。

机氯农药和氯苯的分析。除靶向分析外,这些方法还可用于筛选其他含卤化合物。此外,GC×GC-ToF MS 作为补充,可以确定样品中目标化合物的异常浓度水平,或对 2D 色谱图中观察到的非目标污染物进行识别和确认。

GC×GC-ECD 和配有 EI、电子捕获负电离两个离子源的 GC×GC-ToF MS,已用于分析日内瓦湖水中的含溴污染物。这两种检测器对于系列复杂样品中大量污染物的检测均具有灵敏度高、选择性好的特点。特别是 ECD 对含卤化合物特殊的选择性和极高的灵敏度,成功实现了日内瓦湖水中 7 种具有持久性和生物累积性的含溴污染物的测定。

8.2.3 其他化合物

苯并噻唑类、苯并三唑类和苯甲磺胺类的监测十分重要,因为它们在废水处理厂中没有被完全去除,而苯并三唑已经被列为新型污染物。GC×GC 分析采用三种不同的色谱柱系统,对目标化合物的 GC×GC 分离进行了优化,其中 TRB-5×TRB-50HT 色谱柱组合的分离效果最佳。与 GC-MS 相比,GC×GC 提供了更强的色谱分辨率,使目标物得到了分离,可以识别出 1DGC 技术分析中可能遗漏的次要化合物,数据准确性也得到了提升。在液相色谱分析中共馏出的两个苯并三唑可以在 GC×GC 中得到成功分离,多项研究已经证明了 GC×GC 技术对于低浓度水平的苯并噻唑和苯并三唑的分析是必不可少的。

Prebihalo 等证明了 GC×GC-ToF MS 在测定废水和土壤样品中新型污染物方面的优异性能。为了减少处理数据所需时间,研究人员采用了一种目标物发现方法,通过分析标准物质进一步证实了所创建方法的有效性,并在进水和出水样本中发现了高浓度的卤代苯并三唑。这些化合物最初通过谱库搜索被误认为是异氰酸酯(标准品和样品的质谱数据相似),但^{1}D 和^{2}D 保留时间与标准品的差异很大,从而排除了这一可能性。此外,还识别了土壤中低浓度的卤化苯并三唑及其降解产物苯酚。

壬基酚及其衍生物用于生产塑料和表面活性剂,已在许多环境基质中被检测到。由于其雌激素效应,这类化学物质对人类和水生动物健康有较大影响。GC×GC-ToF MS 技术在水和垃圾渗滤液样品中 4-壬基酚异构体的测定方面具有独特的优势。2009 年的一项研究共检测到 153 到 204 个壬基酚异构体(具体检出数量取决于样品)。GC×GC 的高分辨率不仅可以分离和鉴别所有主要的 4-壬基酚异构体,还可以检测到此前未报道过的四种异构体(图 8-2)。这一研究体现了在检测混合物中的次要成分时 GC×GC 技术的优势。

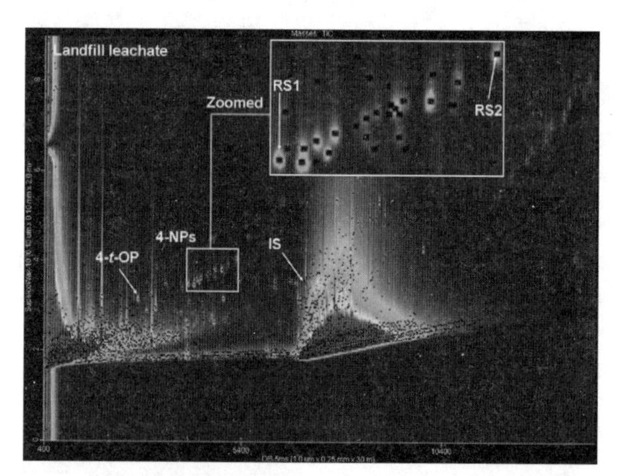

图 8-2　垃圾渗滤液的 SDE-GC×GC-ToF MS 分析 2D 轮廓图

GC×GC 与快速扫描 qMS 相结合,可以在使用较少样品前处理步骤的情况下,识别 5 种内分泌干扰物,方法的 LOD 低至 1.4—2.9 ng/L。

Gomes 等使用 SPME-GC×GC-ToF MS,采用 Rtx-5MS×Rtx-200 色谱柱系统测定河水样本中的污染物,包括 11 种甾体类、咖啡因和对羟基苯甲酸甲酯,均得到了成功分离和定量。这种方法实现了结构相似的分析物彼此以及与干扰物的完全分离,建立的方法进一步应用于加标水样的测试。

采用 SPME 从各种水样(河流、废水和地下水)中提取合成麝香,采用 GC×GC-ToF MS 方法进行分析测试。在 SLB-5MS×BPX-50 色谱柱系统上可分离出 14 个目标化合物。采用标准加入法定量后发现,检出限为 0.05～2.95 ng/L,定量限为 0.1～9.84 ng/L,其中 3-苯基丙烷-1-醇检出灵敏度最低。在所有样品中，有三个目标化合物未被检测到，其余化合物浓度范围从未检出到含量很低清洁水样品到在浓度较高（废水），例如，加拉索内酯在 0.09 到 1.13 mg/L之间。利用统计工具可以评估不同水源之间的相似性。

Li 等开发了饮用水样本中消毒副产物（DBPs）的筛选方法。样品经固相萃取（SPE），GC×GC-qMS 分析。快速扫描 GC×GC-qMS 法与 OECD QSAR 工具箱（http://www.qsartoolbox.org）的结合可以识别饮用水中挥发性和半挥发性 DBPs，并对其进行优先排序。该方法初步鉴定了 500 多种化合物。在不同的水样中，共鉴别出 14 个化学类别的 170 个 DBPs，其中 58 个已被证明具有实际或潜在的遗传毒性。研究还发现了一些在以前没有报道过的非卤化酰胺和含卤素的 DBPs，并提供了所有 170 种已鉴定的 DBPs 清单。

Kopperi 等提出了一种非靶向 GC×GC-ToF MS 分析甾体结构化合物的方法。该方法与统计分析结合对污水净化效果进行了评价，对 10 个污水处理厂的悬浮物、出厂水和污泥中母体化合物可能的转化产物进行了识别鉴定。数据处理最初由 ChromaTOF 软件自动识别完成，同时采用了一些辅助技术如保留指数分配，代谢组学数据分析软件进行比对。研究中检测到的类固醇主要有雄甾烷、雌甾烷、胆甾烷和孕烷。研究发现在前处理过程中，水相中大部分类固醇已经被清除。研究在水样中还发现了其他新型微污染物质，其中布洛芬、咖啡因、卡马西平和可替宁含量最高。GC×GC-ToF MS 分析的优点包括峰容量高、生成的谱图可作为筛选不同样品之间差异的手段、单个化合物定性和定量快速准确等。

Guo 等结合 GC×GC-ToF MS 和气相色谱-嗅觉质谱（GC-O/MS）的数据以及烷烃的保留指数来识别河水样本中的气味物质。研究采用四种不同的预富集方法对样品进行提取，并采用两种技术同时分析样品提取物。在计算保留指数时，向 C7～C30 烷烃溶液中加入四种典型的加臭剂，以验证嗅觉测定峰与 GC×GC 得到的相应化合物信息之间的对应关系。GC-O/MS 共检测到 13 个嗅觉峰，其中只有 2 个被 NIST 库初步鉴定，其余 11 个峰均未获得化合物信息。当使用 GC×GC 时，采用 NIST 库进行匹配度搜索初步鉴定出 30 多种潜在气味物质，这些气味物质对应于 13 个嗅觉峰。此外，GC×GC 法还可以检测到另一种恶臭物质——二甲基二硫醚，但由于溶剂延迟 GC-O/MS 方法是无法检测到这个物质的。从 GC×GC 系统获得的数据可以识别 13 个嗅觉峰中包含的潜在加臭剂，同样利用该方法还可以尝试鉴定水样中存在的其他加臭剂。

8.2.4 多残留方法

人们每天使用的化学品超过 10 万种，因此迫切需要使用可以检测多种残留物的高通量方法优先监测具有潜在持久性、生物累积性和有毒的污染物。药物和个人护理产品(PPCPs)包括数千种不同的化学物质，是一类新出现的令人关注的污染物，被大量排放到水环境中，有必要对其进行监测。然而，采用 LC-MS 或 GC-MS 法均不能在一次分析过程中同时测定所有目标物。近年来，GC×GC-ToF MS 方法开始运用于水基质中优先污染物、药物和其他新型污染物的多残留分析。Matamoros 等开发了一种测定四条不同河流水样中痕量的 97 种有机污染物的方法，包括 13 种药物、18 种增塑剂、8 种个人护理产品、9 种酸性除草剂、8 种三嗪类、10 种有机磷化合物、5 种苯脲类、12 种有机氯杀虫剂、9 种 PAHs 和 5 种苯并噻唑/苯并三唑。质量控制和实际河流样品的等高线图显示了许多 1DGC 中的共馏出物可以在 GC×GC 中被完全分离开。

使用 Rxi-5×Rsi-17 和 Rxi-5×LC-50 色谱柱系统可以对 13 种 PPCPs、15 种 PAHs 和 27 种农药进行分离。其中，进行定量分析时首选 Rxi-5×Rsi-17 色谱柱系统。考察超纯水、河流和废水中分析物回收率后发现，基质复杂性会引起疏水性较强的化合物的 SBSE 回收率较低，ToF MS 信号增强。研究提出了不同的补偿方法，包括从样品处理开始添加替代品、标准添加或样品稀释。采用 ChromaTOF 软件，如气泡图，可以获得水样污染物的指纹图谱，以对比研究河流中污染物来源以及污染随时间变化的关系。研究采用该方法鉴别了一些非目标化合物，如 4-氯酚和氯雷他定，并建议将这两种物质添加在未来监控目录中并进行定量分析。

Bastos 和 Haglund 提出将 GC×GC 和结构-活性模型用于筛选从被污染工业场地收集到的地表水、土壤和沉积物中的有机污染物并进行风险评估。通过使用不同的标准混合物，每个样品中可以鉴定和定量/半定量检出 100 到 500 种化合物。在沉积物样品中发现的含量最大的化合物是邻苯二甲酸酯(PAEs)和烷烃，水样中含量最多的是 PAEs 及其降解产物，而在土壤样品中发现了多种污染物，包括 PAHs、含氯化合物、PAEs、PAHs 和烷烃的生物转化产物等。根据获得的数据，可以使用 ECOSAR 软件预测识别出的化合物的毒性，并对潜在的环境影响进行初步评估。

Wooding 等报告了一种简化的方法用于定量检测内分泌干扰物(EDCs)和抗逆转录病毒药物。研究开发了一种一次性 PDMS 采样器用于对地表水进行提取，然后再采用热脱附方式将采集到的物质转移到 GC×GC-ToF MS 进行检测。定性的标准是质谱匹配度大于 80%，^{1}D 保留时间窗口为 1 s，^{2}D 保留时间窗口为 0.1 s。此外，研究还计算了非目标化合物的保留指数，使用 UHPLC-MS/MS 作为辅助定性技术。由于 GC×GC-ToF MS 较高的分辨率和灵敏度，非靶向筛选出 3 000 多种化合物，包括 PPCPs、防晒成分、杀虫剂、激素和香水等,并在其中挑选出 12 种化合物进行靶向分析,分离了两种氯代杀虫剂毒死蜱和异丙甲草胺,定量分析准确性高。

8.3 生物样品

由于污染物在脂肪组织中存在蓄积和放大效应,因此生物样品的分析可以为海洋和陆地生态系统的研究提供诸多信息。但由于生物样品基质的复杂性,需要强有力的分离技术能够从基体干扰中分离出目标化合物。十多年来,使用 GC×GC 技术分析生物样品的研究数量大幅增加。

8.3.1 持久性有机污染物

多氯联苯(PCBs)是 209 种同族化合物的混合物,在环境中易于生物累积和放大。准确测定 PCBs 需要将它们从复杂基质中分离出来,并从含量更大、毒性较小的同类物中分离出毒性更强的同类物。利用 GC×GC 的高峰容量和分辨率,采用非极性-离子液体色谱柱系统,可以实现 PCB 同系物的分离。在 209 个多氯联苯同系物中,已有 196 个实现了完全分离。多氯联苯标准品混合物 Aroclor 1242(除 PCB12+PCB13 外)和 Aroclor 1260 中的所有 PCB 同源物均在 SPB-Octyl×SLB-IL59 色谱柱系统上得到了分离。209 个 PCBs 中的 188 个同族物可以在 Rtx-PCB×Rxi-17 色谱柱系统上完全分离。采用手动数据处理法进一步发现了 12 种同族物,不同系列物质的色谱有部分重叠,在定量计算时极易遗漏。Aroclor 分析表明,Aroclor 1254 和 1260 中存在的所有同源物均得到了分离,Aroclor 1248 中 115 个同源物中的 113 个(PCB88+PCB95 共馏出)、Aroclor1242 中 99 个同源物中的 96 个(PCB20+PCB21+PCB33 共馏出)和 Aroclor1016 中 66 个同源物中的 63 个(PCB20+PCB21+PCB33 共馏出)也都成功分开。将此方法用于鳕鱼和海鸽肝样品提取物的分析,证明了其用于复杂样品中 PCBs 指纹识别的潜力。

不同研究小组评估了 GC×GC 技术用于不同类别持久性有机污染物(POPs)分离的可行性,以期实现完全分离。为了实现八个类别 POPs 的快速筛查,Bordajandi 等测试了不同的色谱柱组合,包括正正交、非正交和反正交色谱柱系统。尽管没有实现完全分离,但所测试的一些色谱柱组合具有特别的优点,改进了族类分离,并将选定的系列 POPs 与其他 POPs 分离开来。将该方法应用于北极熊脂肪样品时,用 BP-10×BP-50 色谱柱系统可以将毒杀芬与其他 POPs 成功分开并定性。

Kalachova 等开发并验证了 GC×GC-ToF MS 法分析鱼类样品中 18 种多氯联苯、7 种多溴二苯醚和 16 种 PAHs。在 BPX-5×BPX-50 色谱柱系统上所有目标分析物均得到分离，包括多环芳烃-苯并[a]蒽/环戊[c,d]芘/䓛、苯并[b]荧蒽/苯并[j]荧蒽/苯并[k]荧蒽和二苯并[a,h]蒽/茚并[1,2,3-cd]芘/苯并[ghi]芘(图 8-3)。通过大体积进样，方法能够达到欧洲标准规定的定量限。

Escobar-Arnanz 等使用 GC×GC-ToF MS 对地中海深海鱼肝脏样品中的有机卤化污染物进行了非靶向分析。结果显示 POPs 包括 PCBs 和有机氯农药(OCPs)是其中浓度最高、分布最广的污染物。

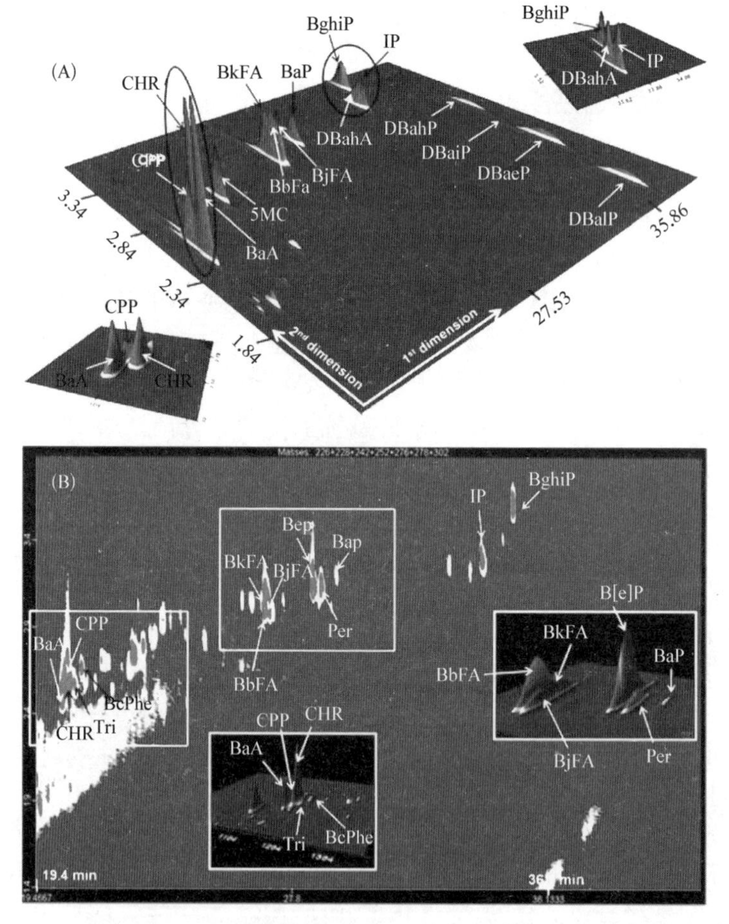

图 8-3　BPX5×BPX50 色谱柱系统分离 PAHs 的 GC×GC-ToF MS 色谱图示例

(A)为离子 m/z 226,228,242,252,276,278 和 302 的总和图，样品为加标的鱼肌肉组织，加标浓度为 100 ng/mL，对应于 10 mg/mL 鱼肌肉组织；(B)为 SRM 1974b 贻贝组织。

Megson 等采用 GC×GC-ToF MS 对利奇风暴海燕海鸟体内的 PCBs 进行分析后发现，CB-153、CB-118、CB-138 和 CB-180 是分布最广、含量最高的 PCBs。使用 PCA 进行进一步分类后发现，基于位置和聚食场确定了海鸟的三个主要族群。

8.3.2 其他含卤污染物

除了监测环境样品中已知 POPs 外，GC×GC 法还可以用于测定生物样品中的其他含卤污染物。Hoh 等采用直接进样法 GC×GC-ToF MS(DSI-GC×GC-ToF MS)，对鱼油样品中的 POPs 进行了靶向和非靶向法分析，扩大了有机污染物的监测范围。其中，GPC 最大限度地增加了能检测到的化合物数量，硅胶 SPE 和酸化有助于阐明未知物质可能的化学成分或结构，DSI 采用大体积进样，GC×GC 提供了更好的分离和灵敏度，并提供了全扫描质谱。采用此方法在鱼油保健品中发现了多种 POPs(多氯联苯、有机氯农药、溴二苯醚、毒杀芬)及其他非目标化合物，包括常见的防晒剂氧化苯甲酮和其他有机卤化物、新型阻燃剂等。通过对多种有机污染物的定量分析，证明了 DSI-GC×GC-ToF MS 准确定量目标化合物的可行性。使用相同的 GC×GC-ToF MS 系统，这种非靶向方法可以成功分离和鉴别海豚和海鸟样品中的含卤化合物。例如，在海豚样本中检测的 271 种化合物包含 24 个类别，包括 PCBs、杀虫剂和相关化合物、甲氧基多氯联苯醚、多氯二苯醚、多氯二苯醚、多溴联苯醚、多溴二苯醚和多氯代苯乙烯，其中 86 种化合物是没有列入常规分析范围的人为污染物。由于进行非靶向分析时完全依赖商业参考标准和质谱库，会遗漏大量可能存在的化合物，因此有必要建立实验室内部的质谱库，将分析结果整理在质谱库中，包含已识别和未知化合物信息，可以供将来参考和使用。

Pena-Abaurrea 等在养殖和野生蓝鳍金枪鱼中发现了含氯和溴有机化合物的存在，同类有机溴和不同类别有机溴与其他有机含卤化合物和基质组分之间均得到了分离。GC×GC 的高峰容量、高分辨率和有序分布的色谱图，可以鉴定其他含溴化合物，其中在此研究中首次报道的包括三溴化和四溴化六氢杂蒽衍生物、四甲氧基溴代二苯醚。

为了最大限度地分离化合物，消除基体干扰，提高选择性，Xia 等将 GC×GC 与 HR ToF MS 联用对不同类别的化合物进行了同时分析，对三种鱼中 PCBs 和多氯代萘(PCNs)进行了定量测定，对其他非目标化合物进行了筛选。所有目标化合物，包括 18 个 PCBs 和 16 个 PCNs，均完全分离。定量结果与经典 GC-HR MS 分析结果一致。考虑到 GC-HR MS 需要多个分离和分析步骤，而 GC×GC 能够在一次分析中准确定量目标化合物并识别其他非目标化合物，大大节省了分析时间提高了分析效率。但是，GC×GC-HR ToF MS 分析产生的数据文件非常大，达到 5～10 GB，因此数据处理时间和定量软件限制了此方法的推广应用。

8.4 土壤、沉积物和污泥样品

由于基质的复杂性，固体基质中目标化合物的分离和准确定量存在许多困难。与传统的 1DGC 方法相比，GC×GC 在分析固体环境样品中 POPs 和新型污染物方面已展现了诸多优势。

8.4.1 多环芳烃及其衍生物

Pena-Abaurrea 等通过使用 GC×GC 建立了一种测定沉积物中 16 种 PAHs 的方法。研究选择了 DB-5×BPX-50 和 HT-8×BPX-50 两种色谱柱系统，并优化了升温程序和调制参数以最大限度地减少峰变宽和峰迂回。使用 DB-5×BPX-50 色谱柱系统，调制周期为 5 s，䓛与苯并[a]蒽（m/z228）和环戊[cd]芘（m/z226），三种苯并荧蒽同系物茚并[1,2,3-cd]芘和二苯并[a,h]芘之间均可以分离。研究发现，由于 GC×GC-ToF MS 分辨率高和定性能力强，从目标化合物中能分离出其他 PAHs，例如可以将二苯并[a,c]蒽从二苯并[a,h]蒽中分离出来。在定量的同时，研究还获得了 PAHs 分析剖面图，这对追踪污染源非常重要。

在采用 GC×GC-HR ToF MS 系统测定土壤样品中氯化和溴化 PAHs 的研究中，测试了 BPX-5×BPX-50 和 BPX-5×LC-50HT 两种色谱柱系统后，选择具有较高的最高使用温度（370 ℃）的第一种色谱柱组合，并且获得了没有峰迂回的有序的 2D 色谱图。经索氏提取后的土壤样品的 2D 色谱图显示，从 UCM 中可以分离出数百种氯代/溴代-PAHs、PAHs、PCBs 和多氯二苯并呋喃，而样品中存在 19 种氯代-PAHs 和 3 种溴代-PAHs。为了进一步鉴定土壤提取物中存在的其他氯代 PAHs，首先进行了 m/z 窗宽为 0.05 Da的质谱分析，接着将 m/z 窗宽设为 0.02 Da 对氯代-PAHs 进行质谱分析，以获得更高的选择性和更详细的组分分析（图 8－4）。该方法共鉴定了 30 种氯代/溴代-PAHs，包括 10 种具有五、六和七位取代的高氯 PAHs 和氯溴 PAHs,其中一些化合物是首次在环境样品中发现的(如 $C_{14}H_3C_{17}$ 和 $C_{16}H_3C_{17}$、$C_{14}H_7Cl_2Br$ 和 $C_{16}H_8ClBr$)。此外,在样品中还鉴别出 35 种其他有机卤素,包括 PCNs、PCDFs、PCBs、多氯代苯并萘呋喃、混合氯代和溴代呋喃以及卤化有机硫化合物。

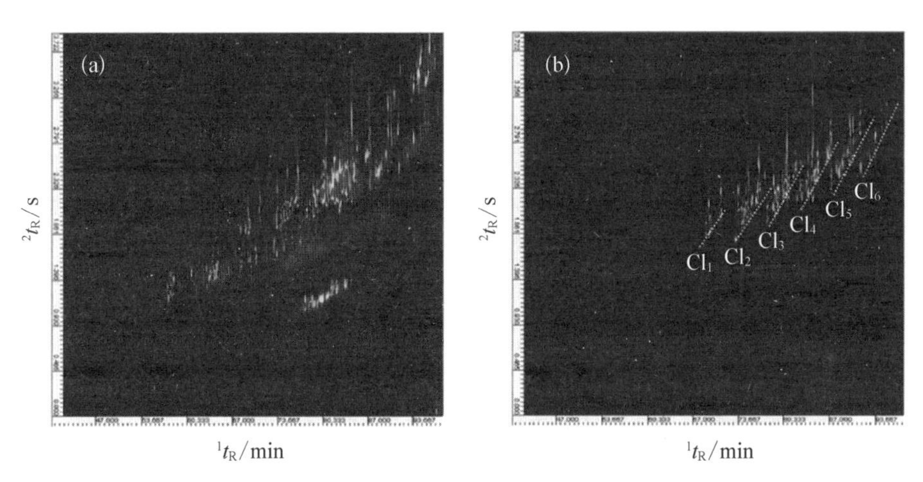

图 8-4 土壤提取物的 GC×GC-HRToF MS 色谱图

(Cl_1~Cl_6-PAHs 的选择离子:m/z 236.039 2,270.000 3,303.965 4,337.923 9,371.883 4 和 405.844 4 的总和)。图(a)为 1.0 Da 窗口宽度,图(b)为 0.02 Da 窗口宽度。

Fernando 等使用 FT-ICR、GC×GC-ToF MS 和 GC×GC-HR ToF MS 对塑料回收厂火灾后的复合土壤样本进行了分析。首先将加速溶剂萃取(ASE)提取物进行 FT-ICR 分析,然后将处理后的数据进一步导出到 Excel 中,构建 Kendrick 质量缺陷图,以识别多氯化合物并进行数据可视化。这一方法可以鉴定卤化 PAHs,如蒽和/或菲类 Cl1 到 Cl9 取代的同系物,以及混合氯代/溴代 PAHs(检测到 37 种化合物)。在初步鉴定之后,使用 GC×GC-HR ToF MS 对异构体的分离进行评估。在 2D 空间中观察到结构相关化合物是有序排列的。氯代和混合氯/溴代同系物在 2D 平面上呈现出色谱峰带。根据精确的质量测量、同位素质量比和 EI 碎裂模式进行了初步的结构鉴定,如图 8-5 所示。GC×GC 可以分离区分具有相同质谱的异构体。

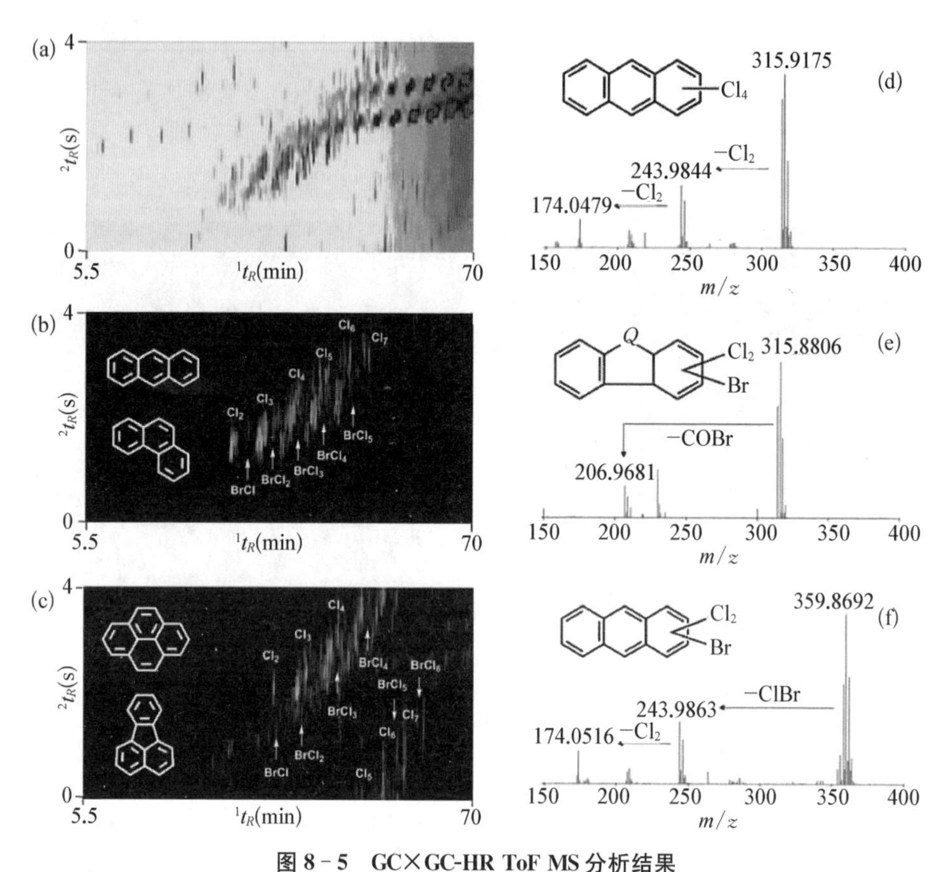

图 8-5　GC×GC-HR ToF MS 分析结果

其中，(a)为总离子流图，(b)和(c)为卤化 ANT/PHE 和 FLU/PYR 同分异构体分子离子的选择离子流图，(d)、(e)和(f)为 $C_{14}H_6Cl_4\cdot^+$、$C_{12}H_5OCl_2Br\cdot^+$和 $C_{14}H_6Cl_3Br\cdot^+$分子离子的选择离子流图。

Ubukata 等建立的软件使用非标准 Kendrick 质量缺陷图和准确的质量信息对电子废物厂收集的粉尘样品进行非靶向分析。研究采用电子电离(EI)和电子俘获负离子(ECNI)两种模式，GC×GC-HR ToF MS 法进行分析。使用 NIST 谱库数据检索功能最终鉴别了三-(1-氯-2-丙基)磷酸酯、多氯三联苯、多氯联苯、四溴双酚 A、多溴二苯醚和六溴代苯。Antle 等利用质谱去卷积技术对 GC×GC-qMS 数据进行处理，定量测定了被煤焦油污染土壤和砂样中 16 种 EPA 优先污染物 PAHs 和含硫多环芳烃杂环化合物(PASHs)。研究比较了 GC×GC-qMS 和 GC-qMS 对沉积物样品中 PAHs 和 PASHs 的分析结果，两种方法获得的数据一致性较好，但一些同系物只有用 GC×GC 法才能检出，因为 GC×GC 方法的分离度和灵敏度均比 1DGC 要高得多。

8.4.2 有机卤素和农药

Hashimoto 等报道了采用 GC×GC-HR ToF MS 测定城市垃圾焚烧炉飞灰和烟气粗提物中 PCDD/Fs 的方法。在 InertCap-5MS/Sil×InertCap-17MS/Sil 色谱柱系统上分析了经过净化和未净化过的飞灰提取物。具有显著 2,3,7,8-四氯化二苯并对二噁英(TCDDs)毒性当量因子(TEF)的异构体得以分离,而在经典的 1DGC 分析中这些异构体则不能实现完全分开。比如,在 GC×GC 系统中 2,3,4,6,7,8-六氯代二苯并呋喃可以与 1,2,3,6,7,8-六氯代二苯并呋喃异构体分开,而在 1DGC、5MS 柱上这些化合物是共馏出的。GC×GC 可以使用仪器自带软件和内部开发的宏程序来定量测定有 TEF 的氯化二噁英和呋喃。实际样品采用相对校正法进行定量分析的结果与经典 GC-HR MS 分析结果相近。GC×GC-HRToF MS 与 1DGC 或低分辨率 ToF 相比,目标化合物在未净化的样品提取物中也得到了分离和准确定量,节省了分析时间,而高分辨率减少了干扰。与 GC-HR MS 相比,GC×GC-HR ToF MS 系统的缺点是动态范围较窄,不足以定量分析不同浓度的环境污染物,而且所产生的数据文件也较大。这些缺点在后续研究中得到了解决。新的 GC × GC-MS/MS 系统由 InertCap5MS/SN×BPX-50 色谱柱和冷阱型调制器组成。MS/MS 采用中性丢失扫描模式,以全面而选择性地检测环境样品中的含卤化合物。采用 MS/MS 中性丢失扫描模式对 211 种含卤化合物标准品,包括 16 种多氯二苯并呋喃、19 种多氯二苯并呋喃、62 种 PCBs、39 种多溴二苯醚、21 种氯代 PAHs、11 种溴代 PAHs 和 43 种其他 POPs 进行了测定。该方法适用于存在大量含卤化合物的环境样品,但由于灵敏度低和/或库搜索不匹配,许多化合物仍然无法识别。^{35}Cl、^{79}Br 和 ^{19}F 中性丢失扫描的 2D 色谱图中仍然还有部分峰重叠,说明该仪器的灵敏度有待进一步提高。

Hashimoto 等使用 GC×GC-HR ToF MS 和新开发的数据处理软件选择性地检测粉煤灰、土壤、沉积物、大气和人类尿液中的微量有机含卤化合物。与其他公司开发的软件相比,该软件可以在微软 Windows 操作系统上独立运行,并读取 netCDF 格式的数据。软件提取了只包含有机氯和有机溴同位素质谱图的 GC×GC-HR ToF MS 数据子集,可以改变诸如质量精度、质量范围、信号强度阈值和氯、溴的理论同位素比值的误差范围等参数,并通过检查质量缺陷来对数据进行预筛选。

Zushi 等开发了一种自动峰值哨兵工具(T-SEN),包含寻峰和峰形识别算法,可以在不到 20 min 的时间内对 GC×GC-HR ToF MS 获得的数据进行快速筛选、识别和定量目标化合物。方法应用于标准品和 ASE 认证的沉积物提取样中,成功识别了所有目标 PCDD/Fs 和 PCBs。同样,除了少数化合物外,方法还识别了大多数 POPs 和溴化二苯醚。在后续研究中,Zushi 等使用 GC×GC-HR ToF MS 开发了用于非靶向分析的数据处理工具,并将该方法应用于沉积物岩心样品,以确定是否存在含氯化合物。数据处理工具有两种不同的使用模式:一种先使用质量缺陷滤波器再进行手动中性丢失扫描(MDF/人工 NLS)进行非靶向定性筛选,另一种为全域联合质谱提取与积分程序(ComSpec)和 T-SEN 相结合的半定量目标物筛选方法。MDF 和人工 NLS 用于检测含卤化合物,较高的质量精度和分辨率使得使用 NLS 工具的结果更加精确。质量缺陷过滤从碳氢化合物中分离出了含杂原子的化合物。开发的 T-SEN 软件用来寻找峰并识别其峰形,从而快速筛选目标化合物(定制数据库中包含的 170 种化学物质)。ComSpec 的原理与 T-SEN 相似,但缺少保留时间信息,而是从整个色谱图中提取所有异构体。对沉积物岩心进行的非靶向筛选结果表明,MDF 与人工 NLS 联用可有效地去除基质色谱图中的大部分干扰,包括 MDF 或 NLS 不能去除的柱流失和萜类化合物。此外,经 MDF 删除的 DDT、DDD 和 DDE 等化合物被 ComSpec 确认存在于样品中。用 T-SEN 和 ComSpec 进行半定量分析的优点是能够自动对单个化合物和目标分析物组进行定量。

GC×GC 与选择性检测器,如 μECD 联用适用于分析土壤/沉积物样品中的含卤化合物,如 PCBs、有机氯农药(OCPs)和氯苯(CBs)等。使用 DB－1×Rtx-PCB 色谱柱系统的研究结果表明,118 个目标化合物,包括 80 个 PCBs、23 个 OCPs 和 15 个 CBs 的分离得到了改善。与其他研究结果相似的是,在使用该色谱柱系统时,结构相关的化合物在 2D 平面上也呈现有序结构。PCBs 在 2D 平面上按氯化程度和平面结构呈现条带分布,由于 Rtx-PCB 固定相对平面构型的化合物具有选择性,因此在^{2}D 上单邻位和非邻位 PCBs 馏出时间较迟。在这项研究的基础上,开发并验证了使用一台 GC×GC-μECD 仪器来取代四个不同的 GC-ECD 系统的方法。将 GC×GC-μECD 与 GC×GC-ToF MS 相结合优点更为突出,包括可识别非目标化合物,可用于同类型化合物的识别等。

GC×GC-μECD 对沉积物样品中的 7 种杀虫剂,包括普罗帕、氟虫腈、丙环唑、肟菌酯、氯菊酯、苯醚甲环唑和嘧菌酯进行测定。与 HP－50×DB－1MS 相比,DB－5×DB－17MS 分析效果较好,可进一步用于定量分析。此方法检出限低于 1DGC,在 1DGC 中因为共馏出而结果偏差较大的化合物,如肟菌酯等,在 GC×GC 中完全与共馏出物分离,数据的准确性得到了提高。

Naudüe 等采用离线技术收集中心切割的成分，然后再与 GC-ToF MS 和 GC×GC-ToF MS 结合建立分析污染土壤和空气中 o,p'-DDT 和 o,p'-DDD 对映体的方法。通过测定对映体特异性可以确定污染源是旧的还是新的，在健康和法医学领域都十分重要。研究采用无溶剂聚二甲基硅氧烷(PDMS)萃取法对土壤样品进行提取，TD-GC-FID 法在非极性色谱柱(Zebron ZB-1)进行离线中心切割采集样品馏分，仅在多通道开放管 PDMS 捕集阱上选择性地收集 DDT 和 DDD 馏分的 o,p' 异构体。将收集的中心切割组分进样到 GC×GC-ToF MS 系统中进行分析，^{1}D 采用手性色谱柱(β-环糊精基手性相 BGB-15)，^{2}D 采用中等极性色谱柱(Rtx-200)。分别在 1D 模式(无调制器)和 2D 模式对 o,p'-DDT 和 o,p'-DDD 对映体进行分析。传统的 1D 手性分离过程中，o,p'-DDT对映体不能与 o,p'-DDD 分离，而中心切割 GC-GC-ToF MS 和 GC×GC-ToF MS 均能实现异构体分离。两种分析中计算出的对映体含量表明这两种方法定量结果没有显著差异。采用中心切割法，GC-MS 可以替代更复杂、更昂贵的 GC×GC-ToF MS 法。然而，GC×GC-ToF MS 对手性 POPs 具有更高的灵敏度和快速对映选择性分析的能力。

Fernandes 等比较了从有机和有害生物综合治理农场采集的草莓和土壤样本中农药残留的情况。研究采用 QuEChERS(Quick、Easy、Cheap、Effective、Rugged、Safe)法提取样品，用分散固相萃取(DSPE)净化，采用三种不同的技术来覆盖范围更广泛的目标化合物，包括用 LC-MS/MS 定量分析了 27 种目标农药，用低压 GC-MS/MS 定量分析了 143 种目标农药，用 GC×GC-ToF MS 方法非靶向筛选了 600 多种农药。化合物的自动检测使用 ChromaTOF 软件和定制的农药数据库，定性条件为相似性>600，保留时间与数据库中参考保留时间相差 20 s 内。GC×GC-ToF MS 用于鉴别其他杀虫剂，包括氧氟芬和四氟醚唑，并对已发现的农药，包括异菌脲、嘧菌胺、咯菌腈、环酰菌胺和嘧菌环胺进行了确认。作者认为，利用该方法可以进行筛选、鉴定、定量和确证，并进一步强调农药监测应全面调查样品中的所有农药，而 GC×GC-ToF MS 法的使用使得非靶向筛查成为可能。

Zhu 等使用 GC×GC-NCI MS 测定土壤样品中的三种指示性毒杀芬类化合物。毒杀芬(Toxaphene)是一种广谱氯化农药，由几百种同系物组成，组成复杂，每种同系物的响应因子不同，因此很难准确分析环境样品中的毒杀芬。采用 DB-XLB×BPX-50 色谱柱系统对 GC 方法进行优化，实现了毒杀芬原药混合物中单个同系物的最佳分离效果。这种方法用于实际土壤样品的分析后，检测到了所有三种毒杀芬指示物，并可以进行定量确认该土壤已受到毒杀芬污染。

Liu 等采用 GC×GC-FPD(磷通道)对土壤中的有机磷农药和有机磷酸酯进行了分析。研究对不同的色谱柱系统进行了测试，发现 HP-5×DB-1701 与 SolGel Wax×HP-5 柱组合(温度上限 280 ℃)和 HP-5×IL-59(对极性化合物响应差)相比，对 37 种目标化合物有更好的分离效果。GC×GC-FPD(磷通道)法用来分析复杂环境样品中含磷化合物，非常准确、灵敏、简便。

8.4.3 其他物质

采用 GC×GC-MS/FID 法，配备不同调制器，包括阀调制器和纵向调制冷阱系统，可以对环境样品中的脂肪酸甲酯(FAMEs)和细菌脂肪酸甲酯(BAMEs)进行分析。为了实现脂肪酸甲酯异构体的更好分离，已有研究对一系列色谱柱系统进行了评价。其中，采用非极性×极性离子液体色谱柱系统，不同碳数和不同饱和度的脂肪酸实现了很好的族类分离，为 GC-MS 进行化合物鉴定提供了补充信息。Zeng 等开发了一种分析土壤样本中磷脂脂肪酸的方法，所使用的 GC×GC 具有很好的分离效果，可以对结构复杂的脂肪酸进行分析。此外，在高丰度区还发现了罕见的氧化 FAMEs。

Jacobs 等使用新型小型化单级热调制器来分析石油烃泄漏，以评估正在进行的修复工作。研究采用 GC×GC-FID 法对污染土壤样品提取物中的石油烃进行了分析，主成分分析证明该法是研究样品分类和指纹图谱的有效工具。

环境基质中氯化石蜡(CPs)的分析也非常具有挑战性。在不同的研究中，GC×GC 已经被证明在分离和表征 CPs 混合物具有独特优势。GC×GC-HR ToF MS 方法，已被证明可以对环境样品中的短链氯化石蜡(SCCPs)和中链氯化石蜡(MCCPs)进行定性和定量分析。该方法经过优化后，可以达到相同分子组成化合物的最佳分离效果，如可以从 MCCPs 中分离 SCCPs，并从共提取的基体成分中分离出 SCCPs 和 MCCPs。对于 SCCPs 和 MCCPs 混合物，用优化的参数可以在 GC×GC 色谱图上分辨出 2 300 多个峰。2D 色谱图在对角线上包含有序结构，每个结构由一组具有相同碳原子数及相同氯原子数的 CPs 组成。定量分析采用基于一种补偿不同氯含量的样品和标准品引起的不同总响应因子的方法。对于含有 5～10 个氯原子的 CPs 同族物，使用最高丰度的$[M-Cl]^-$离子作为定量离子，次高丰度的离子用作定性离子。该方法在一次进样分析通过全扫描模式可以高度选择性地分析 48 个 CPs 同类物。结合组分分析步骤进行定量分析，根据五种不同氯含量 CPs(SCCPs 为 53.5%～59.25%，MCCPs 为 44%～57%CPs)的氯含量计算值与 CPs 混合物总响应系数之间的关系建立校准曲线。方法的检出限等于或低于 HRGC-HR MS。研究首次在沉积物和生物样品中发现了新的化合物，其分子式为 $C_9H_{14}Cl_6$ 和 $C_9H_{13}Cl_7$，并评估了是否会干扰 CPs 的测定。GC×GC 的高分辨率使得 CPs 能够在全扫描模式下与其他种类的化合物分离。该方法是环境样品中 CPs 分析的有力工具。Muscalu 等使用 GC×GC-μECD 定量分析了沉积物样品中的 SCCPs。在 GC×GC 色谱图中可以观察到明显的有序条带，实现了类别分离。由于 SCCPs 混合物的复杂性，使用 DB-1×Rtx-PCB 色谱柱系统均无法完全分离同系物。利用 ChromaTOF 软件的分类功能，为每个谱带创建分类，并生成汇总表以确定总面积。由于 μECD 只能提供保留时间而没有质谱信息，因此无法为每一类谱带定量质量，也无法通过 ChromaTOF 软件生成校准曲线。为了进一步验证土壤和沉积物中 SCCPs 分析方法，该实验室参加了标准品和沉积物样品分析的实验室间比对，证明了方法的适用性。当然，这一方法仍存在一些缺点，例如 SCCPs 不能完全从甲基氯化石蜡中分离出来，在这种情况下无法进行定量分析，而且由于软件的局限性，数据处理非常耗时。GC×GC-μECD 用于常规环境分析的优势在于其筛选能力。当存在 SCCPs 时，可以对常规分析的其他含卤化合物（如多氯联苯）样品的 2D 色谱图进行分类并进一步处理数据。

8.4.4 多残留方法

具备自动质谱去卷积技术的 ToF MS 检测器与具有较高色谱分辨率的 GC×GC 技术联用，成功分离了之前无法分开的沉积物样品复杂混合体系中的组分。研究采用 DB-5×007-65HT 色谱柱系统，用 10%水失活处理过的硅胶柱净化萃取物，从得到的 3 个不同馏分中初步鉴定出 400 多种化合物。在馏分 1（非极性馏分）中，可以初步鉴定非环状烷烃和环状烷烃、环-S6 到-S8、多环芳烃和烷基化 PAHs、PCBs、氯化 PAHs（如单氯化和二氯化萘、蒽或菲）。馏分 2 更为复杂，含有大量芳香族化合物，如单芳香族化合物、重芳烃、烷基化重芳烃、带有杂原子的重芳烃（二苯并噻吩、二苯并呋喃）及其烷基化衍生物。馏分 3 含有含氧化合物（醌和酮）、氯代和氨基蒽醌。所有的馏分中仍有许多未经鉴定的化合物。这种类型的分析在环境研究中很重要，因为可以进一步阐明样品的毒理学特性。

Hilton 等开发了一种筛选方法，用于识别可能存在于家庭灰尘中的不同种类的化合物，这是人类暴露于环境污染物潜在的主要来源。研究采用加速溶剂萃取法提取粉尘标准物质（SRM－2585），再用凝胶渗透色谱法进行净化，并在 GC×GC-ToF MS 系统中的 Rxi-5×BPX-50 色谱柱系统上进行了分析。结合 GC×GC 色谱平面上的位置自动识别特征质谱图来识别化合物。使用

ChromaTOF 软件中的脚本功能和用户编写的脚本，可以对生成的峰表自动过滤，以识别属于以下类别的分析物：PAHs、邻苯二甲酸酯、含卤素化合物和硝基化合物。研究将粉尘中浓度在 10～20 ng/g 的化合物按脚本分类。使用脚本可以快速识别感兴趣的化合物，但是还需要进一步的目标分析。Pena-Abaurrea 等应用脚本程序优先处理沉积物样本中的数据，以识别潜在的新型持久性和生物累积性含卤化合物。该脚本基于含卤同位素簇模式的识别，允许在单一分类中同时检测氯化、溴化或混合卤素取代化合物。脚本对每一个已识别的峰应用了不同质量变量的连续评估：确定最高 m/z 卤化同位素簇，评估相对丰度和评估相对应的含硫同系物假阳性结果。通过使用不同的含卤素标准品（120 个含有氯和溴的标准品）对脚本进行验证，然后将其应用于实际沉积物样品分析，色谱图如图 8-6 所示。使用手动审查和卤素过滤器脚本进行数据阐释，研究认为使用该脚本对有机卤的鉴定准确率水平在 90%到 95%之间，并且取决于相对信噪比（当信噪比小于 10∶1 和/或基质含干扰分析物

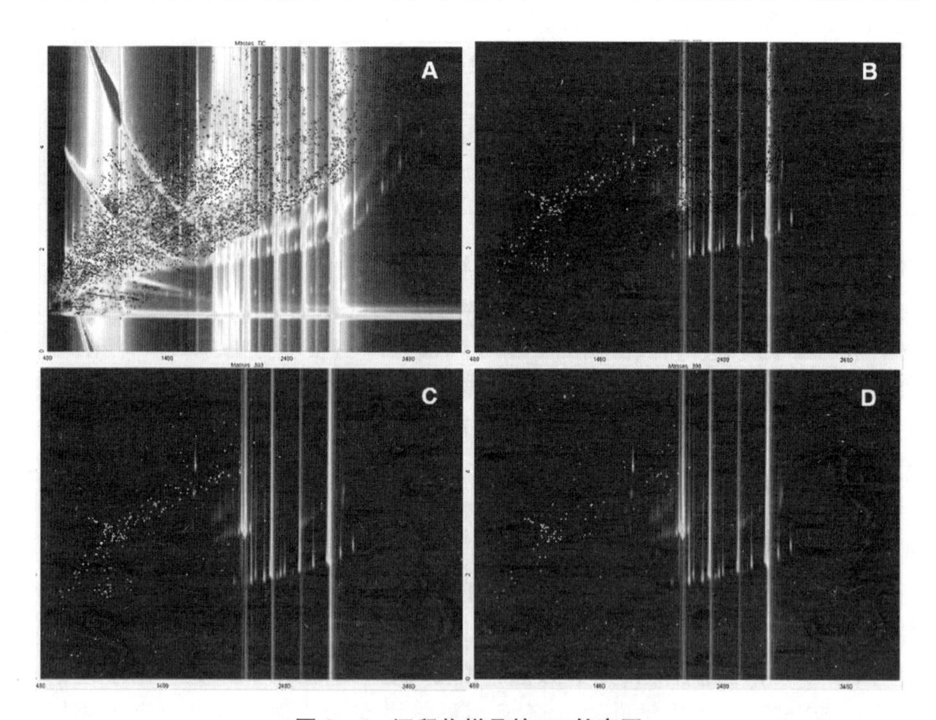

图 8-6　沉积物样品的 2D 轮廓图

(A)为总离子流图，(B)为 m/z 393 的选择离子流图，(C)为选择离子模式下分类的峰，(D)为去除已知卤化物后未知分类峰。

峰时,会发生误判)。除已知的 POPs 外,在所分析的沉积物样本中还鉴定出三种十氯代灭蚁灵同类物、两种非氯代灭蚁灵物质和一种新的混合氯代/溴代咔唑。这些化合物的相对峰值丰度与传统 POPs 的相对丰度相同或略高。如 Pena-Abaurrea 等所述,此研究首次在环境样品中鉴别出混合的氯代/溴代咔唑。这一发现再次强调了使用 GC×GC 识别新的持久性卤化污染物的重要性,以及使用脚本分类来减少数据处理时间和将人工阐释过程中的人为失误降至最低的优势。

GC×GC-ToF MS 非靶向筛选和定量策略在环境样品分析中越来越流行。Zhang 等开发了分析土壤样本中有机污染物的方法。经过方法优化,主要检测出 6 类化合物,包括 PAHs、邻苯二甲酸酯类、酚类、烃类、苯衍生物和脂肪酸,筛选后给出了土壤样品中 50 种化合物的定量结果。Veenaas 等开发了一种类似的方法,同时使用非靶向和定量方法分析污泥样品。在 GC×GC-HR ToF MS 仪器分析之前,使用了通用的样品前处理方法,通过加压液体萃取结合在线二氧化硅净化或离线凝胶色谱净化对样品进行提取净化。采用这两种方法共发现 1 500 多个化合物,其中 190 多个得到了初步定性,99 个得到了准确定量,包括 PCBs、PAHs、芳香剂、氯/溴二苯醚和其他非极性化合物。非靶向分析显示污泥中存在多种由于人类活动产生的化合物,包括有机磷酸酯、个人护理用品、合成抗氧化剂、紫外线屏蔽剂与稳定剂、杀虫剂和其他含氯化合物及工艺化学品,其中部分此前未见报道,如二氯苯基香豆素和二氯黄酮。

8.5 空气和气溶胶

随着经济快速的发展,许多环境问题也逐渐凸显。其中挥发性有机物质(VOCs)是一类非常热门的污染物。VOCs 是指熔点低于室温,沸点在 50~260 ℃,室温下饱和蒸汽压超过 133.32 Pa 的有机化合物。VOCs 中含有多种有害化合物,如苯系物、醛类和卤代烷等,对人体健康有一定的影响。此外,这些物质在光照条件下会与氮氧化物反应生成地表层臭氧,直接对生命体产生危害;部分破坏平流层臭氧,加剧温室效应;还有一些形成有机二次气溶胶,是目前 PM2.5 的重要来源之一。我国在很长一段时间内都将面临严峻的大气污染问题,而有效的监测是制定治理政策的必要前提和保证治理措施到位的有力工具。

但是,VOCs 的检测一直是一个极具挑战性的工作。首先,VOCs 是一大类化合物的总称，总共有上千种物质，其中列入国家标准检测要求的就有超过100种，成分非常复杂；其次，这些化合物在空气中的浓度很低，对检测灵敏度要求非常高。

目前常规的大气VOCs监测分析手段是采用GC或GC-MS联用技术，针对一百多种目标化合物进行定性定量。由于一根GC柱通常难以做到完全分离，因此一般采用双通道，将VOCs分为C2～C6与C6～C12两个沸点范围，C2～C6通道用PLOT分析采用FID检测，C6～C12切换到另一个通道用质谱以选择离子模式检测。这种双通道设计需要准确确定切割时间，并保证长时间运行的稳定性和可靠性，是对于系统维护和运行都有很高的要求。另外，为了减少干扰同时提高灵敏度，采用选择离子模式，只能对目标物进行定量，牺牲了对未知物进行定性检测的功能。

GC×GC由于其强大的分离能力，从发明之初就被应用于环境中VOCs的检测。只是一直以来进展不大，也没有得到非常广泛的应用，主要有以下几个原因，一是主流的热调制技术需要消耗大量液氮等制冷剂，难以在普通实验室推广，更不能用于野外测量或在线应用项目；二是喷气式热调制技术（液氮）最低只能调制C3以上的化合物，对于C2化合物无法调制检测；三是对于轻组分物质C2～C4，用常规的2D柱系统无法将其完全分离。

雪景科技联合清华大学环境学院和上海市嘉定区环境监测站，利用固态热调制GC×GC技术，结合特制的调制柱和一维柱，仅仅使用一套柱系统（单通道），就实现了对大气VOCs中C2～C12的全组分分析。该技术采用固态热调制技术，将一台普通的单四极杆GC-qMS升级为全二维系统，设备要求少，改造难度低，很容易在普通实验室实现，既保留了热调制的高分离效果，又避免了使用液氮等制冷剂，极大降低了GC×GC技术的使用难度和维护频率，甚至可以用于实验室外，或用于在线检测。其中最核心的技术在于采用了一种特殊涂覆的调制柱（EV系列），可以在半导体制冷温度（−50 ℃）下实现对C2化合物（乙炔、乙烯、乙烷）的捕集和调制，比常规液氮制冷剂还要低。另外，为了提高对轻组分的分离能力，在普通1D VOC柱前端接上一段PLOT柱，达到了对轻组分的预先分离。在轻组分分离完成后，迅速升高这段PLOT柱所在独立柱温箱的温度，尽量减少对后续重组分的保留影响。这样，在基本保留了原来重组分（C5以上）的分离效果前提下，极大提高了轻组分的分离能力。研究人员优化出了一种适合大气中C2～C12范围内VOCs全组分的分析方法。该系统对PAMS和TO-15标样分析结果表明，所有化合物均分离完全，特别是烷烃、苯系物和卤代烃之间有非常明显的类别分离，解决了常规1DGC中某几个化合物共馏出不易分离的问题。此外，本研究利用优化方法，对燃煤尾气和工业园区火灾后大气的实际样品进行了检测，对 100 多种标样物质进行了定量，同时也对检测到的不在 PAMS 和 TO-15 标样列表里的未知物进行了筛查确认。这种单通道 GC×GC 技术作为一种全新的 VOCs 分析方法，使用设备要求低，操作和维护简单，可以提供更好的分离效果以及额外的未知物定性能力，适合在实验室甚至野外和在线 VOCs 检测应用中推广。GC×GC-qMS 和 GC×GC-FID 也被用作空气样本中 VOCs 分析的互补技术。通过分析 125 种 VOCs，包括烷烃、烯烃、芳烃、含氧烃和卤代烃。研究人员强调了优化四极杆质谱数据采集速率的重要性，并证明四极杆质谱可以提供有价值的定性信息，而 FID 可以更准确地进行定量。

大气基质的复杂性是众所周知的，大量有机和无机化合物以气相和颗粒物形式存在。Lewis 等发表的早期研究通过分离和分类城市空气样本中超过 500 种挥发性有机化合物，证明了 GC×GC 在空气和气溶胶分析中的潜力。Fushimi 等报道的一种高灵敏度的方法，在选定的反应监测模式下，使用 TD-GC×GC-MS/MS 同时定量测定痕量颗粒样品中的 29 种目标 PAHs 和 PAH 衍生物（氧化、硝基化和甲基化的 PAHs）。该方法灵敏度比 TD-GC-HRMS 和 TD-GC×GC-qMS 高一到两个数量级。方法用于尺寸不同的柴油机排气颗粒分析时，其中主要的目标化合物均被成功地从堆积模式粒子（100～180 nm）和纳米粒子（18～32 nm）中检出并定量。

Manzano 等采用 GC×GC-ToF MS 对复杂 PAHs 混合物的分离进行了研究。研究测试了四种不同的色谱柱系统，包括 Rtx-5MS×Rxi-17、Rxi-5MS×Rxi-17、LC-50×Rxi-17 和 LC-50×NSP-35，以评估正交性并改进含有 97 种 PAHs 的标准溶液的分离。采用 Rtx-5MS×Rxi-17 和 Rxi-5MS×Rxi-17 色谱柱系统时，UCM 在 ^{1}D 有很好的分布，而采用 LC-50×Rxi-17 和 LC-50×NSP-35 色谱柱系统时，UCM 则在 ^{2}D 分布更多一些，一些较早出峰的 PAHs 会共馏出，如苊、苊烯、1-硝基萘、1,3-和 2,6-二甲基萘。在 LC-50×NSP-35 上分析的土壤和沉积物样品表明，有 90 多种 PAHs 成功地从 UCM 中分离。Manzano 等报道的一项后续研究对 SRM1650b 柴油颗粒物（净化）和 SRM 1975 柴油颗粒提取物（净化和未净化）中的 85 种 PAHs（母体、烷基、硝基、氧、硫、溴和氯多环芳烃）进行了定量分析。结果表明，萘、1-甲基萘和 2-甲基萘与液晶柱的相互作用较弱，与溶剂峰一起馏出。观察到极性多环芳烃的拖尾现象，在未净化的提取物中发现了更多的化合物。

对大气颗粒物中有机组成进行在线分析一般都采用热脱附（TAG）-气相色谱质谱法，首先将颗粒物收集在收集和热脱附一体化装置（collection and thermal desorption cell,CTD)中的滤膜上,再通过原位加热将颗粒物中的有机物解析后送入 GC-MS 进行在线检测。国际上已有仪器应用于实际测量和外场实验。但由于实际大气颗粒物中有机成分复杂,常规 1DGC 分离容量有限,经常出现不同化合物共馏出和相互干扰的现象,影响了最终的定性和定量结果。

清华大学环境学院的蒋靖坤研究团队开发了一套基于固态热调制 GC×GC 的在线热脱附颗粒物分析系统(2D-Q-TAG),实现了对大气颗粒物有机组成(包括烷烃、PAHs、含氧化合物等)的在线连续测量,并应用于北京市实际大气 $PM_{2.5}$的分析研究,共检测到 600 多个不同类别化合物,同时分析了颗粒物中烷烃浓度的动态变化。该方法减少了常规 1DGC 方法中普遍存在的不同化合物间的共馏出和干扰,准确性更高。该系统基于研究团队之前开发的石英滤膜在线热脱附系统,采用固体热调制器和商业化气相色谱质谱,构建了一套 GC×GC 在线热脱附颗粒物分析系统。在不使用液氮和其他制冷剂的情况下,实现了高色谱分辨率的颗粒物在线实时测量和化学组成解析。研究团队使用该系统,对春季北京市大气中颗粒物进行了实时在线测量,分析了其中主要的有机化学组成和变化趋势。对于典型的城市大气中的细颗粒物,主要化学成分为烷烃、芳烃和一些含氧化合物,这些不同类别的有机物在 GC×GC 谱图中分布在特定的区域,易于定性确认。在 1DGC 上由于分离不完全形成的 UCM,在 2D 色谱图上得到了很好的分离,一些极性较大的化合物和基质(烷烃)形成很好的区分,减少了干扰。经过深入研究发现,颗粒物中的脂肪族有机组分包括烷烃、呋喃酮、醇、酸、酯等含氧化合物,而芳香族化合物则包括 PAHs、长链取代 PAHs 以及含氧含氮 PAHs 等。通过选择离子对这些化合物进行筛查,可以确定这些物质在谱图上的分布情况。

本研究对常规 1DGC 分析中普遍存在的共馏出问题也进行了探讨。在 GC×GC 图谱中,发现了很多化合物只有通过二维色谱柱系统才能有效分离,而在常规 1DGC 方法里会产生过高计算的情况。比如,如果使用常规 1DGC-MS 方法,即选择 $m/z=85$ 离子对正构烷烃进行定量,很多正构烷烃都会产生两个以上的共馏出化合物(^{1}D 保留时间相同并同样含有 m/z85 离子),从而导致对烷烃浓度的测量结果偏大,尤其对于 C 13～C 16的烷烃,1D 色谱会导致高达 41.8%的偏差。所以,使用 GC×GC 可以提高定量结果的准确性,是一种更可靠的在线分析颗粒物化学组成的方法。

近来,蒋靖坤研究团队进一步改进了分析装置,结合了在线颗粒物热脱附、双极冷阱富集和固态热调制 GC×GC 分析,构建了一套在线气溶胶热脱附 GC×GC-MS 系统,对重污染时期的北京城市大气 $PM_{2.5}$进行了多天的连续在线监测(时间分辨率为 2 小时),重点针对 PAHs 组分进行了非靶向定量分析。该方法对 PAHs 的最低检测限为 0.000 1—0.003 3 ng,共鉴定出 85 种 PAHs,其中包括 65 种稠环芳烃、20 种非稠环芳烃(图 8-7)。除了 16 种优控 PAHs 外,另外鉴定出 6 种非优控的母体 PAHs。除了检出大量的甲基、二甲基和三甲基取代的 PHAs,也筛查出非稠环芳烃(主要是联苯类)和含杂原子的芳烃物质(含氧、含氮、含硫等)。这些物质在常规分析中较少被提及或检测到,但它们在大气颗粒物中的含量和毒性都不容忽视。

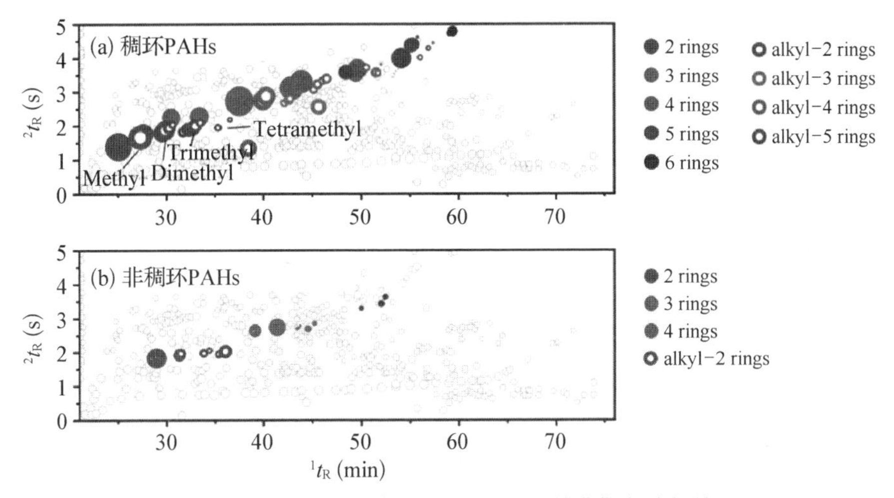

图 8-7 北京城市大气 $PM_{2.5}$ 中 PAHs 的非靶向分析结果

该研究将不同多环芳烃化合物根据其等效毒性值(TEF),统一校正为等效苯并[a]芘(BaP)浓度,用来表征大气 $PM_{2.5}$ 中 PAHs 的潜在毒性风险。结果表明,16 种优控 PAHs 的等效 BaP 浓度占 59.2%,而非优控的 PAHs 的等效 BaP 浓度则占 40.8%。其中,作为毒性标准的苯并[a]芘的平均浓度为 1.04 ng/m^3,浓度区间为 0.04—3.25 ng/m^3。虽然 5 天平均的苯并[a]芘浓度并未超过我国标准(2.5 ng/m^3),但通过在线测量发现,观测期间 12.5%时间段的苯并[a]芘浓度超过了该标准值。若同时考虑所有筛查到的 PAHs,更是有多达 37.6%时间段内,其等效 BaP 浓度超过 2 倍国家标准的限值浓度(5 ng/m^3)。这种短时间内 PAHs 浓度的急剧升高可能对暴露人群产生不良的影响。尽管非优控 PAHs 的毒性和短期暴露的健康风险还有待进一步研究,但上述结果表明非优控 PAHs 应引起重视。为更好了解大气颗粒物污染过程及其健康危害,有必要进一步扩展优先控制的 PAHs 名单,并针对这些化合物开展长期的实时观测,以便认识其在大气中的时空分布和健康危害。

该分析装置还被用于跟踪污染时期大气 $PM_{2.5}$ 中邻苯二甲酸酯类化合物的动态变化，为大气中邻苯二甲酸酯类化合物浓度的瞬时变化及沉积传输动力学提供了有力证据。

8.6 小结

环境样品中可能存在数千种人为来源的化合物，需要 GC×GC 的分离分析能力来解决分析问题。本章所述实例说明了 GC×GC 在环境分析中的优势。在环境分析中，除了监测目标分析物外，还迫切需要 GC×GC 与 ToF MS、HR MS 和/或其他检测器联用，以识别和定量可能与环境相关但未包含在常规分析内的化合物。由于没有单一的分析技术或方法可以分离和检测样品中存在的所有污染物，因此可以采用 LC 或其他联用技术作为补充，来充分表征环境样品。

近年来人们对 GC×GC 的关注度越来越高，但这一技术在大多数情况下并未被列入常规分析手段。虽然数据文件过大、数据处理耗时等问题会对分析人员造成一定的工作负担，但样品制备过程简单、分离能力强、准确度高已使得 GC×GC 应用越来越广泛。

参考文献

[1] A. A. D'Archivio, A. Incani, F. Ruggieri, Anal. Bioanal. Chem., 399(2011)903.

[2] A. Bileck, S.N. Verouti, G. Escher, B. Vogt, M. Groessl, Analyst, 143(2018)4484.

[3] A. Buah-Kwofie, M. S. Humphries, J. Chromatogr. B, 1105(2019)85.

[4] A. Bub, A. Kriebel, C. Dorr, S. Bandt, M. Rist, A. Roth, E. Hummel, S. Kulling, I. Hoffmann, B. Watzl, JMIR Res. Protoc., 5(2016)225.

[5] A. Chisvert, J.L. Benede, J.L. Anderson, S.A. Pierson, A. Salvador, Anal. Chim. Acta, 983(2017)130.

[6] A. de Juan, R. Tauler, J. Chemom., 15(2001)749.

[7] A. de Juan, S.C. Rutan, R. Tauler, D.L. Massart, Chemometr. Intell. Lab., 40 (1998)19.

[8] A. E. Sinha, B. J. Prazen and R. E. Synovec, Anal. Bioanal. Chem., 378(2004)1948.

[9] A. E. Sinha, J.L. Hope, B.J. Prazen, E.J. Nilsson, R.M. Jack, R.E. Synovec, J. Chromatogr. A, 1058(2004)209.

[10] A. Economou, P.R. Fielden, A.J. Packham, Analyst, 121(1996)97.

[11] A. Economou, P.R. Fielden, A.J. Packham, Analyst, 121(1996)1015.

[12] A. Felinger, Anal. Chem., 66(1994)3066.

[13] A. Fushimi, S. Hashimoto, T. Ieda, N. Ochiai, Y. Takazawa, Y. Fujitani, K. Tanabe, J. Chromatogr. A, 1252(2012)164.

[14] A. J. Kueh, P. J. Marriott, P. M. Wynne, J. H. Vine, J. Chromatogr. A, 1000 (2003)109.

[15] A. L. Lee, K. D. Bartle and A. C. Lewis, Anal. Chem., 73(2001)1330.

[16] A. Lelevic, J. Sep. Sci., (2023)2300067.

[17] A. Lommen, Anal. Chem., 81(2009)3079.

[18] A. Lommen, H.J. van der Kamp, H.J. Kools, M.K. van der Lee, G. van der Weg, H.G.J. Mol, J. Chromatogr. A, 1263(2012)169.

[19] A. Mostafa, M. Edwards, T. Gorecki, J. Chromatogr. A, 1255(2012)38.

[20] A. Muscalu, E. Reiner, S. Liss, T. Chen, G. Ladwig, D. Morse, Anal. Bioanal.

Chem., 401(2011)2403.
[21] A. Muscalu, E. Reiner, S. Liss, T. Chen, Int. J. Environ. Anal. Chem., 90(2010)1.
[22] A. Polyakova, S. van Leeuwen, R. Peters, Anal. Chim. Acta, 1234(2022)340098.
[23] A. R. Katritzky, E. S. Ignatchenko, R. A. Barcock, V. S. Lobanov and M. Karelson, Anal. Chem., 66(1994)1799.
[24] A. Ray, B. Dash, A. Sahoo, N. Nasim, P.C. Panda, J. Patnaik, B. Ghosh, S. Nayak, B. Kar, Ind. Crop. Prod., 97(2017)49.
[25] A. Sarafraz-Yazdi, A. Amiri, Trends Anal. Chem., 29(2010)1.
[26] A. Soggiu, O. Marullo, P. Roncada, E. Capobianco, In Silico Biol., 9(2009)125.
[27] A. Spietelun, Ł. Marcinkowski, M. de la Guardia, J. Namiesnik, Talanta, 119(2014)34.
[28] A. Vallejo, M. Olivares, L.A. Fernandez, N. Etxebarria, S. Arrasate, E. Anakabe, A. Usobiaga, O. Zuloaga, J. Chromatogr. A, 1218(2011)3064.
[29] A. Visvanathan, S. E. Reichenbach and Q. Tao, J. Electron. Imaging, 16(2007)033004.
[30] A. Zeng, S. Chin, A. Patti, P. Marriott, J. Chromatogr. A, 1317(2013)239.
[31] A.A. Muscalu, M. Edwards, T. Górecki, E. J. Reiner, J. Chromatogr. A, 1391(2015)93.
[32] A.C. Beckstrom, E. M. Humston, L. R. Snyder, R. E. Synovec, S. E. Juul, J. Chromatogr. A, 1218(2011)1899.
[33] A.C. Lewis, N. Carslaw, P.J. Marriott, R.M. Kinghorn, P. Morrison, A.L. Lee, K. D.Bartle, M.J. Pilling, Nature, 405(2000)778.
[34] A.E. Sinha, C.G. Fraga, B.J. Prazen, R.E. Synovec, J. Chromatogr. A, 1027(2004)269.
[35] A.E. Sinha, J.L. Hope, B.J. Prazen, C.G. Fraga, E.J. Nilsson, R.E. Synovec, J. Chromatogr. A, 1056(2004)145.
[36] A.G. Shepherd, V. van Mispelaar, J. Nowlin, W. Genuit, M. Grutters, Energ. Fuel., 24(2010)2300.
[37] A.M. Booth, A.G. Scarlett, C.A. Lewis, S.T. Belt, S.J. Rowland, Environ. Sci. Technol., 42(2008)8122.
[38] A.P. de la Mata, J.J. Harynuk, Anal. Chem., 84(2012)6646.
[39] A.W. Dowsey, J.A. English, F. Lisacek, J.S. Morris, G.-Z. Yang, M.J. Dunn, Proteomics, 10(2010)4226.
[40] A.W. Dowsey, M.J. Dunn, G.Z. Yang, BMC Bioinf., 24(2008)950.
[41] ASTM International, Standard specification for analytical data interchange protocol for chromatographic data, Tech. Rep. E1947 - 98, ASTM, West Conshohocken, PA (1998).
[42] ASTM International, Standard specification for analytical data interchange protocol for

mass spectrometric data, Tech. Rep. E2077 - 00, ASTM, West Conshohocken, PA (2000).

[43] ASTM, Standard test method for boiling range distribution of petroleum fractions by gas chromatography, Tech. Rep.D5580-02, ASTM, West Conshohocken, PA (2007).

[44] B. Allen, M. Allen, R. Bingham, G. Carpanese, D. Gedcke, S. Haywood, G. Jackson, and J. Peck, FASTFLIGHTt, a Digital Signal Averager for Continuous High-Speed Data Acquisition with Electrospray Time-of-Flight Mass Spectrometers Coupled to Chromatographs, ORTEC, 1998.

[45] B. Alvarez-Sanchez, F. Priego-Capote, M.D.L. de Castro, Trends Anal. Chem., 29 (2010)120.

[46] B. Bojko, E. Cudjoe, G.A. Gomez-Ríos, K. Gorynski, R. Jiang, N. Reyes-Garces, S. Risticevic, E.A.S. Silva, O. Togunde, D. Vuckovic, J. Pawliszyn, Anal. Chim. Acta, 750(2012)132.

[47] B. Guthery, T. Bassindale, A. Bassindale, C. T. Phillinger, G. H. Morgan, J. Chromatogr. A, 1217(2010)4402.

[48] B. Hashemi, P. Zohrabi, K.-H.H. Kim, M. Shamsipur, A. Deep, J. Hong, Trends Anal. Chem., 97(2017)83.

[49] B. J. Prazen, K.J. Johnson, A. Weber, R.E. Synovec, Anal. Chem., 73(2001)5677.

[50] B. Lavine, J. Workman, Anal. Chem., 82(2010)4699.

[51] B. Lucic, N. Trinajstic, S. Sild, M. Karelson and A. R. Katritzky, J. Chem. Inf. Comput. Sci., 39(1999)610.

[52] B. M. Zorzetti, J.J. Harynuk, Anal. Bioanal. Chem., 401(2011)2423.

[53] B. Mitrevski, P.J. Marriott, Anal. Chem., 84(2012)4837.

[54] B. Mitrevski, P.J. Marriott, J. Chro-matogr. A, 1362(2014)262.

[55] B. Mitrevski, R.L. Webster, P. Rawson, D.J. Evans, H.-.K. Choi, P.J. Marriott, J. Chromatogr. A, 1224(2012)89.

[56] B. Ornais, M. Courtiade, N. Charon, J. Ponthus, D. Thiebaut, Anal. Chem., 83 (2011)7550.

[57] B. Wang, A. Fang, J. Heim, B. Bogdanov, S. Pugh, M. Libardoni, X. Zhang, Anal. Chem., 82(2010)5069.

[58] B. Wang, A. Fang, J. Heim, B. Bogdanov, S. Pugh, M. Libardoni, X. Zhang, Anal. Chem., 82(2010)5069.

[59] B. Xu, M. Chen, J. Hou, X. Chen, X. Zhang, S. Cui, J. Chromatogr. B, 980 (2015)28.

[60] B.A. Parsons, D.K. Pinkerton, R.E. Synovec, J. Chromatogr. A, 1536(2018)16.

[61] B.G.M. Vandeginste, W. Derks, G. Kateman, Anal. Chim. Acta, 173(1985)253.

[62] B.J. Williams, A. H. Goldstein, N. M. Kreisberg, S. V. Hering, Aerosol Sci.

Technol., 40(2006)627.
[63] B. V. Hollingsworth, S. E. Reichenbach and Q. Tao, J. Chromatogr. A, 1105 (2006)51.
[64] B.V. Hollingsworth, S.E. Reichenbach, Q.P. Tao, A. Visvanathan, J. Chromatogr. A, 1105(2006)51.
[65] C. A. Andersson, R. Bro, Chemometr. Intell. Lab., 42(1998)93.
[66] C. A. Bruckner, B.J. Prazen, R.E. Synovec, Anal. Chem., 70(1998)2796.
[67] C. A. Rees, F. A. Franchina, K. V. Nordick, P. J. Kim, J. E. Hill, J. Appl. Microbiol., 122(2017)785.
[68] C. B. Zachariassen, J. Larsen, F. van den Berg, R. Bro, A. de Juan, R. Tauler, Chemometr. Intell. Lab., 83(2006)13.
[69] C. Christin, A. K. Smilde, H. C. J. Hoefsloot, F. Suits, R. Bischoff, P. L. Horvatovich, Anal. Chem., 80(2008)7012.
[70] C. Christin, H.C.J. Hoefsloot, A.K. Smilde, F. Suits, R. Bischoff, P. Horvatovich, J. Proteome Res., 9(2010)1483.
[71] C. Cordero, E. Liberto, C. Bicchi, P. Rubiolo, P. Schieberle, S.E. Reichenbach, Q. Taod, J. Chromatogr. A, 1217(2010)5848.
[72] C. Cordero, E. Liberto, C. Bicchi, P. Rubiolo, S.E. Reichenbach, X. Tian, Q. Tao, J. Chromatogr. Sci., 48(2010)251.
[73] C. Cordero, J. Kiefl, P. Schieberle, S. E. Reichenbach, C. Bicchi, Anal. Bioanal. Chem., 407(2015)169.
[74] C. Cordero, P. Rubiolo, B. Sgorbini, M. Galli and C. Bicchi, J. Chromatogr. A, 1132 (2006)268.
[75] C. Danielsson, K. Wilberg, P. Koryt'ar, J. de Boer, P. Haglund, Organohalogen Comp., 60(2003)395.
[76] C. F. Poole and S. K. Poole, J. Chromatogr. A, 1184(2008)254.
[77] C. F. Poole, The Essence of Chromatography, Elsevier, Amsterdam, 2003.
[78] C. H. Weinert, B. Egert, S. E. Kulling, J. Chromatogr. A, 1405(2015)156.
[79] C. Hurtado, H. Parastar, V. Matamoros, B. Pina, R. Tauler, J.M. Bayona, Sci. Rep., 7(2017)6546.
[80] C. J. Venkatramani, J. Z. Xu and J. B. Phillips, Anal. Chem., 68(1996)1486.
[81] C. Kulsing, P. Rawson, R.L. Webster, D.J. Evans, P.J. Marriott, Energy Fuel., 31 (2017)8978.
[82] C. Kulsing, Y. Nolvachai, P.J. Marriott, Trends Anal. Chem., 130(2020)115995.
[83] C. Li, D. Wang, N. Li, Q. Luo, X. Xu, Z. Wang, Chemosphere, 163(2016)535.
[84] C. Lipok, J. Hippler, O.J. Schmitz, J. Chromatogr. A, 1536(2018)50.
[85] C. Lipok, J. Hippler, O.J. Schmitz, J. Chromatogr. A, 1536(2018)50.

[86] C. Lorentz, D. Laurenti, J.L. Zotin, C. Geantet, Catal. Today, 292(2017)26.
[87] C. Ma, H. Wang, X. Lu, H. Wang, G. Xu, B. Liu, Metabolomics, 5(2009)497.
[88] C. Manzano, E. Hoh, S.L.M. Simonich, Environ. Sci. Technol., 46(2012)7677.
[89] C. Manzano, E. Hoh, S.L.M. Simonich, J. Chromatogr. A, 1307(2013)172.
[90] C. N. Cain, T.J. Trinklein, G.S. Ochoa, R.E. Synovec, Anal. Chem., 94(2022)5658.
[91] C. Nerín, J. Salafranca, M. Aznar, R. Batlle, Anal. Bioanal. Chem., 393(2009)809.
[92] C. Oh, X. Huang, F. Regnier, C. Buck, X. Zhang, J. Chromatogr. A, 1179 (2008)205.
[93] C. Oh, X. Huang, F. E. Regnier, C. Buck, X. Zhang, J. Chromatogr. A, 1179 (2008)205.
[94] C. Tistaert, H.P. Bailey, R.C. Allen, Y. van der Heyden, S.C. Rutan, J. Chemom., 26(2012)474.
[95] C. Veenaas, P. Haglund, Anal. Bioanal. Chem., 409(2017)4867.
[96] C. Vendeuvre, F. Bertoncini, D. Thie'baut, M. Martin and M. C. Hennion, J. Sep. Sci., 28(2005)1129.
[97] C. Vetrani, A.A. Rivellese, G. Annuzzi, M. Adiels, J. Boren, I. Mattila, M. Oresic, A.M. Aura, J. Nutr. Biochem., 33(2016)111.
[98] C. von Muehlen, P.J. Marriott, Anal. Bioanal. Chem., 401(2011)2351.
[99] C. von-Mühlen, P. Marriott, Anal. Bioanal. Chem., 401(2011)2351.
[100] C. Wagner, H.-P. Neukom, V. Galetti K. Grob, Mitt. Lebensm. Hyg., 92 (2001)231.
[101] C. Zhang, R.P. Eganhouse, J. Pontolillo, I.M. Cozzarelli, Y. Wang, J. Chromatogr. A, 1230(2012)110.
[102] C.C. Loureiro, A. S. Oliveira, M. Santos, A. Rudnitskaya, A. Todo-Bom, J. Bousquet, S.M. Rocha, Allergy Eur. J. Allergy Clin. Immunol., 71(2016)1362.
[103] C.F. Poole, J. Chromatogr. A, 1296(2013)2.
[104] C.G. Fraga, B.J. Prazen, R.E. Synovec, Anal. Chem., 73(2001)5833.
[105] C.J. Venkatramani, J.Z. Xu, J.B. Phillips, Anal. Chem., 68(1996)1486.
[106] C.J. Xu, Y.Z. Liang, J.H. Jiang, Anal. Lett., 33(2000)2105.
[107] C.P. Wang, T.L. Isenhour, Anal. Chem., 59(1987)649.
[108] C.v. Mühlen, W. Khummueng, C.A. Zini, E.B. Caramã, P.J. Marriott, J. Sep. Sci., 29(2006)1909.
[109] D. Clifford, G. Stone, I. Montoliu, S. Rezzi, F.P. Martin, P. Guy, S. Bruce, S. Kochhar, Anal. Chem., 81(2009)1000.
[110] D. Indrasti, Y.B. Che Man, S.T. Chin, S. Mustafa, D. Mat Hashim, M. Abdul Manaf, J. Am. Oil Chem. Soc., 87(11)(2010)1255.
[111] D. Megson, R. Kalin, P. Worsfold, C. Gauchotte-Lindsay, D. Patterson, M. Lohan,

S. Comber, T.A. Brown, G. O'Sullivan, J. Chromatogr. A, 1318(2013)276.
[112] D. Megson, T. A. Brown, G. W. Johnson, G. O'Sullivan, A. W. J. Bicknell, S. C. Votier, M. C. Lohan, S. Comber, R. Kalin, P. J. Worsfold, Chemosphere 114 (2014)195.
[113] D. R. Deans, Chromatographia, 1(1968)18.
[114] D. Ryan, P. Morrison, P. Marriott, J. Chromatogr, A, 1071(2005)47.
[115] D. Santos, M. Williams, R. Kookana, M. de Marchi, J. Braz. Chem. Soc., 13 (2017)e12.
[116] D. T. Stanton, Curr. Comput. Aided Drug. Des., 8(2012)107.
[117] D. Xia, L. Gao, M. Zheng, Q. Tian, H. Huang, L. Qiao, Environ. Sci. Technol, 50 (2016)7601.
[118] D. Xia, L. Gao, M. Zheng, S. Wang, G. Liu, Anal. Chim. Acta, 937(2016)160.
[119] D. Xia, L. Gao, S. Zhu, M. Zheng, Anal. Bioanal. Chem., 406(2014)7561.
[120] D. Yan, Y.F. Wong, S.P. Whittock, A. Koutoulis, R.A. Shellie, P.J. Marriott, Anal. Chem., 90(2018)5264.
[121] D. Zhang, X. Huang, F.E. Regnier, M. Zhang, Anal. Chem., 80(2008)2664.
[122] D.A. Glinski, S. T. Purucker, R. J. Van Meter, M. C. Black, W. M. Henderson, Chemosphere, 209(2018)496.
[123] D.F. Thekkudan, S.C. Rutan, P.W. Carr, J. Chromatogr. A, 1217(2010)4313.
[124] D.K. Lim, C. Mo, J.H. Lee, N.P. Long, Z. Dong, J. Li, J. Lim, S.W. Kwon, J. Food Drug Anal., 26(2018)769.
[125] D.L. Massart, Chemometrics: A Textbook, Elsevier Sciences Ltd., New York, 1988.
[126] D.R. Stoll, X. Li, X. Wang, P.W. Carr, S.E.G. Porter, S.C. Rutan, J. Chromatogr. A, 1168(2007)3.
[127] D.T. Loots, C.C. Swanepoel, M. Newton-Foot, N.C. Gey van Pittius, Microb. Pathog., 100(2016)268.
[128] E. Aprea, H. Gika, S. Carlin, G. Theodoridis, U. Vrhovsek, F. Mattivi, J. Chromatogr. A, 1218(2011)4517.
[129] E. B. Ledford, 23rd International Symposium on Capillary Chromatography, June 5 - 10, 2000, Riva del Garda, Italy.
[130] E. B. Ledford, C. Billesbach, J. Termaat, Pittcon 2002, March 17 - 22, 2002, New Orleans, LA, USA.
[131] E. Boyaci, A. Rodríguez-Lafuente, K. Gorynski, F. Mirnaghi, E. A. Souza-Silva, D. Hein, J. Pawliszyn, Anal. Chim. Acta, 873(2015)14.
[132] E. Engel, J. Ratel, P. Blinet, S. Chin, G. Rose, P. J. Marriott, J. Chromatogr. A, 1311 (2013)140.
[133] E. Engel, J. Ratel, P. Blinet, S.-.T. Chin, G. Rose, P.J. Marriott, J. Chromatogr. A,

1311(2013)140.
[134] E. Gaquerel, A. Weinhold, I.T. Baldwin, Plant Physiol., 149(2009)1408.
[135] E. Gionfriddo, E.A. Souza-Silva, J. Pawliszyn, Anal. Chem., 87(2015)8448.
[136] E. Hoh, N.G. Dodder, S.J. Lehotay, K.C. Pangallo, C.M. Reddy, K.A. Maruya, Environ. Sci. Technol., 46(2012)8001.
[137] E. Hoh, S.J. Lehotay, K. Mastovska, H.L. Ngo, W. Vetter, K. Pangallo, C.M. Reddy, Environ. Sci. Technol., 43(2009)3240.
[138] E. Hoh, S.J. Lehotay, K.C. Pangallo, K. Mastovska, H.L. Ngo, C.M. Reddy, W. Vetter, J. Agric. Food Chem., 57(2009)2653.
[139] E. Klimankova, K. Holadova, J. Hajslova, T. Cajka, J. Poustka, M. Koudela, Food Chem., 107(2008)464.
[140] E. Kovats, Helvetica Chim. Acta, 41(1958)1915.
[141] E. Sanchez, B.R. Kowalski, Anal. Chem., 58(1986)496.
[142] E. Sanchez, B.R. Kowalski, J. Chemom., 4(1990)29.
[143] E. Sanchez, L.S. Ramos, B.R. Kowalski, J. Chromatogr., 385(1987)151.
[144] E. Wojciechowska, C.H. Weinert, B. Egert, B. Trierweiler, M. Schmidt-Heydt, B. Horneburg, S. Graeff-H€onninger, S.E. Kulling, R. Geisen, Eur. J. Plant Pathol., 139(2014)735.
[145] E.A. Souza Silva, J. Pawliszyn, Anal. Chem., 84(2012)6933.
[146] E.A. Souza Silva, S. Risticevic, J. Pawliszyn, Trends Anal. Chem., 43(2013)24.
[147] E.A. Souza-Silva, E. Gionfriddo, J. Pawliszyn, Trends Anal. Chem., 71(2015)236.
[148] E.A. Souza-Silva, N. Reyes-Garces, G.A. Gomez-Ríos, E. Boyaci, B. Bojko, J. Pawliszyn, Trends Anal. Chem., 71(2015) 249.
[149] E.A. Souza-Silva, R. Jiang, A. Rodríguez-Lafuente, E. Gionfriddo, J. Pawliszyn, Trends Anal. Chem., 71(2015) 224.
[150] E.J.C. van-der-Klift, G. Vivo-Truyols, F.W. Claassen, F.L. van-Holthoon, T.A. van- Beek, J. Chromatogr. A, 1178(2008)43.
[151] E.M. Humston, J.C. Hoggard, R.E. Synovec, Anal. Chem., 82(2010)41.
[152] E.M. Humston, J.D. Knowles, A. McShea, R.E. Synovec, J. Chromatogr. A, 1217(2010)1963.
[153] E.M. Humston, K.M. Dombek, B.P. Tu, E.T. Young, R.E. Synovec, Anal. Bioanal. Chem., 401(2011)2387.
[154] E.M. Humston, K.M. Dombek, J.C. Hoggard, E.T. Young, R.E. Synovec, Anal. Chem., 80(2008)8002.
[155] E.M. Humston, Y. Zhang, G.F. Brabeck, A. McShea, R.E. Synovec, J. Sep.Sci., 32(2009)2289.
[156] E.R. Malinowski, Factor Analysis in Chemistry, third ed., Wiley, New York,

USA，2002.
[157] E.R. Malinowski，J. Chemom.，6(1992)29.
[158] F. Bedani，P.J. Schoenmakers，H.G. Janssen，J. Sep.Sci.，35(2012)1697.
[159] F. Gong，Y.Z. Liang，Q.S. Xu，F.T. Chau，J. Chromatogr. A，905(2001)193.
[160] F. L. Dorman，P. D. Schettler，C. M. English and D. V. Patwardhan，Anal. Chem.，74(2002)2133.
[161] F. L. Dorman，P.D. Schettler，L.A. Vogt，J.W. Cochran，J. Chromatogr. A，1186(2008)196.
[162] F. W. McLafferty，Interpretation of Mass Spectra，4 th Edition，University Science Books，Herndon，VA，1996.
[163] F. Yang，Y. Liu，B. Wang，H. Song，T. Zou，LWT，137(2020)110478.
[164] F.C. Sanchez，S.C. Rutan，M.D.G. Garcia，D.L. Massart，Chemometr. Intell. Lab.，36(1997)153.
[165] F.C. Sanchez，V. van den Bogaert，S.C. Rutan，D.L. Massart，Chemometr. Intell. Lab.，34(1996)139.
[166] F.H. Ruymgaart，J. Multivariate Anal.，11(1981)485.
[167] F.J. Camino-Sanchez，R. Rodríguez-Gomez，A. Zafra-Gomez，A. Santos-Fandila，J. L. Vílchez，Talanta，130(2014)388.
[168] G. Cao，H. Cai，X.D. Cong，X. Liu，X.Q. Ma，Y.J. Lou，K.M. Qin，B.C. Cai，Analyst，137(2012)3828.
[169] G. Frysinger and R. Gaines，J. Forensic Sci.，47(2002)471.
[170] G. Li，K.H. Row，Separ. Purif. Rev.，47(2018)1.
[171] G. Lubes，M. Goodarzi，Chem. Rev.，117(2017)6399.
[172] G. M. Randazzo，A. Bileck，A. Danani，B. Vogt，M. Groessl，J. Chromatogr. A，1612(2020)460661.
[173] G. Ouyang，J. Pawliszyn，Anal. Chem.，78(2006)5783.
[174] G. Ouyang，Y. Chen，L. Setkova，J. Pawliszyn，J. Chromatogr. A，1097(2005)9.
[175] G. S. Frysinger and R. B. Gaines，J. Sep. Sci.，24(2001)87.
[176] G. S. Ochoa，P.E. Sudol，T.J. Trinklein，R.E. Synovec，Talanta，236(2022)122844.
[177] G. Semard，V. Peulon-Agasse，A. Bruchet，J. P. Bouillon，P. Cardinael，J. Chromatogr. A，1217(2010)5449.
[178] G. Serrano，S. M. Reidy，E. T. Zellers，Sens. Actuators B，141(2009)217.
[179] G. Tomasi，F. Savorani，S.B. Engelsen，J. Chromatogr. A，1218(2011)7832.
[180] G. Tomasi，F. van den Berg，C. Andersson，J. Chemom.，18(2004)231.
[181] G. Vivo-Truyols，Anal. Chem.，84(2012)2622.
[182] G. Vivo-Truyols，H.G. Janssen，J. Chromatogr. A，1217(2010)1375.
[183] G. Vivo-Truyols，J.R. Torres-Lapasio，A. Garrido-Frenich，M.C. Garcia-Alvarez-

Coque, Chemometr. Intell. Lab., 59(2001)107.
[184] G. Vivo-Truyols, J.R. Torres-Lapasio, A.M. van Nederkassel, Y. van der Heyden, D.L. Massart, J. Chromatogr. A, 1096(2005)146.
[185] G. Vivo-Truyols, J.R. Torres-Lapasio, A.M. van Nederkassel, Y. van der Heyden, D.L. Massart, J. Chromatogr. A, 1096(2005)133.
[186] G. Vivo-Truyols, J. R. Torres-Lapasio, M. C. Garcia-Alvarez-Coque, Chemometr. Intell. Lab., 59(2001)89.
[187] G. Vivo-Truyols, J. R. Torres-Lapasio, R. D. Caballero, M. C. Garcia-Alvarez-Coque, J. Chromatogr. A, 958(2002)35.
[188] G.S. Frysinger, R. B. Gaines, J. Sep. Sci., 24(2001)87.
[189] G.S. Frysinger, R.B. Gaines, J. High Resol. Chromatogr, 22(1999)251.
[190] G.T. Ventura, B.R.T. Simoneit, R.K. Nelson, C.M. Reddy, Org. Geochem., 45 (2012)48.
[191] GC Image, LLC, GC Images software, http://www.gcimage.com (2008).
[192] GC Image, LLC, GC Imaget Users' Guide, http://www.gcimage.com/usersguide (2008).
[193] H. G. Schmarr, J. Bernhardt, J. Chromatogr. A, 1217(2010)565.
[194] H. I. A. Othman, A. Zaid, F. Cacciola, Z. Zhao, X. Guan, J.T. Althakafy, Y.F. Wong, Molecules, 28(2003)1381.
[195] H. Lohninger and K. Varmuza, Anal. Chem., 59(1987)236.
[196] H. Lu, Y. Liang, W.B. Dunn, H. Shen, D.B. Kell, Trends Anal. Chem., 27 (2008)215.
[197] H. Noorizadeh, M. Noorizadeh, Med. Chem. Res., 21(2012)1997.
[198] H. Parastar, J.R. Radoví c, M. Jalali-Heravi, S. Diez, J.M. Bayona, R. Tauler, Anal. Chem., 83(2011)9289.
[199] H. Parastar, M. Jalali-Heravi, R. Tauler, Chemometr. Intell. Lab., 117(2012)80.
[200] H. Piri-Moghadam, M.N. Alam, J. Pawliszyn, Anal. Chim. Acta, 984(2017)42.
[201] H. Prosen, Molecules, 19(2014)6776.
[202] H. Ren, M. Xue, Z. An, J. Jiang, J Chromatogr. A, 1599(2019)247.
[203] H. Ren, M. Xue, Z. An, W. Zhou, J. Jiang, J. Chromatogr. A, 1589(2019)141.
[204] H. van den Dool and P. D. Kratz, J. Chromatogr., 11(1963)463.
[205] H.A.L. Kiers, J.M.F. Ten Berge, R. Bro, J. Chemom., 13(1999)275.
[206] H.D. Bean, J.E. Hill, J.-M.D. Dimandja, J. Chromatogr. A, 1394(2015)111.
[207] H.G.J. Mol, H.J. van der Kamp, G. van der Weg, M. van der Lee, A. Punt, T.C.d. Rijk, J. AOAC Int., 94(2011)1722.
[208] H.J. Cortes, B. Winniford, J. Luong, M. Pursch, J. Sep.Sci., 32(2009)883.
[209] H.J. Tobias, G.L. Sacks, Y. Zhang, J.T. Brenna, Anal. Chem., 80(2008)8613.

[210] H.P. Bailey, S.C. Rutan, Anal. Chim. Acta, 770(2013)18.
[211] H.P. Bailey, S.C. Rutan, Chemom. Intell. Lab. Syst., 106(2011)131.
[212] H.P. Bailey, S.C. Rutan, P.W. Carr, J. Chromatogr. A, 1218(2011)8411.
[213] H.R. Keller, D.L. Massart, Anal. Chim. Acta, 246(1991)379.
[214] H.W. Kong, F. Ye, X. Lu, L. Guo, J. Tian, G.W. Xu, J. Chromatogr. A, 1086 (2005)160.
[215] H.-G. Schmarr, J. Bernhardt, J. Chromatogr. A, 1217(2010)565.
[216] H.-Y. Fu, H.-L. Wu, Y.-J. Yu, L.-L. Yu, S.-R. Zhang, J.-F. Nie, S.-F. Li, R.-Q. Yu, J. Chemom., 25(2011)408.
[217] I. François, K. Sandra, P. Sandra, Anal. Chim. Acta, 641(2009)14.
[218] I. Koo, Y. P. Zhao, J. Zhang, S. Kim, X. Zhang, J. Chromatogr. A, 1260 (2012)193.
[219] I. Latha, S.E. Reichenbach, Q. Tao, J. Chromatogr. A, 1218(2011)6792.
[220] I. Stanimirova, B. Üstün, T. Cajka, K. Riddelova, J. Hajslova, L.M.C. Buydens, B. Walczak, Food Chem., 118(2010)171.
[221] I. Vasconcelos, C. Fernandes, Trends Anal. Chem., 89(2017)41.
[222] IUPAC, Compendium of Chemical Terminology, http://goldbook.iupac.org (2007).
[223] J. Arey, R. Nelson, L. Xu and C. Reddy, Anal. Chem., 77(2005)7172.
[224] J. B. Phillips and J. Beens, J. Chromatogr. A, 856(1999)331.
[225] J. B. Phillips, R. B. Gaines, J. Blomberg, F. W. M. van der Wielen, J.-M. Dimandja, V. Green, J. Granger, D. Patterson, L. Racovalis, H.-J. de Geus, J. de Boer, P. Haglund, J. Lipsky, V. Sinha and E. B. Ledford, J. High Resolut. Chromatogr., 22(1999)3.
[226] J. Beens, H. Boelens, R. Tijssen and J. Blomberg, J. High Resolut. Chromatogr., 21 (1998)47.
[227] J. Beens, H. G. Janssen, M. Adahchour and U. A. Th. Brinkman, J. Chromatogr. A, 1086(2005)141.
[228] J. Beens, R. Tijssen and J. Blomberg, J. Chromatogr. A, 822(1998)233.
[229] J. C. Giddings, Anal. Chem., 56(1984)1258.
[230] J. C. Giddings, J. Chromatogr. A, 703(1995)3.
[231] J. Dalluge, J. Beens and U. A. T. Brinkman, J. Chromatogr. A, 1000(2003)69.
[232] J. Dallü ge, R. Vreuls, J. Beens and U. A. Th. Brinkman, J. Sep.Sci., 25(2002)201.
[233] J. Dallüge, M. van Rijn, J. Beens, R. J. J. Vreuls, U. A. Th. Brinkman, J. Chromatogr. A, 965(2002)207.
[234] J. de Vos, R. Dixon, G. Vermeulen, P. Gorst-Allman, J. Cochran, E. Rohwer, J.F. Focant, Chemosphere, 82(2011)1230.
[235] J. Eshima, S. Ong, T.J. Davis, C. Miranda, D. Krishnamurthy, A. Nachtsheim, J.

Stufken, C. Plaisier, J. Fricks, H.D. Bean, B.S. Smith, J. Chromatogr. B: Anal. Technol. Biomed. Life Sci., 1121(2019)48.

[236] J. Eshima, T. J. Davis, H. D. Bean, J. Fricks, B. S. Smith, Metabolites, 10 (2020)194.

[237] J. Folch, M. Lees, G.H.S. Stanley, J. Biol. Chem., 226(1957)497.

[238] J. Ha, D. Seo, D. Shin, Talanta, 85(2011)252.

[239] J. Harynuk and T. Go'recki, J. Chromatogr. A, 1086(2005)135.

[240] J. Harynuk, T. Gorecki, Am. Lab., 39(2007)36.

[241] J. Harynuk, T. Gorecki, J. de Zeeuw, J. Chromatogr. A, 1071(2005)21.

[242] J. J. van Deemter, F. J. Zuiderweg and A. Klinkenberg, Chem. Eng. Sci., 5 (1956)271.

[243] J. Jaumot, R. Gargallo, A. de Juan, R. Tauler, Chemometr. Intell. Lab., 76 (2005)101.

[244] J. Kiefl, C. Cordero, L. Nicolotti, P. Schieberle, S.E. Reichenbach, C. Bicchi, J. Chromatogr. A, 1243(2012)81.

[245] J. L. Adcock, M. Adams, B. S. Mitrevski, P. J. Marriott, Anal. Chem., 81 (2009)6797.

[246] J. L. Hope, A.E. Sinha, B.J. Prazen, R.E. Synovec, J. Chromatogr. A, 1086 (2005)185.

[247] J. L. Snyder, In: R. L. Grob and E. F. Barry (Eds.), Modern Practice of Gas Chromatography, John Wiley and Sons, New York, 2004, pp.769.

[248] J. M. Davis and J. C. Giddings, Anal. Chem., 55(1983)418.

[249] J. M. Davis, D.R. Stoll, P.W. Carr, Anal. Chem., 80(2008)461.

[250] J. M. Davis, D.R. Stoll, P.W. Carr, Anal. Chem., 80(2008)8122.

[251] J. Omar, B. Alonso, M. Olivares, A. Vallejo, N. Etxebarria, Talanta, 88 (2012)145.

[252] J. Rositano, P. Harpas, C. Kostakis, T. Scott, Forensic Sci. Int., 265(2016)125.

[253] J. S. Arey, R. K. Nelson, L. Xu and C. M. Reddy, Anal. Chem., 77(2005)7172.

[254] J. V. Seeley and S. K. Seeley, J. Chromatogr. A, 1172(2007)72.

[255] J. V. Seeley, E.M. Libby, K.A.H. Edwards, S.K. Seeley, J. Chromatogr. A, 1216 (2009)1650.

[256] J. V. Seeley, J. Chromatogr. A, 962(2002)21.

[257] J. V. Seeley, J. Chromatogr. A, 962(2002)21.

[258] J. V. Seeley, K. Hill-Edwards, E. K. Libby, and S. K. Seeley, Symposia HTC-10, Bruges, 2008.

[259] J. V. Seeley, N. J. Micyus, J. D. McCurry, S. K. Seeley, Am. Lab., 38(2006)24.

[260] J. V. Seeley, S.K. Seeley, J. Chromatogr. A, 1172(2007)72.

[261] J. Vestner, S. Malherbe, M. Du Toit, H.H. Nieuwoudt, A. Mostafa, T. Gorecki, A.G.J. Tredoux, A. de Villiers, J. Agric. Food. Chem., 59(2011)12732.
[262] J. Vial, B. Pezous, D. Thiebaut, P. Sassiat, B. Teillet, X. Cahours, I. Rivals, Talanta, 83(2011)1295.
[263] J. Vial, H. Noçairi, P. Sassiat, S. Mallipatu, G. Cognon, D. Thiebaut, B. Teillet, D.N. Rutledge, J. Chromatogr. A, 1216(2009)2866.
[264] J. Y. Gardner, D. E. Brillhart, M.M. Benjamin, L.G. Dixon, L.M. Mitchell, J.M.D. Dimandja, J. Sep.Sci., 34(2011)176.
[265] J.A. Murray, J. Chromatogr. A, 1251(2012)1.
[266] J.B. Coble, C.G. Fraga, J. Chromatogr. A, 1358(2014)155.
[267] J.B. Phillips, E. B. Ledford, Field Anal. Chem. Technol., 1(1996)23.
[268] J.C. Giddings, J. Chromatogr. A, 703(1995)3.
[269] J.C. Hoggard, J.H. Wahl, R.E. Synovec, G.M. Mong, C.G. Fraga, Anal. Chemm., 82(2010)689.
[270] J.C. Hoggard, R.E. Synovec, Anal. Chem., 79(2007)1611.
[271] J.C. Hoggard, R.E. Synovec, Anal. Chem., 80(2008)6677.
[272] J.C. Hoggard, W.C. Siegler, R.E. Synovec, J. Chemom., 23(2009)421.
[273] J.E. Welke, C.A. Zini, J. Brazil. Chem. Soc., 22(2011)609.
[274] J.F. Griffith, W.L. Winniford, K. Sun, R. Edam, J.C. Luong, J. Chromatogr. A, 1226(2012)116.
[275] J.F. Xiao, B. Zhou, H.W. Ressom, Trends Anal. Chem., 32(2012)1.
[276] J.H. Jiang, Y.Z. Liang, Y. Ozaki, Chemometr. Intell. Lab., 65(2003)51.
[277] J.J. Harynuk, A.D. Rosse, G.B. McGarvey, Anal. Bioanal. Chem., 401(2011)2415.
[278] J. J. Poole, J. J. Grandy, G. A. Gomez-Ríos, E. Gionfriddo, J. Pawliszyn, Anal. Chem., 88(2016)6859.
[279] J.J.A.M. Weusten, E.P.P.A. Derks, J.H.M. Momrners, S. van der Wal, Anal. Chim. Acta, 726(2012)9.
[280] J.L. Adcock, M. Adams, B. S. Mitrevski, P. J. Marriott, Anal. Chem., 81(2009)6797.
[281] J.M. Amigo, T. Skov, R. Bro, Chem. Rev., 110(2010)4582.
[282] J.M. Da Silva, C.A. Zini, E.B. Caramao, J. Chromatogr. A, 1218(2011)3166.
[283] J.M. Davis, D.R. Stoll, J. Chromatogr. A, 1360(2014)128.
[284] J.M. Davis, S.C. Rutan, P.W. Carr, J. Chromatogr. A, 1218(2011)5819.
[285] J.S. Nadeau, R. B. Wilson, J. C. Hoggard, B. W. Wright, R. E. Synovec, J. Chromatogr. A 1218(2011)9091.
[286] J.T.V. Matos, R. Duarte, A.C. Duarte, J. Chromatogr. B, 910(2012)31.
[287] J.T.V. Matos, R. Duarte, A.C. Duarte, Trends Anal. Chem., 45(2013)14.

[288] J.V. Seeley, J. Chromatogr. A, 1255(2012)24.

[289] J.V. Seeley, N.J. Micyus, J.D. McCurry, S.K. Seeley, Am. Lab., 38(2006)24.

[290] J.V. Seeley, S.K. Seeley, Anal. Chem., 85(2013)557.

[291] J.Y. Gardner, D.E. Brillhart, M.M. Benjamin, L.G. Dixon, L.M. Mitchell, J.-M.D. Dimandja, J. Sep. Sci., 34(2011)176.

[292] K. A. Duell, J.P. Avery, K. L. Rowlen and J. W. Birks, Anal. Chem., 63(1991)73.

[293] K. Banerjee, S.H. Patil, S. Dasgupta, D.P. Oulkar, S.B. Patil, R. Savant, P.G. Adsule, J. Chromatogr. A, 1190(2008)350.

[294] K. Danzer, J. F. van Staden and D. T. Burns, Pure Appl. Chem., 74(2002)1479.

[295] K. Dettmer, P.A. Aronov, B.D. Hammock, Mass Spectrom. Rev., 26(2007)51.

[296] K. He'berger, J. Chromatogr. A, 1158(2007)273.

[297] K. J. Johnson, R.E. Synovec, Chemometr. Intell. Lab., 60(2002)225.

[298] K. Jobst, L. Shen, E. Reiner, V. Taguchi, P. Helm, R. McCrindle, S. Backus, Anal. Bioanal. Chem., 405(2013)3289.

[299] K. K. Pasikanti, J. Norasmara, S. Cai, R. Mahendran, K. Esuvaranathan, P.C. Ho, E.C.Y. Chan, Anal. Bioanal. Chem., 398(2010)1285.

[300] K. Kalachova, J. Pulkrabova, T. Cajka, L. Drabova, J. Hajslova, Anal. Bioanal. Chem., 403(2012)2813.

[301] K. Krisnangkura and V. Pongtonkulpanich,J. Sep. Sci., 29(2006)81.

[302] K. M. Kalili, A. de Villiers, J. Chromatogr. A, 1289(2013)58.

[303] K. M. Pierce, J.C. Hoggard, R.E. Mohler, R.E. Synovec, J. Chromatogr. A, 1184 (2008)341.

[304] K. M. Pierce, S.P. Schale, Talanta, 83(2011)1254.

[305] K. Pasikanti, J. Norasmara, S. Cai, R. Mahendran, K. Esuvaranathan, P. Ho, E. Chan, Anal. Bioanal. Chem., 398(2010)1285.

[306] K. Ralston-Hooper, A. Hopf, C. Oh, X. Zhang, J. Adamec, M. Sepulveda, Aquat. Toxicol., 88(2008)48.

[307] K. Robards, P. R. Hadad, P. E. Jackson, Principles, Practice of Modern Chromatographic Methods, Academic Press, New York, 1994.

[308] K. Varmuza and W. Werther, J. Chem. Inf. Comput. Sci., 36(1996)323.

[309] K.D. Clark, O. Nacham, J.A. Purslow, S.A. Pierson, J.L. Anderson, Anal. Chim. Acta, 934(2016)9.

[310] K.D. Nizio, K.A. Perrault, A.N. Troobnikoff, M. Ueland, S. Shoma, J.R. Iredell, P.G. Middleton, S.L. Forbes, J. Breath Res., 10(2016)026008.

[311] K.J. Johnson, B.W. Wright, K.H. Jarman, R.E. Synovec, J. Chromatogr. A, 996 (2003)141.

[312] K.M. Pierce, B. Kehimkar, L. C. Marney, J. C. Hoggard, R. E. Synovec, J.

Chromatogr. A, 1255(2012)3.

[313] K.M. Pierce, J.C. Hoggard, J.L. Hope, P.M. Rainey, A.N. Hoofnagle, R.M. Jack, B.W. Wright, R.E. Synovec, Anal. Chem., 78(2006)5068.

[314] K.M. Pierce, J.C. Hoggard, R.E. Mohler, R.E. Synovec, J. Chromatogr. A, 1184(2008)341.

[315] K.M. Pierce, J.L. Hope, J.C. Hoggard, R. E. Synovec, Talanta, 70(2006)797.

[316] K.M. Pierce, L. F. Wood, B. W. Wright, R. E. Synovec, Anal. Chem., 77(2005)7735.

[317] K.M. Pierce, R.E. Mohler, Sep.Purif. Rev., 41(2012)143.

[318] K.M. Pierce, R.E. Mohler, Sep.Purif. Rev., 41(2012)143.

[319] K.M. Pierce, S.P. Schale, Talanta, 83(2011)1254.

[320] K.M. Sharif, S.-.T. Chin, C. Kulsing, P.J. Marriott, Trends Anal. Chem., 82(2016)35.

[321] K.R. Beebe, R.J. Pell, M.B. Seasholtz, Chemometrics: A Practical Guide, Wiley-Interscience, New York, 1998.

[322] Kocak D, Oze MZ, Gogus F, Hamilton JF, Lewis AC Food. Chem., 135(2012)2215.

[323] L. A. Fonseca de Godoy, M.P. Pedroso, E.C. Ferreira, F. Augusto, R.J. Poppi, J. Chromatogr. A, 1218(2011)1663.

[324] L. A. Fonseca de Godoy, M.P. Pedroso, L.W. Hantao, R.J. Poppi, F. Augusto, Talanta, 83(2011)1302.

[325] L. A. McGregor, C. Gauchotte-Lindsay, N.N. Daeid, R. Thomas, P. Daly, R.M. Kalin, J. Chromatogr. A, 1218(2011)4755.

[326] L. Luies, D.T. Loots, Metabolomics, 12(2016)40.

[327] L. Luies, J. Mienie, C. Motshwane, K. Ronacher, G. Walzl, D.T. Loots, Metabolomics, 13(2017)124.

[328] L. M. Blumberg, F. David, M.S. Klee, P. Sandra, J. Chromatogr. A, 1188(2008)2.

[329] L. M. Blumberg, J. Chromatogr. A, 985(2003)29.

[330] L. Meng, W. Zhang, P. Meng, B. Zhu, K. Zheng, J. Chromatogr. B-Anal. Technol. Biomed. Life Sci., 989(2015)46.

[331] L. Mondello, A. Casilli, P.Q. Tranchida, M. Lo Presti, P. Dugo, G. Dugo, Anal. Bioanal. Chem., 389(2007)1755.

[332] L. Mondello, M. Herrero, T. Kumm, P. Dugo, H. Cortes, G. Dugo, Anal. Chem., 80(2008)5418.

[333] L. Mondello, P.Q. Tranchida, P. Dugo, G. Dugo, Mass Spectrom. Rev., 27(2008)101.

[334] L. S. Ettre, Pure Appl. Chem., 65(1993)819.

[335] L. T. Vaz-Freire, M.D.R. Gomes da Silva, A.M. Costa Freitas, Anal. Chim. Acta, 633(2009)263.

[336] L. Vaz-Freire, M. Dasilva, A. Freitas, Anal. Chim. Acta, 633(2009)263.

[337] L. Vogt, T. Gröger and R. Zimmermann, J. Chromatogr. A, 1150(2007)2.
[338] L. W. Hantao, H.G. Aleme, M.M. Passador, E.L. Furtado, F.A.D. Ribeiro, R.J. Poppi, F. Augusto, J. Chromatogr. A, 1279(2013)86.
[339] L. Yi, N. Dong, Y. Yun, B. Deng, D. Ren, S. Liu, Y. Liang, Anal. Chim. Acta, 914 (2016)17.
[340] L. Zhang, Z.D. Zeng, C.X. Zhao, H.W. Kong, X. Lu, G.W. Xu, J. Chromatogr. A, 1313(2013)245.
[341] L.A. de Godoy, E.C. Ferreira, M.P. Pedroso, C.H. d. Fidelis, F. Augusto, R.J. Poppi, Anal. Lett., 41(2008)1603.
[342] L.A. de Godoy, M.P. Pedroso, L.W. Hantao, R.J. Poppi, F. Augusto, Talanta, 83 (2011)1302.
[343] L.A. Fonseca de Godoy, L.W. Hantao, M. Pozzobon, M.P. Pedroso, R.J. Poppi, F. Augusto, Anal. Chim. Acta, 699(2011)120.
[344] L.A. McGregor, C. Gauchotte-Lindsay, N.N. Daeid, R. Thomas, P. Daly, R. Kalin, J. Chromatogr. A, 1218(2011)4755.
[345] L.A.F. de Godoy, E.C. Ferreira, M.P. Pedroso, C.H.d.V. Fidelis, F. Augusto, R.J. Poppi, Anal. Lett., 41(2008)1603.
[346] L.L.P. van Stee, U.A.T. Brinkman, J. Chromatogr. A, 1218(2011)7878.
[347] L.L.P.P. van Stee, U.A.T.T. Brinkman, Trends Anal. Chem., 83(2016)1.
[348] L.M. Dubois, K.A. Perrault, P.-H. Stefanuto, S. Koschinski, M. Edwards, L. McGregor, J.-F. Focant, J. Chromatogr. A, 1501(2017)117.
[349] L.R. Bordajandi, J.J. Ramos, J. Sanz, M.J. Gonz_alez, L. Ramos, J. Chromatogr. A, 1186(2008)312.
[350] L.R. Snyder, J.C. Hoggard, T.J. Montine, R.E. Synovec, J. Chromatogr. A, 1217 (2010)4639.
[351] L.S. Ramos, E. Sanchez, B.R. Kowalski, J. Chromatogr., 385(1987)165.
[352] L.T. Rust, K.D. Nizio, S.L. Forbes, Anal. Bioanal. Chem., 408(2016)6349.
[353] L.W. Hantao, B.R. Toledo, F.A.D. Ribeiro, M. Pizetta, C.G. Pierozzi, E.L. Furtado, F. Augusto, Talanta 116(2013)1079.
[354] L.W. Hantao, H.G. Aleme, M.M. Passador, E.L. Furtado, F.A.D. Ribeiro, R.J. Poppi, F. Augusto, J. Chromatogr. A, 1279(2013)86.
[355] L.W. Sumner, A. Amberg, D. Barrett, M.H. Beale, R. Beger, C.A. Daykin, T.W.M. Fan, O. Fiehn, R. Goodacre, J.L. Griffin, T. Hankemeier, N. Hardy, J. Harnly, R. Higashi, J. Kopka, A.N. Lane, J.C. Lindon, P. Marriott, A.W. Nicholls, M.D. Reily, J. J. Thaden, M.R. Viant, Metabolomics, 3(2007)211.
[356] M. Adahchour and J. Beens, U. A. T. Brinkman, Analyst, 128(2023)213.
[357] M. Adahchour, J. Beens, R. Vreuls and U.A.Th. Brinkman, Trends Anal. Chem., 25

(2006)540.
[358] M. Adahchour, J. Beens, R.J.J. Vreuls, U.A.T. Brinkman, Trends Anal. Chem. 25 (2006)438.
[359] M. Adahchour, J. Beens, R.J.J. Vreuls, U.A.T. Brinkman, Trends Anal. Chem., 25 (2006)540.
[360] M. Adahchour, J. Beens, R.J.J. Vreuls, U.A.T. Brinkman, Trends Anal. Chem., 25 (2006)726.
[361] M. Adahchour, J. Beens, R.J.J. Vreuls, U.A.T. Brinkman, Trends Anal. Chem., 25 (2006)821.
[362] M. Adahchour, J. Beens, R.J.J. Vreuls, U.A.T. Brinkman, Trends, Anal. Chem., 25(2006)438.
[363] M. Adahchour, J. Beens, U. A. T., Brinkman, J. Chromatogr. A, 1186(2008)67.
[364] M. Adahchour, J. Beens, U.A.T. Brinkman, J. Chromatogr. A, 1186(2008)67.
[365] M. Adahchour, J. Beens, U.A.Th Brinkman, J. Chromatogr. A, 1186(2008)67.
[366] M. Agah, J. A. Potkay, G. Lambertus, R. Sacks and K. D. Wise, J. Microelectromech. Syst., 14(2005)1039.
[367] M. Biedermann, K. Grob, J. Chromatogr. A, 1293(2013)107.
[368] M. Biedermann, K. Grob, J. Chromatogr. A, 1375(2015)146.
[369] M. Biedermann, R. Castillo, A.-M. Riquet, K. Grob, Polym. Degrad. Stabil., 99 (2014)262.
[370] M. Camenzuli, P.J. Schoenmakers, Anal. Chim. Acta, 838(2014)93.
[371] M. Daszykowski, E.M. Færgestad, H. Grove, H. Martens, B. Walczak, Chemom. Intell. Lab. Syst., 96(2009)188.
[372] M. Daszykowski, I. Stanimirova, A. Bodzon-Kulakowska, J. Silberring, G. Lubec, B. Walczak, J. Chromatogr. A, 1158(2007)306.
[373] M. Daszykowski, M.S. Wrobel, A. Bierczynska-Krzysik, J. Silberring, G. Lubec, B. Walczak, Chemom. Intell. Lab. Syst., 97(2009)132.
[374] M. de Frutos, J. Sanz, I. Martinez-Castro and M. I. Jime'nez, Anal. Chem., 65 (1999)2643.
[375] M. Edwards, A. Mostafa, T. Gorecki, Anal. Bioanal. Chem., 401(2011)2335.
[376] M. Edwards, A. Mostafa, T. Górecki, Anal. Bioanal. Chem, 401(2011)2335.
[377] M. Esteban, C. Arino, J.M. Diaz-Cruz, M.S. Diaz-Cruz, R. Tauler, Trends Anal. Chem., 19(2000)49.
[378] M. Fiege, T. Davies, T. Fröhlich, and P. Lampen, The AnIML core, sample, and technique shells: Proposal for an AnIML schema, http://animl.sourceforge.net/CLC Waters AnIML Proposal.pdf (2004).
[379] M. Garrido, F.X. Rius, M.S. Larrechi, Anal. Bioanal. Chem., 390(2008)2059.

[380] M. Gilar, J. Fridrich, M.R. Schure, A. Jaworski, Anal. Chem., 84(2012)8722.
[381] M. Gilar, P. Olivova, A. E. Daly and J. C. Gebler, Anal. Chem., 77(2005)6426.
[382] M. Gilar, P. Olivova, A.E. Daly, J.C. Gebler, Anal. Chem., 77(2005)6426.
[383] M. H. Abraham, A. Ibrahim and A. M. Zissimos, J. Chromatogr. A,1037(2004)29.
[384] M. Hubert, P.J. Rousseeuw, K. van den Branden, Technometrics, 47(2005)64.
[385] M. J. E. Golay, in Gas Chromatography 1958 (Amsterdam Symposium), D. H. Desty(Ed.), London, Butterworths, 1958, p.36.
[386] M. Jalali-Heravi, H. Parastar, Chemometr. Intell. Lab., 101(2010)1.
[387] M. Junge, S. Bieri, H. Huegel, P.J. Marriott, Anal. Chem., 79(2007)4448.
[388] M. Kallio, M. Kivilompolo, S. Varjo, M. Jussila, T. Hyotylainen, J. Chromatogr. A, 1216(2009)2923.
[389] M. Kallio, T. Hyö tyläinen, M. Lehtonen, M. Jussila, K. Hartonen, M. Shimmo and M. Riekkola, J. Chromatogr. A, 1019(2003)251.
[390] M. Libardoni, J. H. Waite and R. Sacks, Anal. Chem., 77(2005)2786.
[391] M. Maeder, Anal. Chem., 59(1987)527.
[392] M. Mal, P. K. Koh, P. Y. Cheah, E. C. Y. Chan, Anal. Bioanal. Chem., 403 (2012)483.
[393] M. Mieth, J.K. Schubert, T. Gröger, B. Sabel, S. Kischkel, P. Fuchs, D. Hein, R. Zimmermann, W. Miekisch, Anal. Chem., 82(2010)2541.
[394] M. Nestola, T. C. Schmidt, J. Chromatogr. A, 1505(2017)69.
[395] M. Ni, Point pattern matching and its application in GC × GC, Ph. D. thesis, University of Nebraska (2004).
[396] M. Ni, Q. Tao and S. E. Reichenbach, In: IEEE Workshop on Statistical Signal Processing, 2003, pp.497.
[397] M. Ni, S.E. Reichenbach, A. Visvanathan, J.R. TerMaat and E.B. Ledford, Jr., J. Chromatogr. A, 1086(2005)165.
[398] M. P. Pedroso, L.A. Fonseca de Godoy, E.C. Ferreira, R. J. Poppi, F. Augusto, J. Chromatogr. A, 1201(2008)176.
[399] M. Pedroso, L.d. Godoy, E. Ferreira, R. Poppi, F. Augusto, J. Chromatogr. A, 1201(2008)176.
[400] M. Pena-Abaurrea, A. Covaci, L. Ramos, J. Chromatogr. A, 1218(2011)6995.
[401] M. Pena-Abaurrea, F. Ye, J. Blasco, L. Ramos, J. Chromatogr. A, 1256(2012)222.
[402] M. Pompe, J. M. Davis and C. D. Samuel, J. Chem. Inf. Comput. Sci., 44(2004)399.
[403] M. R. Pourhaghighi, M. Karzand, H.H. Girault, Anal. Chem., 83(2011)7676.
[404] M. Ubukata, K.J. Jobst, E.J. Reiner, S.E. Reichenbach, Q. Tao, J. Hang, Z. Wu, A.J. Dane, R.B. Cody, J. Chromatogr. A, 1395(2015)152.
[405] M. Van Den Berg, L. S. Birnbaum, M. Denison, M. De Vito, W. Farland, M.

Feeley, H. Fiedler, H. Hakansson, A. Hanberg, L. Haws, M. Rose, S. Safe, D. Schrenk, C. Tohyama, A. Tritscher, J. Tuomisto, M. Tysklind, N. Walker, R.E. Peterson, Toxicol. Sci., 93(2006)223.

[406] M. Zoccal, P.Q. Tranchida, L. Mondello, Anal. Chem., 87(2015)1911.

[407] M. Zoccali, L. Barp, M. Beccaria, D. Sciarrone, G. Purcaro, L. Mondello, J. Sep. Sci., 39(2016)623.

[408] M. Zoccali, P.Q. Tranchida, L. Mondello, Trends Anal. Chem., 118(2019)444.

[409] M. Zoccali, S. Cappello, L. Mondello, J. Chromatogr. A, 1547(2018)99.

[410] M.A. Gardner, S. Sampsel, W.W. Jenkins, J.E. Owens, J. Anal. Toxicol., 39(2015)118.

[411] M.B. Lucitt, T.S. Price, A. Pizarro, W. Wu, A.K. Yocum, C. Seiler, M.A. Pack, I.A. Blair, G.A. Fitzgerald, T. Grosser, Mol. Cell. Proteomics, 7(2008)981.

[412] M. B. Rye, E. M. Faergestad, H. Martens, J. P. Wold, B. K. Alsberg, Electrophoresis, 29(2008)1382.

[413] M.F. Almstetter, I.J. Appel, K. Dettmer, M.A. Gruber, P.J. Oefner, J. Chromatogr. A, 1218(2011)7031.

[414] M.F. Almstetter, I. J. Appel, K. Dettmer, M. A. Gruber, P. J. Oefner, J. Chromatogr. A, 1218(2011)7031.

[415] M.F. Almstetter, I.J. Appel, M.A. Gruber, C. Lottaz, B. Timischl, R. Spang, K. Dettmer, P.J. Oefner, Anal. Chem., 81(2009)5731.

[416] M.F. Almstetter, P.J. Oefner, K. Dettmer, Anal. Bioanal. Chem., 402(2012)1993.

[417] M.J. Gray, G.R. Dennis, P.J. Slonecker, R.A. Shalliker, J. Chromatogr. A, 1041(2004)101.

[418] M.J. Gómez, S. Herrera, D. Solé, E. García-Calvo, A.R. Fernández-Alba, Anal. Chem., 83(2011)2638.

[419] M.J. Trujillo-Rodríguez, V. Pino, J.L. Anderson, Talanta, 172(2017) 86.

[420] M.J. Wilde, C.E. West, A.G. Scarlett, D. Jones, R.A. Frank, L.M. Hewitt, S.J. Row-land, J. Chromatogr. A, 1378(2015)74.

[421] M.J.E. Trudgett, G. Guiochon, R.A. Shalliker, J. Chromatogr. A, 1218(2011)3545.

[422] M.L. Lee, F.J. Yang, K.D. Bartle, Open Tubular Column Gas Chromatography, John Wiley & Sons, New York, 1984.

[423] M.M. Koek, B. Muilwijk, L.L.P. van Stee, T. Hankemeier, J. Chromatogr. A, 1186(2008)420.

[424] M.P.H. Verouden, J.A. Westerhuis, M.J. van-der-Werf, A.K. Smilde, Chemom. Intell. Lab. Syst., 98(2009)88.

[425] M.R. Filgueira, C. B. Castells, P.W. Carr, Anal. Chem., 84(2012)6747.

[426] M.R. Jacobs, M. Edwards, T. G_orecki, P. N. Nesterenko, R. A. Shellie, J.

Chromatogr. A, 1463(2016)162.

[427] M.S.S. Amaral, Y. Nolvachai, P.J. Marriott, Anal. Chem., 92(2020)85.

[428] N. E. Watson, J. M. Davis and R. E. Synovec, Anal. Chem., 79(2007)7924.

[429] N. E. Watson, J.M. Davis, R.E. Synovec, Anal. Chem., 79(2007)7924.

[430] N. Nasim, A. Ray, S. Singh, S. Jena, A. Sahoo, B. Kar, I.S. Sandeep, S. Mohanty, S. Nayak, Nat. Prod. Res., 31(2017)853.

[431] N. Ochiai, K. Sasamoto, K. MacNamara, J. Chromatogr. A, 1270(2012)296.

[432] N. P. Vasquez, M. Crosnier de bellaistre-Bonose, N. Lévêque, E. Thioulouse, D. Doummar, T. Billette de Villemeur, D. Rodriguez, R. Couderc, S. Robin, C. Courderot-Masuyer, F. Moussa, J. Chromatogr. B, 1002(2015)130.

[433] N. Zhan, F. Guo, Q. Tian, Z.P. Yang, Z. Rao, Anal. Lett., 51(2018)955.

[434] N. E. Watson, H. D. Bahaghighat, K. Cui, R. E. Synovec, Anal. Chem., 89 (2017)1793.

[435] N.E. Watson, W. C. Siegler, J. C. Hoggard, R. E. Synovec, Anal. Chem., 79 (2007)8270.

[436] N.J. Shaul, N.G. Dodder, L.I. Aluwihare, S.A. Mackintosh, K.A. Maruya, S.J. Chivers, K. Danil, D.W. Weller, E. Hoh, Environ. Sci. Technol., 49(2015)1328.

[437] N.P. Vasquez, M. Crosnier de bellaistre-Bonose, N. Levêque, E. Thioulouse, D. Doummar, T. Billette de Villemeur, D. Rodriguez, R. Couderc, S. Robin, C. Courderot-Masuyer, F. Moussa, J. Chromatogr. B-Anal. Technol. Biomed. Life Sci., 1002(2015)130.

[438] N.P.V. Nielsen, J.M. Carstensen, J. Smedsgaard, J. Chromatogr. A, 805(1998)17.

[439] NIST/EPA/NIH Mass Spectral Library with Search Program, NIST Standard Reference Database 1A (2005).

[440] O. Amador-Munõz and P.J. Marriott, J. Chromatogr. A, 1184(2007)323.

[441] O. Amador-Muñoz, P.J. Marriott, J. Chromatogr. A, 1184(2008)323.

[442] O. Ivanciuc, J. Chem. Inf. Comput. Sci., 37(1997)405.

[443] O. Panić, T. Górecki, C. McNeish, A.H. Goldstein, B.J. Williams, D.R. Worton, S.V. Hering, N.M. Kreisberg, J. Chromatogr. A, 1218(2011)3070.

[444] O.M. Kvalheim, Y.Z. Liang, Anal. Chem., 64(1992)936.

[445] P. Bastos, P. Haglund, J. Soils Sediments, 12(2012)1079.

[446] P. Dimitriou-Christidis, A. Bonvin, S. Samanipour, J. Hollender, R. Rutler, J. Westphale, J. Gros, J. S. Arey, Environ. Sci. Technol.,49(2015)7914.

[447] P. Dugo, F. Cacciola, P. Donato, D. Airado-Rodríguez, M. Herrero, L. Mondello, J. Chromatogr. A, 1216(2009)7483.

[448] P. Fernandez, V. Taboada, M. Regenjo, L. Morales, I. Alvarez, A.M. Carro, R.A. Lorenzo, J. Pharmaceut. Biomed. Anal., 124(2016)189.

[449] P. Horvatovich, B. Hoekman, N. Govorukhina, R. Bischoff, J. Sep.Sci., 33(2010)1421.
[450] P. J. Linstrom, A proposed data model for ASTM E13.15, http://animl.sourceforge.net/Linstrom-Data-Model-old.pdf (2003).
[451] P. J. Marriott and R. M. Kinghorn, Anal. Chem., 69(1997)2582.
[452] P. J. Marriott, T. Massil and H. Hügel, J. Sep. Sci., 27(2004)1273.
[453] P. J. Slonecker, X. D. Li, T. H. Ridgway and J. G. Dorsey, Anal. Chem., 68(1996)682.
[454] P. J. Slonecker, X.D. Li, T.H. Ridgway, J.G. Dorsey, Anal. Chem., 68(1996)682.
[455] P. Jandera, Cent. Eur. J. Chem., 10(2012)844.
[456] P. Koryt_ar, P.E.G. Leonards, J. de Boer, U.A.T. Brinkman, J. Chromatogr. A, 1086 (2005)29.
[457] P. Korytar, J. Parera, P.E.G. Leonards, F.J. Santos, J. de Boer, U.A.T. Brinkman, J. Chromatogr. A, 1086(2005)71.
[458] P. Korytar, J. Parera, P.E.G. Leonards, F.J. Santos, J. De Boer, U.A.Th Brinkman, J. Chromatogr. A, 1086(2005)71.
[459] P. Korytar, J. Parera, P.E.G. Leonards, J. de Boer, U.A.T. Brinkman, J. Chromatogr. A, 1067(2005)255.
[460] P. Korytár, P.E.G. Leonards, J. de Boer, U.A.Th. Brinkman, J. Chromatogr. A, 958 (2002)203.
[461] P. Lepom, B. Brown, G. Hanke, R. Loos, P. Quevauviller, J. Wollgast, J. Chromatogr. A, 1216(2009)302.
[462] P. Liu, W. Long, Int. J. Mol. Sci., 10(2009)1978.
[463] P. M. Bastos, P. Haglund, J. Soil. Sediment., 12(2012)1079.
[464] P. Manzano, B. Martin-Gomez, A. Fuente-Ballesteros, A. M. Ares, J. C. Diego, J. Bernal, MethodsX, 10(2023)102115.
[465] P. Marriott, R. Shellie, Trends Anal. Chem., 21(2002)573.
[466] P. Nikitas, A. Pappa-Louisi, A. Papageorgiou, J. Chromatogr. A, 912(2001)13.
[467] P. Paatero, C.A. Andersson, Chemometr. Intell. Lab., 47(1999)17.
[468] P. Q. Tranchida, G. Purcaro, P. Dugo, L. Mondello, Trends Anal. Chem., 30 (2011)1437.
[469] P. Schoenmakers, P. Marriott and J. Beens, LC-GC Europe, 16(2003)335.
[470] P. Schoenmakers, P. Marriott, J. Beens, LC GC Europe, 16(2003)335.
[471] P. Schoenmakers, P. Marriott, J. Beens, LC-GC Eur., 16(2003)335.
[472] P. Wojtowicz, J. Zrostlikova, T. Kovalczuk, J. Schurek, T. Adam, J. Chromatogr. A, 1217(2010)8054.
[473] P. Yang, H. Song, Y. Lin, T. Guo, L. Wang, M.Granvogl, Yongquan Xu, Food Funct., 12(2021)4797.
[474] P.B. Crilly, J. Chemom., 5(1991)85.

[475] P.C. Carvalho, J. Hewel, V.C. Barbosa, J.R. Yates, Genet. Mol. Res., 7(2008)342.
[476] P.C. Kelly and G. Horlick, Anal. Chem., 45(1973)518.
[477] P.C.F. Lima Gomes, B.B. Barnes, A.J. Santos-Neto, F.M. Lancas, N.H. Snow, J. Chromatogr. A, 1299(2013)126.
[478] P.F. de Lima, M.F. Furlan, F.A.D. Ribeiro, S.F. Pascholati, F. Augusto, J. Sep. Sci., 38(2015)1924.
[479] P.G. Stevenson, M. Mnatsakanyan, G. Guiochon, R.A. Shalliker, Analyst, 135 (2010)1541.
[480] P.H.C. Eilers, Anal. Chem., 76(2004)404.
[481] P.J. Gemperline, J. Chem. Inform. Comput. Sci., 24(1984)206.
[482] P.J. Marriott, Gas chromatography multidimensional techniques. in: P. Worsfold, A. Townshend and C. Poole (Eds.), Encyclopedia of Analytical Science. Elsevier, Oxford, UK. 2005.
[483] P.J. Marriott, P. Schoenmakers, Z.Y. Wu, LC GC, Europe, 25(2012)266.
[484] P.J. Marriott, S.T. Chin, B. Maikhunthod, H.G. Schmarr, S. Bieri, Trends Anal. Chem. 34(2012)1.
[485] P.M. Antle, C.D. Zeigler, Y. Gankin, A. Robbat, Anal. Chem., 85(2013)10369.
[486] P.M. Harvey, R.A. Shellie, Anal. Chem., 84(2012)6501.
[487] P.Q. Tranchida, A. Casilli, P. Dugo, G. Dugo, L. Mondello, Anal. Chem., 79 (2007)2266.
[488] P.Q. Tranchida, D. Sciarrone, P. Dugo, L. Mondello, Anal. Chim. Acta, 716(2012) 66.
[489] P.Q. Tranchida, G. Purcaro, P. Dugo, L. Mondello, G. Purcaro, Trends Anal. Chem., 30(2011)1437.
[490] P.Q. Tranchida, G. Purcaro, P. Dugo, L. Mondello, Trends Anal. Chem., 30 (2011)1437.
[491] P.Q. Tranchida, J. Chromatogr. A, 1536(2018)2.
[492] P.S. Gromski, H. Muhamadali, D.I. Ellis, Y. Xu, E. Correa, M.L. Turner, R. Goodacre, Anal. Chim. Acta, 879(2015)10.
[493] Q. Gu, F. David, F. Lynen, K. Rumpel, G. Xu, P. De Vos, P. Sandra, J. Chromatogr. A, 1217(2010)4448.
[494] Q. Gu, F. David, F. Lynen, P. Vanormelingen, W. Vyverman, K. Rumpel, G. Xu, P. Sandra, J. Chromatogr. A, 1218(2011)3056.
[495] Q. Guo, J. Yu, K. Yang, X. Wen, H. Zhang, Z. Yu, H. Li, D. Zhang, M. Yang, Sci. Total Environ., 556(2016)36.
[496] Q.S. Xu, Y.Z. Liang, Chemometr. Intell. Lab., 45(1999)335.
[497] R. A. Shellie, L. L. Xie and P. J. Marriott, J. Chromatogr. A, 968(2002)161.

[498] R. Bro, C.A. Andersson, H.A.L. Kiers, J. Chemom., 13(1999)295.
[499] R. Bro, Chemom. Intell. Lab. Syst., 38(1997)149.
[500] R. C. Castells, J. Chromatogr. A, 1037(2004)223.
[501] R. C. Y. Ong, P. J. Marriott, J. Chromatogr. Sci., 40(2002)276.
[502] R. Castillo, M. Biedermann, A. M. Riquet, K. Grob, Polym. Degrad. Stabil, 98 (2013)1679.
[503] R. Costa, A. Albergamo, M. Piparo, G. Zaccone, G. Capillo, A. Manganaro, P. Dugo, L. Mondello, Eur. J. Lipid Sci. Technol, 119(2017)1600043.
[504] R. D. Dandeneau, E. H. Zerenner, J. High Resolut. Chromatogr. & Chromatogr. Commun., 2(1979)351.
[505] R. Duarte, J.T.V. Matos, A.C. Duarte, J. Chromatogr. A, 1225(2012)121.
[506] R. Duck, H. Sonderfeld, O.J. Schmitz, J. Chromatogr. A, 1246(2012)69.
[507] R. E. Mohler, B. J. Prazen, R. E. Synovec, Anal. Chim. Acta, 555(2006)68.
[508] R. E. Mohler, K.M. Dombek, J.C. Hoggard, E.T. Young, R.E. Synovec, Anal. Chem., 78(2006)2700.
[509] R. E. Murphy, M. R. Schure and J. P. Foley, Anal. Chem., 70(1998)1585.
[510] R. Goodacre, S. Vaidyanathan, W. B. Dunn, G. G. Harrigan, D. B. Kell, Trends Biotechnol. 22(2004)245.
[511] R. J. Western and P. J. Marriott, J. Sep. Sci., 25(2002)832.
[512] R. J. Western and P. J. Marriott, J. Chromatogr. A, 1019(2003)3.
[513] R. Jiang, J. Pawliszyn, Trends Anal. Chem., 39(2012)245.
[514] R. Kaliszan, Chem. Rev., 107(2007)3212.
[515] R. M. Kinghorn, P.J. Marriott, J. High Resolut. Chromatogr., 21(1998)620.
[516] R. Manne, Chemometr. Intell. Lab., 27(1995)89.
[517] R. Manne, H.L. Shen, Y.Z. Liang, Chemometr. Intell. Lab., 45(1999)171.
[518] R. Mohler, B. Tu, K. Dombek, J. Hoggard, E. Young, R. Synovec, J. Chromatogr. A, 1186(2008)401.
[519] R. Ong, P. Marriott, P. Morrison and P. Haglund, J. Chromatogr. A, 962 (2002)135.
[520] R. Rodriguez-Perez, R. Cortes, A. Guaman, A. Pardo, Y. Torralba, F. Gomez, J. Roca, J.A. Barbera, M. Cascante, S. Marco, J. Breath Res., 12(2018)036007.
[521] R. Shellie, L.-L. Xie and P. Marriott, J. Chromatogr. A, 968(2002)161.
[522] R. Shellie, P. Marriott, Flavour Frag. J., 18(2003)179.
[523] R. Shellie, P. Marriott, P. Morrison, Anal. Chem., 73(2001)1336.
[524] R. Stepan, P. Cuhra, S. Barsova, Food Addit. Contam., 25(2008)557.
[525] R. Tauler, B. Kowalski, S. Fleming, Anal. Chem., 65(1993)2040.
[526] R. van der Westhuizen, R. Crous, A. de Villiers, P. Sandra, J. Chromatogr. A,

1217(2010)8334.
[527] R.A. Shellie, L.L. Xie, P.J. Marriott, J. Chromatogr. A, 968(2002)161.
[528] R.A. Shellie, W. Welthagen, J. Zrostlikova, J. Spranger, M. Ristow, O. Fiehn, R. Zimmermann, J. Chromatogr., A, 1086(2005)83.
[529] R.A. Vaidya, R.D. Hester, J. Chromatogr., 287(1984)231.
[530] R.B. Gaines, E.B. Ledford, Jr. and J.D. Stuart, J. Microcol. Sep., 10(1998)597.
[531] R.B. Gaines, G.S. Frysinger, C.M. Reddy and R.K. Nelson, Identification. In: S.S.Z. Wang (Ed.), Oil Spill Environmental Forensics: Fingerprinting and Source Identification, Academic Press, Burlington, MA, 2007, p.169.
[532] R.B. Wilson, W.C. Siegler, J.C. Hoggard, B.D. Fitz, J.S. Nadeau, R.E. Synovec, J. Chromatogr. A, 1218(2011)3130.
[533] R.C. Allen, M.G. John, S.C. Rutan, M.R. Filgueira, P.W. Carr, J. Chromatogr. A, 1254(2012)51.
[534] R.C. Allen, S.C. Rutan, Anal. Chim. Acta, 705(2011)253.
[535] R.C. Allen, S.C. Rutan, Anal. Chim. Acta, 723(2012)7.
[536] R. C. Gonzalez and R. E. Woods, Digital Image Processing, Prentice-Hall, Englewood, Cliffs, NJ, 2008.
[537] R.C.Y. Ong, P.J. Marriott, J. Chromatogr. Sci., 40(2002)276.
[538] R.E. Mohler, B.P. Tu, K.M. Dombek, J.C. Hoggard, E.T. Young, R.E. Synovec, J. Chromatogr. A, 1186(2008)401.
[539] R.E. Mohler, K.M. Dombek, J.C. Hoggard, E.T. Young and R.E. Synovec, Anal. Chem., 78(2006)2700.
[540] R.E. Mohler, K.M. Dombek, J.C. Hoggard, K.M. Pierce, E.T. Young and R.E. Synovec, Analyst, 132(2007)756.
[541] R.E. Mohler, K.M. Dombek, J.C. Hoggard, K.M. Pierce, E.T. Young, R.E. Synovec, Analyst., 132(2007)756.
[542] R.E. Murphy, M.R. Schure and J.P. Foley, Anal. Chem., 70(1998)1585.
[543] R. G. Brereton, Applied chemometrics for scientists, John Wiley & Sons, Chichester, West Sussex, UK, 2007.
[544] R.G. Brereton, Chemometrics, Data Analysis for the Laboratory and Chemical Plant, Wiley, New York, 2003.
[545] R.J. Bino, R.D. Hall, O. Fiehn, J. Kopka, K. Saito, J. Draper, B.J. Nikolau, P. Mendes, U. Roessner-Tunali, M.H. Beale, R.N. Trethewey, B.M. Lange, E.S. Wurtele, L.W. Sumner, Trends Plant Sci., 9(2004)418.
[546] R.J. Western and P.J. Marriott, J. Chromatogr. A, 1019(2003)3.
[547] R.J. Western and P.J. Marriott, J. Sep.Sci., 25(2002)832.
[548] R.K. Nelson, B.S. Kile, D.L. Plata, S.P. Sylva, L. Xu, C.M. Reddy, R.B. Gaines,

G.S. Frysinger and S.E. Reichenbach, Environ. Forensics, 7(2005)33.

[549] R.M. Kinghorn, P.J. Marriott, J. High Resolut. Chromatogr., 21(1998)32.

[550] R.P. Eganhouse, J. Pontolillo, R.B. Gaines, G.S. Frysinger, F.L.P. Gabriel, H.-P. E. Kohler, W. Giger, L.B. Barber, Environ. Sci. Technol., 43(2009)9306.

[551] S. Ansari, M. Karimi, Talanta 167(2017)470.

[552] S. Asl-Hariri, G.A. Gomez-Ríos, E. Gionfriddo, P. Dawes, J. Pawliszyn, Anal. Chem., 86(2014)5889.

[553] S. Beucher and C. Lantuejoul, In: International Workshop on Image Processing, Real-Time Edge and Motion Detection/Estimation, 1979, pp.17.

[554] S. Biedermann-Brem, M. Biedermann, K. Grob, Food Addit. Contam., 33(2016)725.

[555] S. Bieri and P. J. Marriott, Anal. Chem., 78(2006)8089.

[556] S. Bieri and P.J. Marriott, Anal. Chem., 78(2006)8089.

[557] S. Castillo, I. Mattila, J. Miettinen, M. Oresic, T. Hyotylainen, Anal. Chem., 83(2011)3058.

[558] S. Dasgupta, K. Banerjee, S.H. Patil, M. Ghaste, K.N. Dhumal, P.G. Adsule, J. Chromatogr. A, 1217(2010)3881.

[559] S. De Grazia, E. Gionfriddo, J. Pawliszyn, Talanta, 167(2017)754.

[560] S. E. Prebihalo, K. L. Berrier, C. E. Freye, H. D. Bahaghighat, N. R. Moore, D. K. Pinkerton, R. E. Synovec, Anal. Chem., 90(2018)505.

[561] S. E. Reichenbach, M.T. Ni, D.M. Zhang, E.B. Ledford, J. Chromatogr. A, 985(2003)47.

[562] S. E. Reichenbach, M.T. Ni, V. Kottapalli, A. Visvanathan, Chemometr. Intell. Lab., 71(2004)107.

[563] S. E. Reichenbach, X. Tian, Q. Tao, E.B. Ledford Jr., Z. Wu, O. Fiehn, Talanta, 83(2011)1279.

[564] S. Fang, S. Liu, J. Song, Q. Huang, Z. Xiang, Food Res. Int., 142(2021)110213.

[565] S. Fernando, K.J. Jobst, V.Y. Taguchi, P.A. Helm, E.J. Reiner, B.E. McCarry, Environ. Sci. Technol., 48(2014)10656.

[566] S. Hashimoto, T. Yoshikatsu, F. Akihiro, I. Hiroyasu, T. Kiyoshi, S. Yasuyuki, U. Masa-aki, K. Akihiko, T. Kazuo, O. Hideyuki, A. Katsunori, J. Chromatogr. A, 1178(2008)187.

[567] S. Hashimoto, Y. Takazawa, A. Fushimi, K. Tanabe, Y. Shibata, T. Ieda, N. Ochiai, H. Kanda, T. Ohura, Q. Tao, S.E. Reichenbach, J. Chromatogr. A, 1218(2011)3799.

[568] S. Hashimoto, Y. Zushi, A. Fushimi, Y. Takazawa, K. Tanabe, Y. Shibata, J. Chromatogr. A, 1282(2013)183.

[569] S. K. Poole and C. F. Poole, J. Sep. Sci., 31(2008)1118.
[570] S. Kempa, J. Hummel, T. Schwemmer, M. Pietzke, N. Strehmel, S. Wienkoop, J. Kopka, W. Weckwerth, J. Basic Microb., 49(2009)82.
[571] S. Kim, A. Fang, B. Wang, J. Jeong, X. Zhang, Bioinformatics, 27(2011)1660.
[572] S. Kim, I. Koo, A. Fang, X. Zhang, BMC Bioinf., 12(2011)235.
[573] S. Kröer, Y.F. Wong, S.-.T. Chin, J. Grant, D. Lupton, P.J. Marriott, J. Chromatogr. A, 1404(2015)104.
[574] S. Liu, S. Fang, Y. Huang, Z. Xiang, G. Ouyang, Chem. Commun., 56 (2020)7167.
[575] S. Liu, S. Fang, Z. Xiang, X. Chen, Y. Song, C. Chen, G. Ouyang, J. Hazard. Mater., 407(2021)124849.
[576] S. Luhn, M. Berth, M. Hecker, J. Bernhardt, Proteomics, 3(2003)1117.
[577] S. Melda, Y. Merve, F. Dotse, S. Chormey, Ç. Büyükpınar, F. Turak, S. Bakırdere, Bull. Environ. Contam. Toxicol., 100(2018)715.
[578] S. Morales-Munoz, R.J.J. Vreuls, M.D.L. de Castro, J. Chromatogr. A, 1086 (2005)122.
[579] S. O'Hagan, W. B. Dunn, J. D. Knowles, D. Broadhurst, R. Williams, J. J. Ashworth, M. Cameron, D.B. Kell, Anal. Chem., 79(2007)464.
[580] S. O'Hagan, W.B. Dunn, M. Brown, J.D. Knowles, D. B. Kell, Anal. Chem., 77 (2005)290.
[581] S. Peters, G. Vivo-Truyols, P.J. Marriott, P.J. Schoenmakers, J. Chromatogr. A, 1156(2007)14.
[582] S. Prebihalo, A. Brockman, J. Cochran, F.L. Dorman, J. Chromatogr. A, 1419 (2015)109.
[583] S. Reidy, G. Lambertus, J. Reece and R. Sacks, Anal. Chem., 78(2006)2623.
[584] S. Risticevic, E.A. Souza-Silva, J.R. DeEll, J. Cochran, J. Pawliszyn, Anal. Chem., 88(2016)1266.
[585] S. Risticevic, J.R. DeEll, J. Pawliszyn, J. Chromatogr. A, 1251(2012)208.
[586] S. Rochat, J-Y. de Saint Laumer, A. Chaintreau, J. Chromatogr. A, 1147(2007)85.
[587] S. Samanipour, P. Dimitriou－Christidis, D. Nabi, J. S. Arey, ACS Omega, 2 (2017)641.
[588] S. Seethapathy, T. Gorecki, Anal. Chim. Acta, 750(2012)48.
[589] S. Squara, A. Caratti, A. Fina, E. Liberto, N. Spigolon, G. Genova, G. Castello, I. Cincera, C. Bicchi, C. Cordero, J. Chromatogr. A, 1700(2023)464041.
[590] S. T. Chin, Y.B.C. Man, C.P. Tan, D.M. Hashim, J. Am. Oil Chem. Soc., 86 (2009)949.
[591] S. Toppo, A. Roveri, M.P. Vitale, M. Zaccarin, E. Serain, E. Apostolidis, M.

Gion, M. Maiorino, F. Ursini, Proteomics, 8(2008)250.
[592] S. Weber, K. Schrag, G. Mildau, T. Kuballa, S.G. Walch, D.W. Lachenmeier, Anal. Chem. Insights, 13(2018)1.
[593] S. Wold, K. Esbensen, P. Geladi, Chemometr. Intell. Lab., 2(1987)37.
[594] S. Yang, M. Sadilek, R.E. Synovec, M.E. Lidstrom, J. Chromatogr. A, 1216(2009)3280.
[595] S. Yoshikawa, C. Nagano, M. Kanda, H. Hayashi, Y. Matsushima, T. Nakajima, Y. Tsuruoka, M. Nagata, H. Koike, K. Sekimura, T. Hashimoto, I. Takano, T. Shindo, J. Chromatogr. B-Anal. Technol. Biomed. Life Sci., 1057(2017)15.
[596] S. Z. Hu, S.F. Li, J. Cao, D.M. Zhang, J. Ma, S. He, X.L. Wang, M. Wu, Petrol. Sci. Technol., 32(2014)565.
[597] S. Zampolli, I. Elmi, F. Mancarella, P. Betti, E. Dalcanale, G. C. Cardinali and M. Severi, Sens. Actuators B, 141(2009)322.
[598] S. Zhu, J. Chromatogr. A, 1216(2009)3312.
[599] S. Zhu, L. Gao, M. Zheng, H. Liu, B. Zhang, L. Liu, Y. Wang, Talanta, 118(2014)210.
[600] S. Zhu, S. He, D.R. Worton, A.H. Goldstein, J. Chromatogr. A, 1233(2012)147.
[601] S. Zhu, X. Lu, K. Ji, K. Guo, Y. Li, C. Wu, G. Xu, Anal. Chim. Acta, 597(2007)340.
[602] S. Zhu, X. Lu, Y. Qiu, T. Pang, H. Kong, C. Wu and G. Xu, J. Chromatogr. A, 1150(2007)28.
[603] S.D. Johanningsmeier, R.F. McFeeters, J. Food Sci., 76(2011)C168.
[604] S.E. Reichenbach, Anal. Chem., 81(2009)5099.
[605] S.E. Reichenbach, M. Ni, D. Zhang and E.B. Ledford, Jr., J. Chromatogr. A, 985(2003)47.
[606] S.E. Reichenbach, M. Ni, V. Kottapalli and A. Visvanathan, Chemom. Intell. Lab. Syst., 71(2004)107.
[607] S. E. Reichenbach, P. Carr, D. Stoll and Q. Tao, J. Chromatogr. A, 1216(2009)3458.
[608] S.E. Reichenbach, P. W. Carr, D. R. Stoll, Q. Tao, J. Chromatogr. A, 1216(2009)3458.
[609] S.E. Reichenbach, S.B. Cabanban, E.B. Ledford, H.A. Pham, W.E. Rathbun, Q. Tao, and H. Wang, In: Pittcon Conference and Expo, Chicago, IL, 2009, p.540.
[610] S.E. Reichenbach, V. Kottapalli, M. Ni and A. Visvanathan, J. Chromatogr. A, 1071(2004)263.
[611] S.E. Reichenbach, X. Tian, C. Cordero, Q. Tao, J. Chromatogr. A, 1226(2012)140.

[612] S.E. Reichenbach, X. Tian, Q. Tao, D. R. Stoll, P. W. Carr, J. Sep. Sci., 33 (2010)1365.

[613] S.E. Reichenbach, X. Tian, Q. Tao, E.B. Ledford, Z. Wu, O. Fiehn, Talanta, 83 (2011)1279.

[614] S.G. Villas-Bôas, S. Mas, M. Åkesson, J. Smedsgaard, J. Nielsen, Mass Spectrom., Rev, 24(2005)613.

[615] S.J. Iverson, S.L.C.C. Lang, M.H. Cooper, Lipids, 36(2001)1283.

[616] S.M. Rocha, M. Caldeira, J. Carrola, M. Santos, N. Cruz, I. F. Duarte, J. Chromatogr. A, 1252(2012)155.

[617] S.M. Song, P. Marriott, A. Kotsos, O.H. Drummer, P. Wynne, Forensic Sci. Int., 143(2004)87.

[618] S.R. Rivellino, L.W. Hantao, S. Risticevic, E. Carasek, J. Pawliszyn, F. Augusto, Food Chem., 141(2013)1828.

[619] S.-T. Chin, G.T. Eyres, P.J. Marriott, Anal. Chem., 84(2012)9154.

[620] S.-T. Chin, P.J. Marriott, Chem. Commun., 50(2014)8819.

[621] S.-T. Chin, Y.B. Che Man, C.P. Tan, D.M. Hashim, J. Am. Oil Chem. Soc., 86 (2009)949.

[622] Stockholm Convention Secretariat, UNEP, http://chm.pops.int, 2001.

[623] T. A. Berger, Chromatographia, 42(1996)63.

[624] T. Azzouz, R. Tauler, Talanta, 74(2008)1201.

[625] T. Bray, J. Paoli, C. Sperberg-McQueen, and E. Maler, Extensible Markup Language (XML)1.0, World Wide Web Consortium (2000).

[626] T. Dymerski, Crit. Rev. Anal. Chem., 48(2018)252.

[627] T. Fuhrer, N. Zamboni, Curr. Opin. Biotechnol., 31(2015)73.

[628] T. Gorecki, J. Harynuk and O. Panic, J. Sep. Sci., 27(2004)359.

[629] T. Gorecki, P. Martos, J. Pawliszyn, Anal. Chem., 70(1998)19.

[630] T. Greibrokk, J. Sep. Sci., 29(2006)479.

[631] T. Groeger, R. Zimmermann, Talanta, 83(2011)1289.

[632] T. Groeger, W. Welthagen, S. Mitschke, M. Schaeffer, R. Zimmermann, J. Sep. Sci., 31(2008)3366.

[633] T. Groger, M. Schaffer, M. Putz, B. Ahrens, K. Drew, M. Eschner, R. Zimmermann, J. Chromatogr. A, 1200(2008)8.

[634] T. Groger, R. Zimmermann, Talanta, 83(2011)1289.

[635] T. Gröger, B. Gruber, D. Harrison; M. Saraji-Bozorgzad, M. Mthembu, A. Sutherland, R. Zimmermann, Anal. Chem., 88(2016)3031.

[636] T. Górecki, O. Paní c, N. Oldridge, J. Liq. Chromatogr. Relat. Technol., 29 (2006)1077.

[637] T. Ieda, N. Ochiai, T. Miyawaki, T. Ohura, Y. Horii, J. Chromatogr. A, 1218 (2011)3224.
[638] T. J. Trinklein, C. N. Cain, G. S. Ochoa, S. Schöneich, L. Mikaliunaite, R. E. Synovec, Anal. Chem., 95(2023)264.
[639] T. Khezeli, A. Daneshfar, Trends Anal. Chem., 89(2017)99.
[640] T. Pang, S. Zhu, X. Lu and G. Xu, J. Sep. Sci., 30(2007)868.
[641] T. Populin, M. Biedermann, K. Grob, S. Moret, L. Conte, Food Addit. Contam., 21(2004)893.
[642] T. Sfetsas, C. Michailof, A. Lappas, Q. Li, B. Kneale, J. Chromatogr. A, 1218 (2011)3317.
[643] T. Sfetsas, C. Michailof, A. Lappas, Q. Li, B. Kneale, J. Chromatogr. A, 1218 (2011)3317.
[644] T. Skov, J.C. Hoggard, R. Bro, R.E. Synovec, J. Chromatogr. A, 1216(2009)4020.
[645] T.D. Ho, C. Zhang, L.W. Hantao, J.L. Anderson, Anal. Chem., 86(2014)262.
[646] T.G. Bloemberg, J. Gerretzen, H.J.P. Wouters, J. Gloerich, M. van-Dael, H.J.C.T. Wessels, L. P. van-den-Heuvel, P. H. C. Eilers, L. M. C. Buydens, R. Wehrens, Chemom. Intell. Lab. Syst., 104(2010)65.
[647] T.I. Dearing, J.S. Nadeau, B.G. Rohrback, L.S. Ramos, R.E. Synovec, Talanta, 83 (2011)738.
[648] U. Keshet, P. Goldshlag, A. Amirav, Anal. Bioanal. Chem., 410(2018)5507.
[649] Unidata Program Center, University Corporation for Atmospheric Research, NetCDF (network Common Data Form), http://www.unidata.ucar.edu/software/netcdf/(2008).
[650] V. Costa, L. Pasti, N. Marchetti, F. Dondi, A. Cavazzini, J. Chromatogr. A, 1217 (2010)4919.
[651] V. Fernandes, S. Lehotay, L. Geis-Asteggiante, H. Kwon, H.G.J. Mol, H. van Der Kamp, N. Mateus, V.F. Domingues, C. Delerue-Matos, Food Addit. Contam., 31 (2014)262.
[652] V. Olazabal, L. Prasad, P. Stark, J.A. Olivares, Analyst, 129(2004)73.
[653] V. van Mispelaar, A. Smilde, J. Blomberg and P. Schoenmakers, J. Chromatogr. A, 1096(2005)156.
[654] V.G. van Mispelaar, A.C. Tas, A.K. Smilde, P.J. Schoenmakers, A.C. van Asten, J. Chromatogr. A, 1019(2003)15.
[655] V.G. van Mispelaar, A. K. Smilde, O. E. de Noord, J. Blomberg, P. J. Schoenmakers, J. Chromatogr. A, 1096(2005)156.
[656] W. E. Harris and H. W. Habgood, In: Programmed Temperature Gas Chromatography, John Wiley & Sons, New York, 1966.

[657] W. Jia, X. Chu, F. Zhang, J. Chromatogr. A, 1395(2015)160.
[658] W. Khummueng, C. Trenerry, G. Rose, P. J. Marriott, J. Chromatogr. A, 1131 (2006)203.
[659] W. Khummueng, J. Harynuk, P.J. Marriott, Anal. Chem., 78(2006)4578.
[660] W. Khummueng, P. Morrison, P. Marriott, J. Sep. Sci., 31(2008)3404.
[661] W. O. McReynolds, J. Chromatogr. Sci., 8(1970)685.
[662] W. R. Collin, N. Nuñovero, D. Paul, K. Kurabayashi, E.T. Zellers, J. Chromatogr. A, 1444(2016)114.
[663] W. Welthagen, J. Schnelle-Kreis and R. Zimmermann, J. Chromatogr. A, 1019 (2003)233.
[664] W. Windig, D.A. Stephenson, Anal. Chem., 64(1992)2735.
[665] W. Windig, J. Guilment, Anal. Chem., 63(1991)1425.
[666] W. Windig, J.M. Phalp, A.W. Payne, Anal. Chem., 68(1996)3602.
[667] W. Windig, W.F. Smith, J. Chromatogr., A, 1158(2007)251.
[668] W.B. Dunn, D.I. Ellis, Trends Anal. Chem., 24(2005)285.
[669] W.J. Griffiths, T. Koal, Y. Wang, M. Kohl, D.P. Enot, H.P. Deigner, Angew. Chem. Int. Ed., 49(2010)5426.
[670] X. Guo, M.E. Lidstrom, Biotechnol. Bioeng., 99(2008)929.
[671] X. Lamani, S. Horst, T. Zimmermann, T.C. Schmidt, Anal. Bioanal. Chem., 407 (2015)241.
[672] X. Li, X. Lu, J. Tian, P. Gao, H. Kong, G. Xu, Anal. Chem., 81(2009)4468.
[673] X. Li, Z. Xu, X. Lu, X. Yang, P. Yin, H. Kong, Y. Yu, G. Xu, Anal. Chim. Acta, 633(2009)257.
[674] X. Liu, B. Mitrevski, D. Li, J. Li, P. J. Marriott, Microchem. J, 111(2013)25.
[675] X. Liu, D. Li, J. Li, G. Rose, P.J. Marriott, J. Hazard Mater., 263(2013)761.
[676] X. Lu, H. Kong, H. Li, C. Ma, J. Tian and G. Xu, J. Chromatogr. A, 1086 (2005)175.
[677] X. Wang, M. Guo, H. Song, Q. Meng, X. Guan, Food Chem. 342(2020)128224.
[678] X.S. Guan, Z.J. Zhao, S.Y. Cai, S.X. Wang, H. Lu, J. Chromatogr. A, 1587 (2019)227.
[679] Y. Nolvachai, C. Kulsing, K.M. Sharif, Y.F. Wong, S.-.T. Chin, B. Mitrevski, P.J. Mar riott, Trends Anal. Chem., 106(2018)11.
[680] Y. Qiu, X. Lu, T. Pang, C. Ma, X. Li, G. Xu, J. Sep.Sci., 31(2008)3451.
[681] Y. Qiu, X. Lu, T. Pang, S. Zhu, H. Kong, G. Xu, J. Pharm. Biomed. Anal., 43 (2007)1721.
[682] Y. Ren, H. Liu, X. Yao and M. Liu, Anal. Bioanal. Chem., 388(2007)165.
[683] Y. Shao, P. Marriott, H. Hügel, Chromatographia, 57(2003)S349.

[684] Y. Wang, X. Xu, L. Yin, H. Cheng, T. Mao, K. Zhang, W. Lin, Z. Meng, J.A. Palasota, J. Chromatogr. A, 1361(2014)229.

[685] Y. Wang, X.B. Xu, L.Y. Yin, H.B. Cheng, T. Mao, K.P. Zhang, W.L. Lin, Z.Y. Meng, J. A. Palasota, J. Chromatogr. A, 1361(2014)229.

[686] Y. Zhang, Y. H. Zhang, H. Yan, C. Y. Shao, W. X. Li, H. P. Lv, Z. Lin, Y. Zhu, Food Res. Int. 169(2023)112891.

[687] Y. Zhao, N.M. Kreisberg, D.R. Worton, A.P. Teng, S.V. Hering, A.H. Goldstein, Aerosol Sci. Technol., 47(2013)258.

[688] Y. Zushi, S. Hashimoto, A. Fushimi, Y. Takazawa, K. Tanabe, Y. Shibata, Anal. Chim. Acta, 778(2013)54.

[689] Y. Zushi, S. Hashimoto, M. Tamada, S. Masunaga, Y. Kanai, K. Tanabe, J. Chromatogr. A, 1338(2014)117.

[690] Y.F. Wong, C. Kulsing, P.J. Marriott, Anal. Chem., 89(2017)5620.

[691] Y.F. Wong, F. Cacciola, S. Fermas, S. Riga, D. James, V. Manzin, B. Bonnet, P.J. Marriott, P. Dugo, L. Mondello, Electrophoresis, 39(2018)1993.

[692] Y.J. Xu, C. Wang, W.E. Ho, C.N. Ong, Trends Anal. Chem., 56(2014)37.

[693] Y.N. Ni, M.H. Mei, S. Kokot, Anal. Chim. Acta, 712(2012)37.

[694] Y.Z. Liang, O.M. Kvalheim, H.R. Keller, D.L. Massart, P. Kiechle, F. Erni, Anal. Chem., 64(1992)946.

[695] Y.Z. Liang, O.M. Kvalheim, R. Manne, Chemometr. Intell. Lab., 18(1993)235.

[696] Z. An, H. Ren, M. Xue, X. Guan, J. Jiang, J. Chromatogr. A, 1625(2020)461336.

[697] Z. An, X. Li, Y. Yuan, F. Duan, J, Jiang, Environ. Int., 163(2022)107193.

[698] Z. D. Zeng, H.M. Hugel, P.J. Marriott, Anal. Chem., 85(2013)6356.

[699] Z. Liu and D. O. Patterson, Anal. Chem., 67(1995)3840.

[700] Z. Liu, J.B. Phillips, J. Chromatogr. Sci., 29(1991)227.

[701] Z. Liu, S. R. Sirimanne, D. G. Patterson, L. L. Needham, J. B. Phillips, Anal. Chem., 66(1994)3086.

[702] Z. Yu, H. Huang, A. Reim, P. D. Charles, A. Northage, D. Jackson, I. Parry, B. M. Kessler, Talanta, 165(2017)685.

[703] Z.D. Zeng, H. M. Hugel, P. J. Marriott, J. Chromatogr. A, 1254(2012)98.

[704] Z.D. Zeng, H.M. Hugel, P.J. Marriott, Anal. Bioanal. Chem., 401(2011)2373.

[705] Z.D. Zeng, H.M. Hugel, P.J. Marriott, J. Sep.Sci., 36(2013)2728.

[706] Z.D. Zeng, S. T. Chin, H. M. Hugel, P. J. Marriott, J. Chromatogr. A, 1218 (2011)2301.

[707] Z.D. Zeng, Y.Z. Liang, Y.L. Wang, X.R. Li, L.M. Liang, Q.S. Xu, C.X. Zhao, B. Y. Li, F.T. Chau, J. Chromatogr. A, 1107(2006)273.

[708] Z.D. Zeng, Y. Z. Liang, Z. H. Jiang, F. T. Chau, J. R. Wang, Talanta, 74

(2008)1568.

[709] Z.Y. Liu, D.G. Patterson, M.L. Lee, Anal. Chem., 67(1995)3840.

[710] Z.Y. Wu, Z.D. Zeng, P.J. Marriott, J. Chromatogr. A, 1217(2010)7759.

[711] Z.Y. Zhu, J. Harynuk, T. Gorecki, J. Chromatogr. A, 1105(2006)17.

[712] Z.-D. Zeng, H.M. Hugel, P.J. Marriott, Anal. Chem., 85(2013)6356.

[713] Z.-M. Zhang, S. Chen, Y.-Z. Liang, Talanta, 83(2011)1108.

[714] Zhu Lei, Zhang Hong, Chen Yan-Fen, Pan Jing-Jing, Biomed. Environ. Sci., 32 (2019)130.